TRICHOLOGIST

두피모발관리

임은진 · 안채리 · 김종란 · 주은령 · 최수기 · 하준호

메디시인

머리말

본서는 학교와 산업 현장에서 교육하면서 뷰티 헬스의 주요 분야인 두피 모발 관리 분야에 필요한 지식을 각 분야의 기본이론을 바탕으로 저서와 각종 논문, 그리고 현장에서의 실제 임상경험을 토대로 이해하기 쉽게 정리하고자 하였습니다.

끊임없이 변화하는 미용 산업 환경에서 고객의 니즈(needs)를 파악하고 차별화된 전략으로 고객만족 서비스를 추구하는 것이 미용전문가들이 갖춰야 할 전문가적인 지식인 동시에 마케팅 성공 전략이 될 것입니다.

본서를 통하여 두피 모발 분야에서의 기초를 통해 심화과정으로 나아갈 발판이 되기를 바라며, 두피 · 모발관리학을 공부하는 학생과 산업 및 강단에서 강의하시는 강사님들에게 조금이나마 도움이되었으면 하는 바람입니다.

이 책은 많은 학자의 연구자료와 현장에서 강의를 담당하고 있는 강사들의 자료를 참고로 하여 저술되었습니다. 출처를 알기 어려운 자료도 있으며, 사전에 그분들에게 일일이 동의를 구하지 못하고, 다양한 자료들을 인용함에있어서 참고문헌 형식으로 대신한 점을 넓은 마음으로 헤아려 주시기를 바랍니다.

또한, 동의와 함께 개인적 자료나 사진을 제공해준 분들께 다시 한 번 감사의 말씀을 올립니다. 앞으로 본서를 통하여 학습하는 모든 독자의 조언을 받아들여서 첨삭하여 좀 더 완성도 있는 내용으로 수정하여 보완하고자 합니다.

신축년 입추에

대표 저자 임 은 진

차례

Contents

차례

Contents

차례

Chapter 1 두피·모발 전문가

1. 두피 · 모발관리 시장
2. 두피 · 모발 전문가란?

1. 두피 · 모발관리 시장

외모지상주의 · 외모차별주의를 뜻하는 '루키즘(lookism)'은 외모에 집착하는 경향 또는 사회 풍조를 일컫는 말로, 오늘날의 외모지상주의를 단적으로 표현하고 있다. 특히, 소셜 미디어의 급성장으로 사람들은 저마다 자신의 모습을 대중과 공유하고 소통하는 일을 삶의 중요한 부분으로 생각하는데, 이는 젊은이들을 중심으로 더욱 강화되고 있다.

사람들은 여러 가지 요인에 의해서 자신의 생물학적 나이보다 어려 보이기도 하고 늙어 보이기도 한다. 남녀를 불문하고 사람을 나이 들어 보이게 하는 요인은 여러 가지 있는데, 노화된 얼굴 피부와 전신의 탄력성, 관리되지 않은 비만 그리고 눈에 띄는 외모 중 중요한 것이 탈모 현상이다. 탈모현상은 심할 경우는 동년배에 비해 10년 이상 나이가 들어 보이기도 한다. 더욱이 사회가 급격히 고령화되는 시점에서 두피 · 모발관리나 탈모예방은 남녀노소를 불문하고 관심사가 되고 있다.

고도로 발전된 국가일수록 환경오염과 식생활 변화 등으로 인해 문제성 두피의 발생빈도가 증가하면서 전문적인 관리를 필요로 하는 고객들이 증가하고 있다. 특히, 최근에는 유전으로 인한 선천적인 이유보다는 지나친 다이어트와 인스턴트식품, 스트레스와 잦은 파마(퍼머넌트 웨이브 permanent wave) 등의 후천적인 이유에 기인하는 두피 · 모발 문제의 발생비율이 증가하면서 전체적인 시장이 더욱 확대되는 양상을 보이고 있다.

이에 체계적인 관리를 받고 싶어 하는 고객들이 늘어나면서 각 업체들이 관련 제품과 프로그램 개발, 시판 유통, 전문살롱 오픈 등 사업 다각화를 통한 시장 확대에 나서고 있다. 이로 인해 두피 · 모발 시장은 해마다 뷰티산업의 성장 동력으로 각광받고 있다.

국내 초기의 두피 · 모발관리 시장은 1998년 영국계 기업인 스벤슨(Svensson)이 전문적인 관리를 본격적으로 선보인 이후, 매년 20% 이상 꾸준한 성장세를 보이고 있다. 이에 각 업체들이 체계적인 프로그램과 백화점 판매, 온라인 판매, 홈쇼핑, 전문 살롱 오픈 등을 통해 시장에 참여하고 있다.

스벤슨의 경우에는 1998년부터 10년 동안 8천여 명의 고객을 확보하였으며, 약 7개의 직영점을 통해 두피를 체계적으로 관리하고 인터넷 쇼핑몰을 통해 시판시장에도 제품을 공급하였고, 2001년 미용실과 병원을 거점으로 국내 두피시장에 진출한 르네휘테르 코리아(Renefurterer Korea)는 국내시장 진입 1년 만에 전년 대비 70~80%로 매출이 급성장함에 따라 백화점 매장으로 시장을 확대하였다. 백화점에서의 이벤트를 통해 인지도를 높이고 백화점 시장을 통해 두피 · 모발관리 업체로서의 대중성을 갖추고 확고한 입지를 다진다는 전략을 내세우고 있다.

국내 업체로는 스펠라가 1999년 시장에 진입해 직영점 5곳과 프랜차이즈 20여 곳을 잇따라 오픈하고 홈쇼핑을 통해서도 제품을 공급하고 있다. 스펠라랜드는 세계적 브랜드로의 도약을 위해 일본, 중국, 홍콩, 미국 등에 진출했다.

그림 1-1 두피모발관리 전문점

박승철 헤어스튜디오는 두피관리 서비스를 2009년부터 핵심 사업으로 선정하였으며, 전문적 지식을 지닌 두피관리사를 매장에 배치하면서 헤어 미용 서비스 업체들도 합류하기 시작했다.

또한 2000년대 후반부터 피부관리가 피부과 병원으로 급격히 이동한 것처럼, 오늘날 두피 · 모발관리는 모발 이식에서 두피관리 서비스, 탈모치료제, 가발 등에 이르는 분야가 의학적인 서비스를 접목한 새로운 형태로 소비되는 추세이다. 이에 두피 · 모발관리를 전문적으로 받을 수 있는 센터를 운영하는 곳도 늘어나고 CNP 차앤박 피부과나 아름다운 나라 피부과, 이문원 한의원 등의 의료서비스 분야에서도 의료적 서비스와 비의료적 서비스를 병행하면서 두피모발 관리를 진행하고 있다.

뷰티서비스 시장에서도 헤드스파(Head SPA)를 운영하는 곳이 늘어나 헤어 미용실은 물론 피부관리실에서도 두피스케일링(scaling)과 샴푸마사지 및 릴렉스 마사지 등을 선보이고 있다.

국내 탈모방지 및 발모제, 모발이식 등 관련 시장은 대부분을 의약품이 아닌 의약외품 등 일반 외용제나 샴푸 등의 화장품 및 공산품 등이 차지하고 있는 것으로 분석된다.

탈모 관련 산업 중 가장 가파른 상승세를 기록하고 있는 것은 제품이다.

일단 탈모에 대한 자각증상이 있으면 제품을 구입하는 것이 소비자들의 행동패턴이기 때문이다. 제품들의 판매경로는 홈쇼핑과 인터넷쇼핑몰 등 온라인에 집중돼 있다는 것이 특징인데, 이는 편리함도 있지만 그 내면에는 소비자들이 자신의 탈모 증세를 알리기 싫어하는 심리도 깔려있다.

현재 시중에는 육모나 발모를 위한 샴푸는 물론이고 탈모방지 비누에서부터 흑색이나 갈색의 천연가루를 두피에 뿌려 머리숱이 많아 보이도록 하는 순간 증모제, 탈모를 방지해 주는 빗 등 다양한 제품이 나와 있다.

국내의 뷰티 제품 트렌드는 헤어케어로 옮겨가면서 새로운 성장을 거듭하고 있다. 본래 샴푸는 단순 세척 기능만 가졌지만 요즘은 염색용, 웨이브 퍼머용, 비듬용, 탈모용 등 다양한 기능을 가진 샴푸 제품이 많아지고 있으며, 이는 곧 기능성 화장품 시장의 전망이 매우 밝다는 것을 의미한다.

특히 발모관련 제품들이 의약품인 의약외품에서 기능성 화장품으로의 승인이 열리면서 탈모 관련 제품들은 더욱 성장할 것으로 분석된다.

두피 · 모발 시장은 제품시장뿐만 아니라 관리시장에서도 점점 기능성 제품 위주로 갈 것이며, 브랜드마다 특정 타깃(target)을 겨냥한 제품을 내놓는 마케팅을 펼칠 것으로 전망된다.

Tip "탈모 불안감 전문직에서 많아…"

고운세상 클리닉의 설문조사에 의하면 20대에 탈모를 겪는 남성이 64.29%에 달했다. 모발관리 전문센터 스벤슨코리아가 직종별로 탈모에 대한 불안감을 조사한 결과에서도 전문직이 59%로 가장 많았다. 일반사무직은 46%로 절반에 못 미친 결과에서 보듯, 경제적 여유가 있는 전문직을 중심으로 두피관리에 대한 관심이 늘어나고 있으며, 외모에 민감한 젊은층 탈모 환자가 급증한 점이 향후 시장 규모 확대의 요인이 될 것으로 예상된다.

2. 두피 · 모발 전문가란?

모발학(trichology)은 두피와 모발에 대한 연구로서, 모발이라는 뜻의 그리스어 'trikhos' 에서 유래되었다. 이것은 모발(hair)과 두피(scalp)의 생리적 이론과 발생 가능한 문제들을 분석하고 다루는 과학으로, 모발과 두피에 대한 전문적 지식을 통해 관리 방법을 습득하여 건강한 두피와 모발을 유지하도록 도움을 주는 역할을 하는 사람을 두피 · 모발 전문가(trichologist)라고 한다.

헤어스타일의 아름다움을 결정하는 요소 중 제일 중요한 것은 모발 그 자체가 가지고 있는 건강한 아름다움이라 할 수 있다. 그게 갖춰진 후, 헤어스타일로 표현되는 형태미나 색채미를 표현할 수 있다.

즉, 모발의 근본적인 아름다움인 모발의 건강함이 없다면 어떤 스타일이나 컬러의 변화도 시도할 수가 없기 때문이다.

현대 사회에서 스트레스로 인한 탈모와 두피 질환이 다양해지고 있는 가운데 의료인이든 비의료인이든, 이를 관리하는 전문가의 움직임도 다양하고 새로워지고 있다. 탈모 시장 규모에서의 약품 시장은 약 10% 이내, 병원 치료 · 이식 · 가발시장 10%대, 기타 10% 그리고 나머지 70%정도는 두피관리 및 두피관리제품시장이 차지하고 있다.

기존의 미용시장에서 헤어미용이나 피부미용, 메이크업미용 및 네일미용 분야의 전문가와는 조금 다른 전문적 시식이 요구되므로 두피 · 모발 전문가는 고객이 미용업계의 또다른 전문직종으로 인식되고 있다. 두피 · 모발 전문가, 즉 트리콜로지스트는 두피 문제와 헤어스케일링 적용법을 알고 두피의 분류 및 모발손상에서 생기는 모든 문제들을 치유 · 관리하는 전문가라고 할 수 있다.

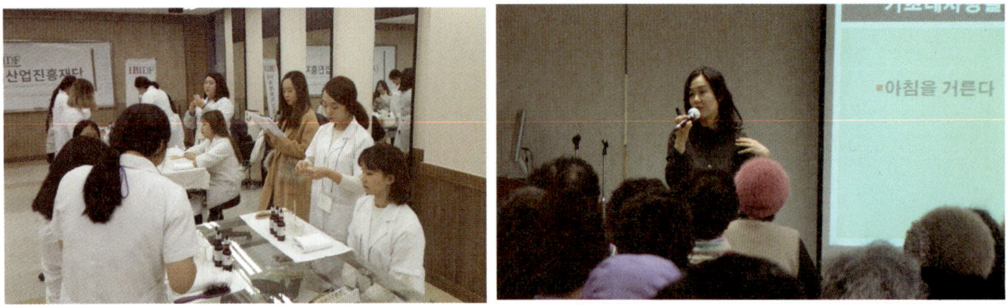

그림 1-2 두피 · 모발 전문가 교육과정 1

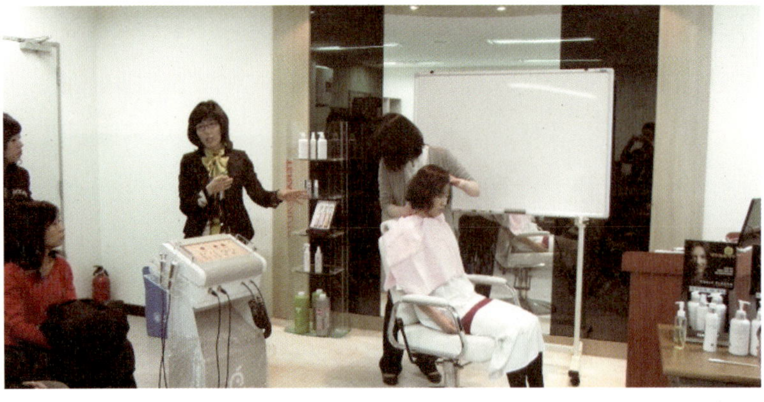

그림 1-3 두피 · 모발 전문가 교육과정 2

두피 · 모발 전문가의 취업 및 활동 분야는 전문 탈모센터, 미용실, 피부관리실, 병원(피부과, 성형외과, 산부인과 등), 두피 · 모발제품 업체, 두피 · 모발 전문가 교육 강사, 대학 평생교육원, 미용대학, 창업, 프리랜서 등으로 분류할 수 있다.

두피 · 모발 전문가 자격증은 시행기관마다 조금씩 차이가 있지만 현재 국내의 민간협회 및 각 기관을 중심으로 일정 자격요건을 갖춘 전문가들에게 주어지고 있다. 각 기관의 특성에 맞게 3급 · 2급 · 1급으로 분류되기도 하고 관리사나 전문가급으로 분류하기도 한다. 이를 위한 강사 과정이나 국제공인 등의 교육과정도 시행되고 있다.

보편적으로 두피 · 모발관리사 또는 3급 · 2급에서는 실제 관리사의 업무 및 상담을 총괄하는 전문지식과 업무를 익히며, 전문가 과정으로 분류되는 1급은 최고 지도자 및 경영 전문가 과정으로 구성되어 있다.

강사 과정의 경우에는 3급 · 2급 과정의 수강생들을 교육하는 프로그램으로 진행되며, 국제인증은 각 기관이 해외와 연결하여 진행하는 프로그램으로 구성되어 있다.

Tip 두피 · 모발 전문가 교육과정

두피 · 모발 전문가 과정의 목적은 미용산업 현장에서 다양한 임상 데이터를 통한 분석 및 관리 기술을 교육하여 두피 · 모발 전문가를 양성하고 두피관리를 전문화하기 위함이다.

이는 피부관리실, 미용실, 병원 두피관리실, 전문 두피센터 등의 근무자가 현장에서 필요로 하는 전문적인 지식과 임상자료를 통해 탈모 및 문제성 두피에 대한 다양한 관리 방법을 습득하는 과정이다.

본 교육을 통해 두피와 모발에 대한 전문 지식을 응용하여 임상에 적용할 실제 테크닉을 습득할 수 있으며 두피 · 모발 전문가로서 갖추어야 할 실무이론과 경영자로서 필요한 현장 실무과정을 연마하여 전문가에게 요구되는 사회적 역할을 원활히 수행할 수 있도록 한다.

본 교육을 통해 과정에 적합한 자격증이 수여된다.

* 모집대상 : 미용학과 재학생 및 졸업생, 미용실 및 피부관리실 종사자,
미용학원 및 대학(교) 교육 관련 종사자, 일반 지원자(상담 후 접수)

＊ 교육내용

- 두피산업의 시장 분석과 전망
- 모발과학과 두피생리학 : 모발의 구조 및 모발 성장 주기에 영향을 주는 인자에 대한 이해
- 두피 · 탈모 제품의 구성성분에 대한 이해
- 두피관리 실무 테크닉 응용 및 실습
- 두피관리기기 사용법 및 관리 실습
- 두피 · 모발관리를 위한 해부학적 이해
- 두피 임상사례 분석, 유형별 두피 진단 및 처방법

모발과 두피는 유기적인 관계로 인체 기능 시스템과도 유관하며 내부 생체리듬의 상태를 반영하므로 두피 · 모발 전문가들은 인체생리학, 영양학, 성분학, 모발 및 피부의 생리학 등을 알아야 한다. 그 뿐만 아니라 두피 · 모발 진단 및 분석을 위해 전기 이론 및 전문기구, 컴퓨터 첨단장비 등의 원리와 사용법 등에 대한 지식도 겸비하고 있어야 한다.

두피 · 모발 전문가는 상담을 통한 고객 접촉이 많으므로 올바른 고객 서비스를 제공하기 위해서 상담학이나 서비스 마케팅 등의 경영적인 측면도 익혀야 한다.

Chapter 2 두피·모발생리학

1. 두피생리학

1. 두개골의 구조

두개골(skull bone)이란 두개(頭蓋)를 형성하는 뼈로, 머리를 싸고 있는 뇌두개골과 안면을 형성하는 안면골로 구성되어 있다. 두개골은 뇌두개골 6종 8개, 안면골 9종 15개, 총 15종 23개의 뼈로 되어 있다.

뇌두개골은 후두골, 전두골, 두정골, 측두골, 접형골, 사골 등이 있다. 그리고 안면골은 하비갑개, 누골, 비골, 관골, 구개골, 상악골, 하악골, 서골, 설골 등이 해당된다. 두개골은 딱딱한 치밀골이 바깥쪽을 이루며 그 사이에 성긴 해면골이 존재한다.

두개골은 뇌를 보호하고 눈, 귀, 코, 입 등의 감각기관이 들어갈 공간을 마련해 준다. 또한 몸 속으로 출입하는 호흡기와 소화기의 입구를 지니며, 일부 뼈는 치아를 구조물로 갖추고 음식을 씹는 기능을 수행한다.

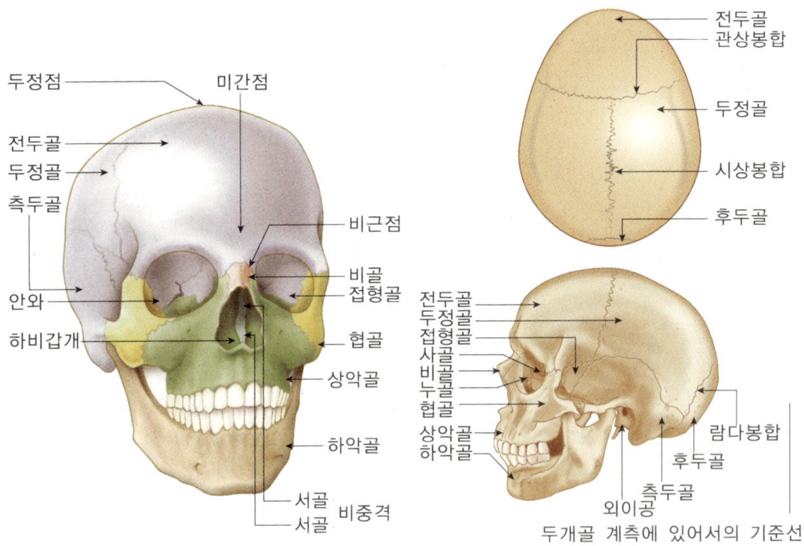

그림 2-1 두개골의 구조

2. 머리의 근육

얼굴의 섬세하고 작은 근육들은 표정을 짓는 데 활용되며, 목의 큰 근육들은 전체 두개를 움직이고 균형을 잡는 역할을 수행한다.

머리의 근육에는 안면근과 저작근이 있다. 안면근은 얕게 위치한 피근으로 안면신경에 의해 지배되고, 희로애락 등 복잡한 안면 표정 운동에 관계하므로 표정근이라고도 한다. 저작근은 피부 깊숙이 위치하며 두개저에서 기시하여 하악골에 정지한다. 저작운동에 관계하며, 삼차신경의 세 번째 가지인 하악신경에 의해 지배된다.

뇌두개골에는 두정골(頭頂骨)에 모상건막(帽狀腱膜)이라고 불리는 막이 존재하며, 양 측면의 측두골(側頭骨)에는 측두근, 전면의 전두골(田頭骨)에는 전두근, 후면은 두개골의 뒷부분에서 생긴 후두골(後頭骨)에 후두근이 있다. 모상건막과 전두근은 이마를 가로질러 아래쪽으로 확장되어 윗부분의 근육과 합쳐지는데, 전두근은 이마를 주름지게 하고 눈썹을 올리도록 한다.

머리의 근육을 안면근(顔面筋), 즉 얼굴 근육과 저작 근육의 2개 군으로 분류해서 살펴보면 다음과 같다.

(1) 안면근(facial muscle)

얼굴 근육은 두피와 피부 밑에 위치하는 작은 근육들로 구성된다. 안면에 있는 부위를 움직이기 때문에 표정 근육(expression muscle)이라고도 하며 안면신경의 지배를 받는다. 안면근의 특징을 살펴보면 기시는 주로 뼈이고, 정지는 피부 또는 다른 근육과 혼합되며, 근육을 싸는 근막이 없다. 또한 완전히 독립되어 있는 것이 아니고 상호간에 근섬유속이 이행하고 있는 것이 많다.

① **두개근**(머리덮개근; epicranius muscle)

두개관을 감싸는 근육으로 앞은 전두근(frontalis muscle), 뒤는 후두근(occipitalis muscle)이며 모상건막(머리덮개넓힘줄; epicranial aponeurosis)에 의해 연결되어 있다.

② 눈꺼풀 틈새 주위의 근

눈을 뜨거나 감을 때 사용하는 안륜근을 비롯해 추미근 및 비근근 등이 있다.

③ 콧구멍 주위 근

비근이 있다.

④ 입술 틈새 주위 근

입을 다물거나 앞으로 내밀 때 사용하는 구륜근, 입꼬리를 끌어당기거나 윗입술을 위쪽 방향으로 당길 때 사용하는 대궐근, 소궐근, 턱을 모아주는 이근, 귀밑샘이 지나가는 협근, 상순거근, 구각하제근 등이 있다.

(2) 저작근(muscles of mastication)

두개골에서 하악골에 걸쳐 있는 4가지 근육으로, 아래턱을 끌어올리거나 좌우로 움직여 음식을 씹는 데 관여하는 근육이다. 얼굴신경이 아닌 삼차신경(trigeminal nerve)의 가지인 하악신경에 의해 지배된다.

① 측두근

측두골의 외측면에서 시작하여 하악골의 근육돌기에 정지하는 강한 근육이다.

② 교근

하악각 외측면으로 펴진 두껍고 강력한 근육이다.

③ 내측익돌근

접형골(蝶形骨)의 날개돌기에서 하악각 내측에 정지하며 교근과 평행으로 달린다.

Tip

3차 신경

뇌신경의 하나로 뇌신경 중 가장 크며, 시신경(視神經), 상악 신경(上顎神經), 하악 신경(下顎神經)의 세 가지로 나뉘어진다. 두부 및 안면의 대부분의 감각과 저작 운동에 관여한다.

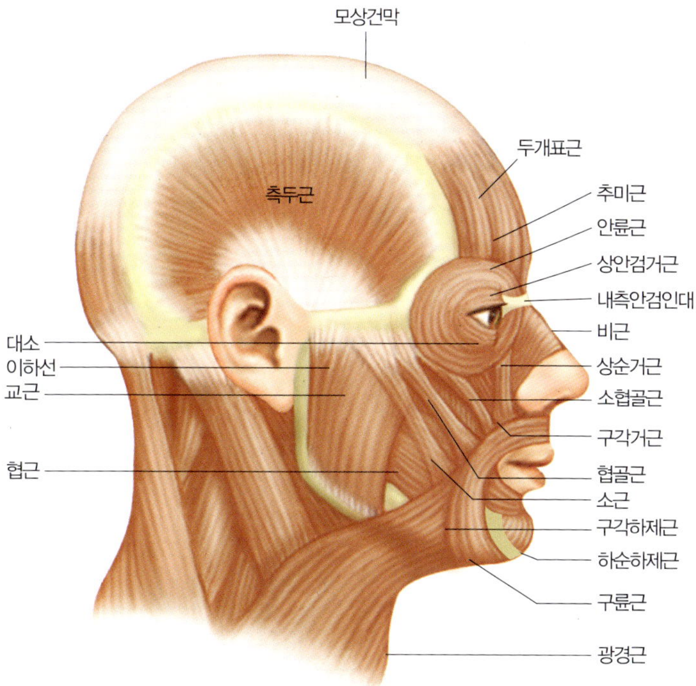

그림 2-2 머리의 근육

④ **외측익돌근**

접형골의 날개돌기에서 기시하여 하악골의 관절돌기에 정지하며 턱을 좌우로 움직이고 여는 데 사용한다.

3. 목의 근육

목의 척추, 즉 경추(傾墜)는 머리를 받치는 역할을 한다. 성인을 기준으로 할 때 머리의 무게는 약 4kg이므로 경추가 균형이 잡혀 있지 않으면 머리 무게가 온몸의 자세에 영향을 주어 특정 부위의 근육이 과도하게 뭉치거나 느슨해지는 결과를 초래할 수 있다.

경추는 머리뼈와 등뼈 사이에 위치하고 있으며, 목의 회전과 관련된 근육, 머리를 지지하는 데 관련된 근육, 호흡과 관련된 근육 등으로 둘러싸여 있다. 안쪽은 목뼈, 목뼈 사이의 인대, 작은 근육으로 단단하게 연결되어 있는데, 이러한 근육들이 튼튼하지 않으면 뼈와 디스크가 쉽게 손상을 받는다.

(1) 뒷머리 아래 근육

후두 두직근과 두시근으로 이루어져 있으며 양쪽 뒤통수 주위에 붙어서 머리의 회전과 자세 정돈에 관여하고 목을 유연하게 움직이는 등 튼튼히 고정시키는 역할을 한다.

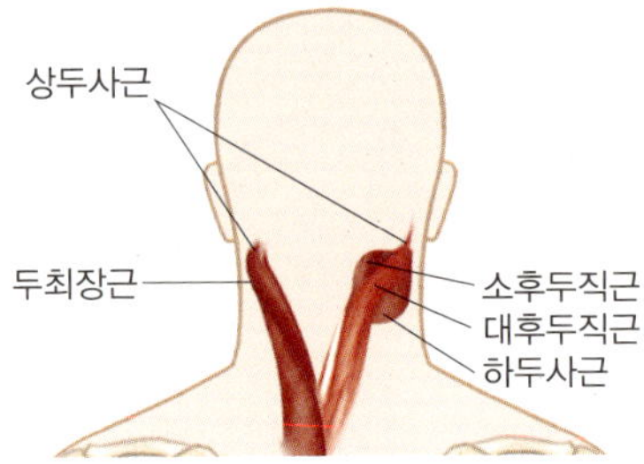

그림 2-3 목의 근육 : 뒷머리 아래 근육

(2) 목 바깥 근육

목의 운동과 심호흡을 돕는 역할을 하는 사각근이 있다. 사각근은 목의 회전 시에는 목의 굴곡과 균형을 유지하고, 호흡 중에는 늑골을 들어올려 흉곽을 넓히고 숨 쉬는 것을 도와준다.

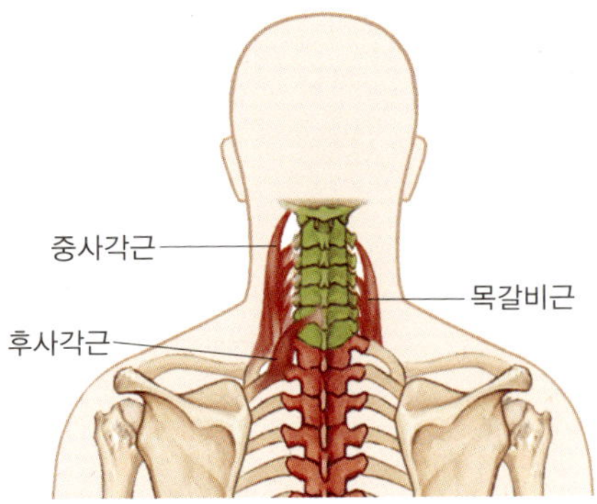

그림 2-4 목의 근육 : 바깥 근육

사각근의 잦은 사용은 통증을 유발할 수 있는데, 현대인의 목 근육 통증은 대부분 이 근육의 문제로 인한 것이다.

(3) 목 뒤 근육

목 뒤 근육 중 가장 바깥쪽에 위치한 근육으로는 승모근(僧帽筋, trapezius) · 견갑거근 · 능형근이 있다. 목과 등에 통증을 가져오는 대표적 근육인 승모근은 광범위한 부위에 부착되어 있으며 다양한 기능을 수행하는데, 양쪽으로 작용할 때는 머리와 목을 쭉 펴게 만들고, 한쪽만 작용할 때는 목을 회전시키는 역할을 한다. 이 근육은 목뿐만 아니라 어깨와 등의 움직임에도 관여하기 때문에 손상되면 몸에 미치는 영향이 매우 크다.

견갑거근과 능형근은 등과 머리의 통증과 관련이 있는데, 견갑거근은 목과 어깨에서 흔한 통증과 긴장을 유발하고 무거운 배낭이나 짐 운반 시에 직접적으로 손상을 받기 쉬운 근육이다.

견갑골과 척추 중앙 부분에 위치한 능형근 또한 등의 통증과 밀접한 관련이 있으며, 어깨를 당기는 흉부근육과 반대 작용을 하여 항상 흉근을 긴장시키는 데 연관되어 있다.

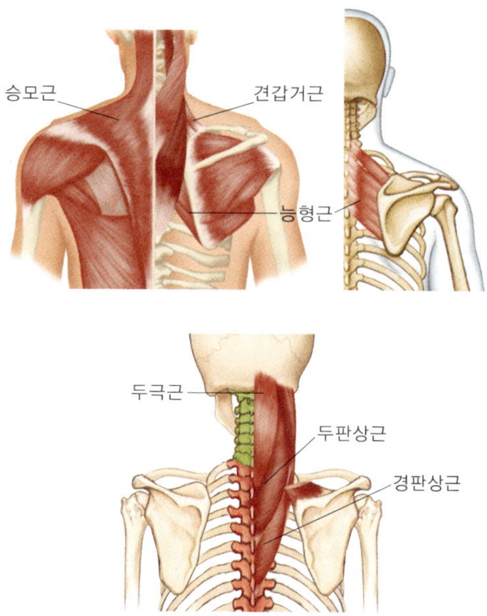

그림 2-5 목의 근육 : 목 뒤 근육

목 뒤 깊숙한 곳에서 목을 뒤로 젖히고, 돌리고, 옆으로 숙일 수 있도록 작용하는 근육으로 두판상근 · 경최장근 · 경판상근 · 두최장근 · 경극근 · 두극근이 있다. 이 근육들은 머리의 회전과 지지 작용을 담당하며 과도한 사용으로 인해 근육에 스트레스가 쌓이면 두통의 원인이 되기도 한다.

(4) 목 앞 근육

흉쇄유돌근은 머리와 목을 유지하고 회전하며 굴곡시키는 데 주요한 역할을 하는 두 갈래 근육으로 두통에 관여한다. 흉쇄유돌근은 어깨관절의 경사를 보장하면서 자세를 유지하게 하는데, 머리와 목을 유지하거나 목이 무리하게 뒤로 젖혀지는 것을 방지한다.

이 근육은 목 앞쪽 양옆에 위치하며, 한쪽을 수축시켜 머리를 반대로 돌리게 하거나 양쪽을 작용시켜 얼굴을 위로 올릴 수 있게 한다. 흉쇄유돌근과 평행하게 놓여 있는 광경근은 얇고 편평한 피하근육으로, 아래턱과 입술을 내리거나 목의 피부를 당기는 역할을 한다.

광경근은 종종 흉쇄유돌근과 연계되어 통증을 유발시키는 원인이 되기도 한다. 목에 통증이 있는 사람은 특히 약해지기 쉬우며, 조그만 충격이나 잘못된 수면 자세에도 경직되어 통증이 생기기 쉬운 근육이므로 평상시에 운동을 통해 강화하는 것이 필요하다.

그 밖에 목뼈와 머리를 굽히고 돌리는 데 도움을 주는 근육으로 경장근과 두장근이 있다.

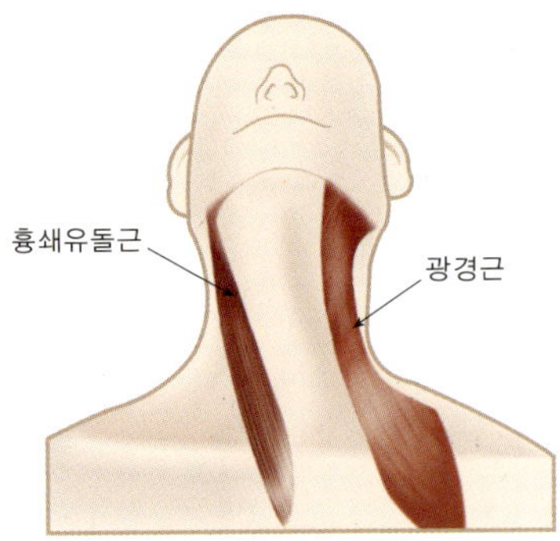

그림 2-6 목의 근육 : 목 앞 근육

Tip 현대인의 근막동통증후군

근막동통증후군(MPS; Myofascial Pain Syndrome)은 근육과 근육을 싸고 있는 근막에서 기인하는 통증 증후군의 일종이다. 근막동통증후근은 신경에는 이상이 없는데도 어깨, 뒷목, 등, 허리 등의 근육이 뭉쳐 뻐근하고 쑤시는 증상을 보인다. 통증 부위를 눌렀을 때는 참기 힘들 정도로 심하게 아프고 근육 속에 혹 같은 것이 만져지기도 한다. 흔히 '담이 들었다' 라고 하는 증상도 이것에 해당된다.

근막동통증후군은 구조적인 이상이 없기 때문에 진단이 어려울 뿐 아니라 환자도 단순 근육통으로 여겨서 초기에는 소홀히 생각할 수 있다.

확실한 원인을 발견하지 못하는 질환의 가장 많은 원인이 스트레스인 것처럼 근막동통증후군도 스트레스와 관련이 많다. 스트레스를 받으면 몸이 긴장을 하여 근육의 긴장을 일으키고, 이 상태가 오래 지속되면 근육통이 발생하며 쉽게 피로해진다.

또 다른 주요 원인으로는 일상생활에서의 나쁜 자세가 보편적이다. 오랫동안 나쁜 자세로 컴퓨터 모니터를 바라보거나, 팔꿈치를 팔걸이에 대지 않은 자세로 자판이나 마우스를 많이 사용하면 어깨 근육을 긴장시켜 뒷목이나 어깨에 통증이 발생하는데, 이런 현상이 오랜 시간 지속되면 근막동통증후군으로 이어질 수 있다.

현대인들은 컴퓨터 사용이 늘어나면서 어깨 통증을 호소하는 경우가 늘어나는 추세이다. 하루에 6시간 이상 컴퓨터 자판을 만지는 전화교환원의 경우 15% 안팎이 어깨 및 주위 근육 통증이 꾸준히 발생하는 근막동통증후군이 있는 것으로 진단되었다. 어깨나 뒷목 등의 근육이 딱딱하게 뭉쳐서 통증이 나타나는 이유는 어깨 주위의 근육이 쉬지 못하고 오랜 시간 긴장되어 근육에 영양분과 산소가 부족해지기 때문이다. 이처럼 컴퓨터 사용으로 인해 오는 증상을 컴퓨터 증후군(VDT; Video Display Terminal Syndrome)이라고도 한다.

근막동통증후군이 발생하였을 때 소홀히 관리하면 통증 부위가 넓어질 뿐만 아니라 만성적인 통증으로 이어질 수 있다. 근막동통증후군은 독자적으로 오는 경우가 대부분이지만 여러 가지 구조적 또는 기능적인 요인에 의해서도 발생하는데, 디스크나 변형성 척추증, 골반의 비대칭 또는 골다공증 등 척추 질환의 2차적 증상으로 오는 경우가 있으며 골절 후의 변형 등에 의해서도 발생한다.

정서적인 스트레스로 인해 갑상선호르몬과 여성호르몬이 결핍되는 내분비 이상도 근막동통증후군과 관련이 많은 것으로 알려져 있다. 따라서 통계적으로 보면 중년 이상의 여성에게서 발생률이 높다.

영양학적인 요인으로는 티아민(thiamine) 같은 비타민의 부족 등도 근막동통증후군과 직·간접적으로 관련되어 있다.

근막동통증후군을 예방하기 위해서는 스트레칭으로 긴장된 근육을 풀어주고 나쁜 자세를 교정하는 것이 가장 중요한데, 근육을 최대한 움직여 동통 유발점의 민감도를 낮추는 것이다. 이때 통증과 반사적인 경련으로 인해 최대 가동영역까지 스트레칭하기 어렵다면 온습포와 전기치료가 도움이 된다.

근막동통증후군은 근육 자체에 대한 산소공급 장애 등에 의해 발생하는 것으로 알려져 있으며, 스트레스가 많은 현대인 중에 특히 근막동통증후군 환자가 많다. 스트레스로 인한 탈모 환자에게 근막동통증후군 증상이 동반될 때는 원인 및 치료에 대한 조언이 함께 따라야 한다. 특히 컴퓨터 사용 전문가나 40~50대 갱년기 여성 탈모의 경우에는 각별한 조언이 필요하다.

4. 두피의 기능

(1) 보호기능

두피는 뇌(腦)를 포함한 체내의 모든 기관을 충격 · 더위 · 추위 · 자외선 및 이물질 등 각종 외부 환경으로부터 보호하는 기능을 한다. 다시 말해서 물리적인 충격이나 여러 가지 화학적 약물로부터의 피해를 막는 것이 두피의 가장 근본적인 기능이다.

두피의 표면은 약산성이기 때문에 산성이나 알칼리성의 화학적 시술 시에는 손상을 입을 수 있으므로 펌이나 염색 시술 시에 두피에서 1~2cm 떨어진 곳에 제품을 도포하는 것이 바람직하다.

약산성인 두피는 세균 증식을 억제하고 멜라닌은 피부 세포가 자외선에 의해 손상되는 것을 막아주는 색소 방어막 역할을 한다. 또한 표피에 있는 랑게르한스 세포(Langerhan' s cell)는 면역 반응을 활성화하여 이물질이나 항원을 림프구를 동원하여 처리하고, 진피에 있는 대식세포는 바이러스와 세균을 처리하는 두 번째 방어선 역할을 한다.

(2) 흡수작용

두피의 흡수작용으로 수분 등 필요한 물질을 흡수하기도 하는데 표피의 피부 방어막으로 인해 과립층까지만 흡수가 용이하다.

그러나 흡수작용을 통해 침입한 화학제품의 일부 성분이 모낭의 조직 세포들을 파괴하여 제 기능을 못하게 하기도 한다.

(3) 호흡 및 배설작용

두피는 다른 피부와 마찬가지로 호흡을 하고, 체내의 유해물질과 노폐물들을 배설한다. 그러므로 두피의 피지에 각질 및 노폐물들이 쌓이면 모공을 막아 피부 호흡이 저하되어 두피에 염증을 발생시키거나 모발의 연모화를 초래한다. 두피의 호흡 · 배설작용을 원활하게 하기 위해서는 무엇보다도 세정을 꼼꼼히 해야 한다.

(4) 감각기능

두피는 냉감 · 온감 · 압감 · 통감 등의 감각을 느낄 수 있다. 그러므로 두피를 압박하거나 온도에 의한 자극을 주면 두피의 모세혈관이 확장되어 자극에 민감하게 반응한다.

(5) 체온조절기능

두피는 체내의 신진대사 결과로 오는 온도 변화 또는 외부의 기온 변화에 적응하기 위해서 수시로 체온조절을 해야 한다. 피부의 혈관이 온도조절의 가장 주된 역할을 하는데, 혈관의 확장으로 많은 양의 혈액을 흐르게 하고 혈액으로부터 나오는 열을 피부를 통해 몸 표면으로 발산함으로써 몸 안의 열을 방출하는 것이다.

그 이상의 열 발산은 땀 분비 증가로 이루어지는데 땀의 수분을 증발시키는 데는 열이 필요하므로 체온이 내려간다. 반대로 혈관의 수축은 혈액량을 감소시킴으로써 열의 손실을 막아준다.

(6) 대사기능

표피에서 프로비타민 D_2인 에르고스테롤(ergosterol)은 자외선(ultraviolet ray)과 열에 의해 비타민 D로 합성된다.

5. 두피의 구조

피부는 세포막이라고 부르는 가장 넓은 조직으로, 인체의 내부 기관과 외부 환경간에 중요한 완충 역할을 한다. 피부는 아주 복잡한 생리기능을 갖고 있으며, 표면에서부터 표피 · 진피 · 피하조직의 3개 층으로 형성되어 있다. 층의 내부에는 혈관, 분비선, 감각 수용체와 신경을 포함한 많은 조직들과 털, 땀샘 및 피지선 등이 있다.

두개골막에 의하여 두개골을 싸고 있는 두피는 매우 조밀한 신경 분포를 갖고 있다. 각각의 모상은 피부의 심층부에서 솟아오른 5~12개의 신경섬유를 갖고 있으며, 머리카락을 매개로 하여 감각을 느끼게 한다. 두피는 머리카락과 연결된 피부로, 그 아래는 매우 강한 섬유조직인 모상건막(epicranial aponeurosis)으로 구성되어 있다.

두피는 표피 · 진피 · 피하조직으로 구성되어 있다. 표피는 가장 바깥쪽 조직으로 두피의 외부 손상을 가장 먼저 보호해 주는 층이다. 진피는 표피 아래쪽에 있는 내층인데, 매우 민감한 관 모양의 결합조직으로 유두층과 망상층으로 구성되어 있다. 피하조직은 지방세포를 가진 결합조직의 얇은 층으로 교원섬유와 탄력섬유가 피부 표면에 평행하게 배열되어 있다.

(1) 표피(epidermis)

표피는 체내의 조직을 보호하고 수분 손실을 조절하며 배설되지 않은 몸속의 노폐물인 기름기나 땀을 분비하는 기능을 한다. 두피의 표피 각질은 피부와 같이 약 28일을 주기로 각화되는데, 기저세포의 분열이 진행됨에 따라 기저층에서 유극층 – 과립층 – 각질층으로 진행된다.

이때 환경적 · 유전적 요인에 의해 각화 주기가 영향을 받으면 기저층에서 각질층까지의 이동 기간이 비정상적인 주기를 가진다.

원인은 스트레스나 피지선의 이상 현상, 불균형한 음식의 영향, 특이 병적 증상 등 다양한 양상에서 기인할 수 있다. 이로 인해 두피에 각질이 과도하게 축적되어 제때 탈락하지 못할 경우에는 비듬이 생기고, 비듬이 표피층에 쌓이면 두피의 생리작용을 저하시킨다.

피부의 표피

표피를 이루는 세포는 멜라닌색소 형성세포(melanocyte), 각질 형성세포(keratinocyte), 그리고 랑게르한스 세포(lagerhan' s cell)의 3가지 형태로 구성되어 있으며 각질층 · 투명층 · 과립층 · 유극층 · 기저층의 뚜렷한 5층으로 구분된다. 표피의 두께는 0.04~1.6mm에 이르며, 혈관이 없고 진피층의 많은 혈관들이 영양분을 전달해 준다.

표피는 세포들의 성장에 따라 점차 위로 밀려올라가 최상면에 있는 각질층이 각질로 변화되어 일부는 약 28일마다 탈락되고 새로운 세포로 대체된다. 표피 중 안검이 가장 얇고, 손바닥과 발바닥이 가장 두껍다.

랑게르한스 세포

랑게르한스 세포는 피부의 유극층에 존재하면서 피부 최외층의 면역을 담당한다. 피부 외부로부터 자극요인이 침입하면 랑게르한스 세포의 활성화가 일어나 피부는 외부로부터 방어 수단을 갖게 된다.

① **기저층** (stratum basale)

기저층은 배아층이라고도 하며 단층의 원주형 · 입방형의 약 6㎛ 세포로, 짙은 호염성 세포질과 짙게 염색되는 달걀 모양의 핵을 갖고 있다. 진피층의 모세혈관으로부터 영양분을 공급받으며, 하부는 교소체(desmosome)로 진피층과 연결되어 있어 분열을 계속하면서 표피세포의 증식을 담당한다.

기저층은 각질 형성세포와 멜라닌색소 형성세포가 약 9:1의 비율로 존재하면서 각각 케라틴(keratin)과 멜라닌(melanin)을 생성한다. 기저층이 손상되면 세포 재생이 불가능하므로 흉터가 남을 수 있다.

② **유극층**(stratum spinosum)

표피의 대부분을 차지하고 있으며 랑게르한스 세포가 존재하고, 5~10층의 다각형 세포들이 많은 돌기로써 이웃 세포와 가시돌기로 연결된 세포 층이다. 12㎛로 세포와 세포를 연결시켜 주는 세포간교(細胞間橋; intercellular bridge)가 영양물질과 정보를 전달하는 역할을 한다. 유극층은 강한 응집력을 가지며 기저층에서 유극층까지는 수분을 약 70% 정도 유지하고 있어 표피 전체의 영양과 피로 회복을 담당하는 층이다.

③ **과립층**(stratum granulosum)

각화효소(keratohvaline)가 함유되어 있으며 각화작용이 시작되는 층이다. 수분이 30%로 감소되고 세포내핵이 사라지는 무핵의, 2겹 내지 3겹의 납작한 수평직경 25㎛의 세포층이다. 수분 저지막(rain membrane)이 존재하며, 수분 증발 및 과잉이나 수분 침투 억제, 유해물질 침투 억제의 기능이 있다.

과립층에서는 케라틴의 피부보호를 위한 각화작용과 멜라닌이 자외선으로부터 적극적으로 피부를 보호하려는 작용이 일어난다. 케라틴과 멜라닌의 비율은 인종마다 차이를 보이는데 흑인은 5:1, 황인은 16:1, 백인은 36:1이다.

Tip

수분 저지막

수분 저지막은 형태의 막이 보이지 않는 전기적인 막으로, 생체 전기에 의해 수분의 방출 및 유입을 막는다.

투명층

과립층과 각질층 사이에 존재하는 이행세포로, 손바닥과 발바닥에 주로 존재하는 얇고 투명한 층이다. 엘라이딘(elaidin)이라는 반유동성 물질로 되어 있으며 수분 침투 및 증발을 억제하고 자외선 반사기능이 있어 손바닥과 발바닥에서는 색소 침착이 나타나지 않는다.

④ **각질층**(stratum corneum)

각질층은 피부보호의 최전방으로서 길이 30㎛, 두께 1/2㎛의 무핵층이다. 정상피부의 각질층인 경우 약 19~20장으로 구성되는데 비해 예민한 피부의 경우 약 10~12장, 지성피부의 경우 약 14~15장으로 구성되어 있다.

그러나 점차 노화되는 과정에서 외부의 유해인자를 접하면서 탈락되어야 할 각질이 제때에 탈락되지 않고 더욱 두껍게 쌓이므로 노화된 피부의 경우 약 30장을 이루기도 한다.

수분은 각질층 아래쪽이 30% 정도, 가장 위쪽은 15% 정도이며, 세포 간 지질과 천연보습인자(NMF; Natural Moisturizing Factor)로 인해 각질층의 최소한의 함유량을 조절한다.

Tip 표피와 모발의 각화과정(keratinization)

표피는 세포분열을 반복하며 일정한 주기에 따라 각화과정을 거치는데, 두피 표피의 각화현상과 두피 내의 모낭에서 발생하는 모발의 성장 두 가지로 나누어 살펴볼 수 있다. 표피의 각화과정은 기저층에서 세포분열 및 DNA의 합성과 복제, RNA의 생성 및 소기관 등 각종 물질을 합성하여 유극층에서는 RNA 합성이 왕성하게 일어나고 각종 단백합성효소, 소기관들이 생성 · 정비된다.

과립층에서는 단백질 합성과 핵, 세포 소기관 소실이 나타나며 각질층에서 각화세포의 외막을 형성한다. 이렇게 순차적으로 각화되는 과정에서 표피의 재생 시간은 약 28일 정도가 걸린다.

모발은 모유두의 모모세포가 혈관으로부터 공급되는 영양분을 흡수하여 활발히 세포분열하면서 형성된다. 모모세포의 분열로 인해 밀려 올라간 세포가 점차 수분이 감소하면서 딱딱해지는 현상을 모발의 각화과정으로 본다. 즉, 모발은 모발 자체가 성장하는 것이 아니라 두피 내의 모구가 밑에서부터 각화과정을 통해 밀려 올라오는 것이라고 볼 수 있다.

세포 간 지질

각질층은 각질세포와 각질세포 간 지질의 두 가지 성분으로 이루어져 있다. 각질세포는 단백질로 이루어져 피부장벽의 구조적 지지대 역할을 수행한다. 각질세포 간 지질은 세라마이드, 콜레스테롤, 지방산 등의 지질 성분으로, 서로 겹겹이 쌓인 층상의 구조를 이룬다. 신체로부터 수분 소실을 막아주므로 인체의 세포가 수분을 유지하고 항상성을 유지한다.

천연보습인자(NMF)

각질층에 존재하는 수용성 성분의 총칭으로 각질층이 유연성을 나타내는 요인이 되며, 이것에 의해 적절한 수분을 유지할 수 있다. 가장 많은 부분을 차지하는 것은 아미노산이고, 그 다음으로 무기염, 피롤리돈 카르복실산, 젖산염 등이 함유되어 있다.

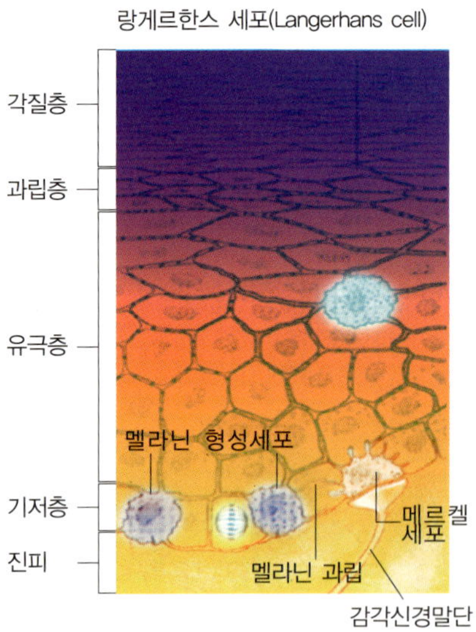

그림 2-7 표피의 각화과정

기저막 지역 (BMZ; Basement Membrane Zone)

진피와 표피의 접합부는 기저세포질막(basal cell plasma membrane)에서부터 진피의 최상층에까지 이른다. 기저세포막은 기저세포질막에 위치하는 투명판(lamina lucida), 한가운데 위치하는 치밀판(lamina densa), 그리고 치밀판과 진피 사이에 있는 기저판(subbasal lamina)의 세 층으로 이루어진다. 이 지역에 있는 몇 가지 구조물이 표피를 진피에 부착 · 고정시키는 역할을 한다.

기저세포의 세포막은 반접착판(hemidesmosomes)이라고 알려진, 전자 현미경에서 진하게 보이는 판(electron dense plates)을 함유하고 있다. 기저막은 수포성 질환과 관련하여 물집이 형성되는 몇몇 질병에서 기저막 구성성분의 분자적인 결함이 그 배경이 된다는 보고에 따라 피부질환과도 관련이 있는 것으로 보고 있다.

(2) 진피 (dermis)

진피는 표피의 바로 밑에 자리잡고 있으면서 피부의 90% 이상을 차지하는 층으로, 두께는 신체의 각 부분에 따라 0.5~4mm로 다양하다. 풍부한 결합조직으로 이루어져 있어 신체의 움직임과 함께 늘어나고 수축한다. 진피층은 교원섬유(collagen) · 탄력섬유(elastin) · 망상섬유(reticulin)로 알려진 세 가지 섬유로 상호연결되어 있으며, 진피의 주요 세포는 방추 모양의 섬유아세포(fibroblast)이다.

교원섬유는 모든 결합조직에 분포하고 있는데 장력을 가지고 있어서 이 섬유가 손상되면 노화로 발전된다고 알려져 있다. 진피에는 혈관, 임파선, 신경, 땀샘, 피지선 등 여러 기관이 분포되어 있으며, 외부의 열과 추위, 내부의 불안이나 출혈과 같은 자극에 반응하여 혈관이 확장 · 수축됨으로써 체온과 혈압이 조절된다.

진피의 혈액은 표피에 영양을 공급하고 진피의 결합조직은 표피층을 지지해 주며 촉감 · 통증 · 온도에 반응하는 감각섬유가 포함되어 있다. 모발의 근원이 되는 모낭이 바로 진피층에서 발생하여 성장하기 때문에 진피층은 문제성 두피와 탈모의 원인을 이해하는 데 매우 중요하다.

> **Tip**
>
> **섬유아세포**
>
> 움직이지 않는 결합조직 세포의 기본 유형으로, 세포체 끝에서 밖으로 뻗어나가는 돌기를 가진, 크고 납작하며 방추형으로 길게 늘어난 형태의 세포이다. 섬유아세포는 트로포콜라겐(tropacallagen)을 생성하는데, 이는 콜라겐과 기질의 전구체가 된다.

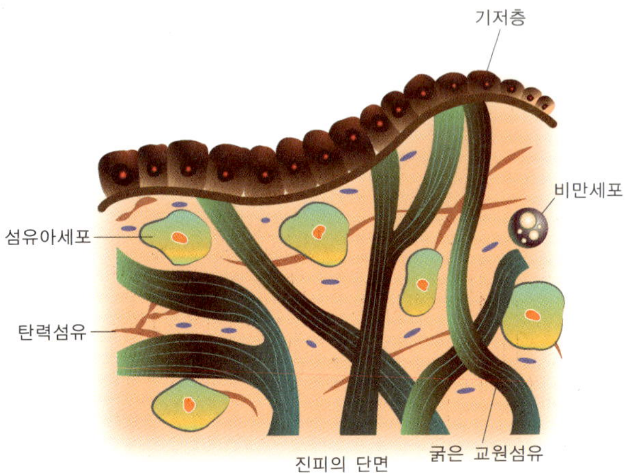

그림 2-8 진피의 구조

① **유두층** (papillary layer)

결합조직(Connective Tissue)으로 콜라겐이 차 있으며 거의 수직적인 형태로 이루어져 있다. 모세혈관이 풍부하여 기저층에 많은 영양분을 공급함으로써 표피의 건강 상태를 좌우한다.

② **망상층** (reticular layer)

그물 모양의 결합조직으로서 피부가 넓게 혹은 길게 늘어날 수 있는 탄력성을 지니게 한다. 이 층은 세포 성분과 세포 간 물질로 구성된 두꺼운 층인데, 세포 간 물질인 콜라겐과 엘라스틴으로 이루어져 있어 피부가 과도하게 늘어나거나 파열되지 않도록 한다.

진피의 섬유

- **교원섬유**(collagen fiber) : 콜라겐은 진피 성분의 90%를 차지하며 피부에 장력을 제공한다.
- **탄력섬유**(elastic fiber) : 진피에 있는 섬유 성분 중 비교적 적은 부분을 차지하지만 변형된 모습이 원래의 모습으로 되돌아오도록 하는 탄력성과 신축성을 제공한다.
- **망상섬유**(reticulin) : 많은 기관의 지지조직을 구성하는 가는 실 모양의 결합조직으로 무정형(無定形)의 기질물질에 싸인, 방향성이 없는 콜라겐상 원섬유(fibril)로 구성되어 있다.

(3) 피하조직 (subcutaneous tissue)

결체조직으로 이루어진 층이며 때로 지방조직층으로도 불린다. 진피와 근육, 뼈 사이에 있는 부분으로 지방을 다량 함유하고 있으며 피부의 가장 아래층에 있어 피하조직이라 부른다. 지방세포와 섬유성 중격(fibrous septa)으로 이루어진 피하조직은 기본적으로 피하지방층에 산재해 있는 소성 결합조직으로 교원섬유와 탄력섬유로 구성되어 있으며, 이러한 지방세포들은 열을 보존하고 보호하는 완충 역할을 한다.

따라서 피하조직의 발달 정도에 따라 개인의 체형이 결정되며 그 두께는 성별 · 연령 · 개인의 영양 상태 및 신체 부위에 따라 다양하다. 지방조직은 눈꺼풀, 고환, 경골 등에는 없으며 연령 · 유전 요인 그 외 많은 요인들에 의해 피하조직의 영향을 받는다. 또한 피하조직은 여성호르몬(estrogen hormone)과 관계가 깊어 여성의 신체선에 부드러움을 준다.

진피 및 피하조직의 두께와 탈모

탈모된 부위와 탈모가 되지 않은 부위의 피부를 조직검사 해 보면 탈모가 진행될수록 진피층과 피하조직층의 두께가 얇아지는 것을 알 수 있다. 이 때문에 탈모된 부위의 피부가 팽팽하게 당겨지는 것이므로, 탈모를 치료할 때 진피층과 피하조직층의 복구도 이루어져야 한다.

2. 모발 생리학

모발(毛髮)이란 포유동물만이 가지고 있는, 단단하게 밀착되고 각화된 상피세포로 이루어진 고형의 원추섬유(cylindrical fiber)이다. 손바닥, 발바닥, 손가락 및 발가락의 말단부, 점막의 경계부, 귀두부를 제외한 몸 전체에 분포하고 있으며, 전신에 약 130~140만 개, 이 중 머리카락은 약 10~20만 개 정도이며 평균 0.35mm/day의 속도로 성장한다.

1. 모발의 기능

(1) 보호기능

머리카락은 전부 머리를 감싸고 있다. 이는 머리카락이 두개골에 오는 충격을 완화시켜 두개골을 보호함으로써 궁극적으로 뇌를 보호하고 있다는 것을 의미한다. 머리카락은 태양광선과 추위 및 외부의 충격으로부터 뇌를 보호한다.

(2) 감각기능

모근의 지방선과 입모근의 일부분에 지각신경이 방사상으로 분포되어 작은 자극에도 반응하므로 촉각으로 인체를 보호한다.

(3) 장식기능

머리 모양은 자신의 아름다움과 개성을 나타내는 방법 중 하나이므로 아름다움과 개성 표현의 기능이 있다. 같은 사람이라도 헤어스타일과 컬러를 다르게 표현하는 것만으로 색다른 느낌을 줄 수 있기 때문에 개인적인 장식기능의 주요한 역할을 한다.

(4) 배출기능

체내의 노폐물을 배출시킨다. 모발은 혈액순환에 의해 받은 영양분으로 성장하기 때문에 혈액 내에 있던 유해한 성분들이 모발을 통해 체외로 배출된다.

> **Tip 모발의 배출기능**
>
> 나폴레옹이 비소 화합물의 장기 복용에 의해 독살되었다는 의문이 제기된 이유는 그의 모발을 분석한 결과 통상의 100배 이상의 비소(砒素)가 검출되었기 때문이다. 이와 같이 어떤 특정 원소의 잔류 축적량은 다른 기관에는 그다지 축적되지 않고 모모세포에 집중적으로 보내져 분열하는 세포 내로 모인다.
>
> 모발은 적극적으로 수은 등의 유해 금속을 체외로 배출하는 역할이 있다고 알려져 있으며, 모발 중의 미량금속 측정으로 혈액과 요의 검사와 같이 체외물질 대사 이상을 관찰하고 병을 예견할 수 있다고 보고되었다.

2. 모발의 성분

모발의 성분은 약 80~90%의 단백질과 멜라닌색소 3%, 지질 1~8%, 수분 10~15%, 미량 원소 0.6~1%로 구성되어 있다. 모발은 일종의 천연섬유로 18종의 아미노산이 결합되어 있는 경섬유성 단백질이며, 그 중 시스틴(cystine)을 14~18% 정도 함유하고 있는 케라틴이라는 물질이 주성분이다.

(1) 케라틴 (keratin)

모발의 주성분인 케라틴은 섬유성 단백질로 이루어져 있고 이 단백질은 수십 종의 아미노산 결합물로 되어 있다. 케라틴은 약 18종의 아미노산으로 되어 있으며, 모발의 케라틴은 염기성 아미노산의 히스티딘(histidine), 리신(lysine), 아르기닌(arginine)의 비율이 1:3:10으로 되어 있다.

이 비율은 모발 케라틴 특유의 비율로 다른 단백질에서는 볼 수 없는데 인모와 양모의 성분에서 시스틴의 함유량은 인모쪽이 40~50% 더 많다. 시스틴의 함유량은 남성에서 더 많이 나타난다. 그리고 개인의 유전, 생활 환경, 식사, 미용 처리, 식생활 등에 따라 다르다.

모발을 구성하고 있는 모표피 · 모피질 · 모수질의 여러 가지 화학성분 분량은 같지 않으며, 시스틴은 분석 중에 화학 변화를 쉽게 받기 때문에 분석 방법 등에 의해서 다소 차이가 있다. 특히 모발 케라틴은 다른 단백질에는 미량 존재하는 시스틴이 다량 함유되어 있는 것이 특징이다.

케라틴은 모낭에서 만들어지는데, 모세포들이 분열을 일으킬 때 살아남지 못한 세포들이 구성하는 것이므로 죽은 조직들로 이루어져 있다. 그러나 케라틴은 매우 단단한 구조로 되어 있으며, 결합 또한 아주 단단하기 때문에 물리적인 외부 환경에 매우 강하나 알칼리와 열에는 비교적 약한 편이다. 머리카락 하나가 약 150g의 무게를 지탱할 수 있으며, 머리카락 하나를 뽑기 위해서는 약 50g의 힘이 필요하다.

Tip

시스틴

모발과 손톱을 태우면 이상한 악취가 나는데 이는 시스틴이 분해되어 생긴 유황 화합물의 냄새이다.

케라틴

케라틴은 인모, 양모, 손톱 등과 같이 단단한 경케라틴과 피부와 같은 부드러운 연케라틴으로 구별된다. 케라틴은 물리적 · 화학적으로 강한 특징을 갖고 있으며, 보통의 단백질과는 달리, 부패되지 않고 여러 가지 화학약품에 대해 저항력이 있어 물리적인 강도 또한 강하고 탄력이 크다.

아미노산의 분류

① **산성 아미노산**(acid aminio acid) : 한 분자 속에 아미노기 1개와 2개의 카르복실기를 지닌 것이다. 아스파르트산(aspartic acid), 글루탐산(glutamic acid) 등으로서 용액 속에서 쉽게 양성자를 잃어버린다.

② **염기성 아미노산**(basic amino acid) : 한 분자 속에 2개의 아미노기와 1개의 카르복실기를 지닌 것이다. 리신(lysine), 아르기닌(arginine), 히스티딘(histidine) 등으로서 물에 있는 환경으로부터 양성자를 받아들이는 +(양)이온이 된다.

③ **중성 아미노산**(neutral amino acid) : 한 분자 중에 1개의 아미노기와 1개의 카르복실기를 가지고 있는 것이다. 글리신(glycine), 알라닌(alanine), 세린(serine), 트레오닌(threonine), 발린(valine), 류신(leucine), 이소류신(isoleucine), 페닐알라닌(phenylalanine), 티로신(tyrosine), 시스틴(cystine), 프롤린(proline), 트립토판(tryptophan), 메티오닌(methionine) 등이 있다.

- **중성 아미노산**(모노아미노/모노카르복실산) : 글리신, 알라닌, 발린, 류신, 이소류신
- **산성 아미노산**(모노아미노/다이카르복실산) : 아스파르트산, 글루탐산
- **염기성 아미노산**(다이아미노/모노카르복실산) : 리신, 아르기닌
- **방향족 아미노산** : 페닐알라닌, 티로신
- **함황 아미노산** : 시스테인, 시스틴, 메티오닌
- **옥시 아미노산** : 세린, 트레오닌
- **복소환을 가진 아미노산** : 히스티딘, 트립토판, 옥시프롤린

표 2-1 모발의 구성성분

구성성분	함 량(%)	pH	구성성분	함 량(%)	pH
글리신(Glycine)	5.8	6.1	아스파라르트산(Asparatic acid)	5.4	2.8
알라닌(Alanine)	4.5	6.0	글루탐산(Glutamic acid)	12.6	3.2
바린(Valine)	5.2	6.0	아르기닌(Arginine)	6.2	10.8
류신(Leucine)	6.5	6.0	리신(Lysine)	2.5	9.7
이소류신(Isoleucine)	2.4	5.9	히스티딘(Histidine)	0.9	7.5
페닐알라닌(Penylalanine)	1.7	5.5	시스틴(Cystine)	16.4	5.0
프롤린(Proline)	8.4	5.7	메티오닌(Methionine)	0.4	5.7
세린(Srine)	11.6	5.7	티로신(Trosine)	2.1	5.7
트레오닌(Treonine)	7.4	5.6			

Tip

케라틴의 구조

모발 케라틴의 화학 구조는 폴리펩티드(polypeptide) 주쇄가 여러 개 모여 이루어지며, 주쇄끼리는 다시 측쇄의 가교로 연결되어 있다.

(2) 결합수(combined water)

모발 중의 수분은 피부의 경우와 같이 중요한 역할을 하며 모발 내 수분은 유연함, 광택, 잡아당길 때의 강도, 통풍, 정전기량 등 모발의 기계적인 성질과 미용 시술의 특성에 따라 영향을 받는다. 모발의 수분 함유량은 평상시에는 10~15%, 세정 직후에는 30~35%, 드라이 후에는 10% 정도이다.

수분량은 주변 습도가 높으면 높아지고 온도가 높으면 낮아진다. 따라서 수분의 측정은 일정한 온도와 습도에서 행해지지 않으면 정확한 결과를 얻을 수 없다.

모발이 손상되면 수분 보유력이 낮아져 그 함유량이 적어지므로 수분량은 모발 손상도 측정의 기준이 되기도 한다. 일반적으로 수분량이 10% 이하일 때 모발은 건조모가 되는데 건조모는 정상 모발보다 수분 흡수량이 크다.

(3) 지질(nature of oil)

모발 내의 지질은 개인차가 있지만 약 1~9%이며 모발 표면에 있는 외부 지질과 모발 내부에 있는 지질로 구분한다. 유리지방산이 주성분이고 중성 지질을 함유하고 있다. 지질은 샴푸의 평가나 마찰과 같은 표면 효과에 중요한 역할을 하는데, 모발의 구성물질인 지질은 인종 및 성별에 의한 본질적인 차이는 없는 것으로 보고되고 있다.

모발의 지질에는 피지선에서 분비된 피지와 피질세포 자신이 가지고 있는 지질이 있다.

일부는 모발 내부에 침투한 것이지만 피지선에서의 지질은 후에 모발에 부착된 것으로서 모발 본래의 성분이 아닐 수도 있다고 추정되고 있다. 그러나 두 종류의 지질의 구별이 어렵기 때문에 양자를 일괄해서 모발의 피지로 취급하고 있다.

Tip 측정 온도와 습도

일반적인 측정 온도는 25℃, 습도는 65%이다.

중성 지질

왁스(wax), 글리세리드(glyceride), 콜레스테롤(cholesterol), 스쿠알렌(squalene) 등

(4) 멜라닌 (melanin)

멜라닌은 모유두에 접해 있는 모낭의 끝부분에 위치하고 있는데, 주위에 돌기를 가진 색소세포인 멜라노사이트(melanocyte)는 티로시나아제(tyrosinase)라는 산화효소를 함유하고 있다. 적혈구에 의해 공급되는 아미노산(amino acid)인 티로신(tyrosine)을 원료로 하여 멜라닌색소 과립이 만들어진다.

다시 말해서 뇌하수체에서 색소세포 자극 호르몬이 분비되면 멜라노사이트의 티로시나아제가 티로신을 산화 · 중합하여 도파(DOPA)를 만들고 중합이 거듭되면서 도파크롬(DOPA-chromium)을 거쳐 멜라닌 과립이 만들어진다.

멜라닌은 작은 단백질과 결합하고, 멜라노사이트의 돌기부 끝으로 방출된 멜라닌 색소는 모발이 각화하기 전에 피질세포 안에 들어가 성장하여 모발의 색을 구성한다. 모발에 함유된 멜라닌색소의 양은 3% 이하로 알려져 있다. 모발의 색은 흑색에서 금발에 이르기까지 다양하지만 이 색들은 피부색과 같이 멜라닌색소 합성의 정도에 따라 결정된다. 멜라닌색소는 모발을 착색시키고 자외선으로부터 두피를 보호하는 중요한 역할을 한다.

멜라닌색소의 구성은 입자 형태인 유멜라닌(eumelanin)과 분사 형태인 페오멜라닌(pheomelanin)으로 구성된다. 유멜라닌은 흑색에서 적갈색까지 어두운 모발색을 결정하고 페오멜라닌은 적색에서 노란색의 밝은 모발색을 결정하는데, 두 종류의 멜라닌 색소의 크기 · 양 · 합성에 따라 모발색이 달라진다.

멜라닌 과립이 크고 많으면 빛을 흡수하기 때문에 검어지고, 멜라닌 과립이 거의 없으면 빛이 반사되어 흰색이 된다. 멜라닌색소는 활성산소의 공격을 가장 먼저 받아 산화하고 모발의 색소를 가장 먼저 변화시킨다. 멜라닌 과립이 거의 없으면 빛이 반사되어 흰색에 가까워진다.

백발의 발생 이유를 보면 멜라노사이트 수의 감소 또는 소실, 멜라노사이트 내의 멜라닌 형성 효소의 감소 또는 소실, 멜라노사이트에서 피질세포로의 멜라닌 과립의 이동 저해 등이 있다. 그러나 백발의 가장 큰 원인은 노화현상에 의한 것이다.

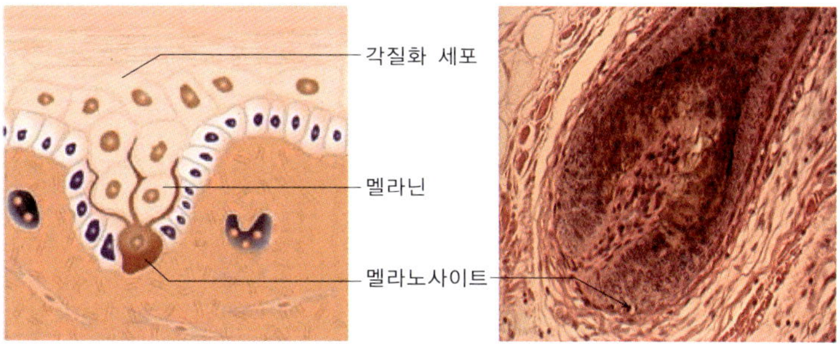

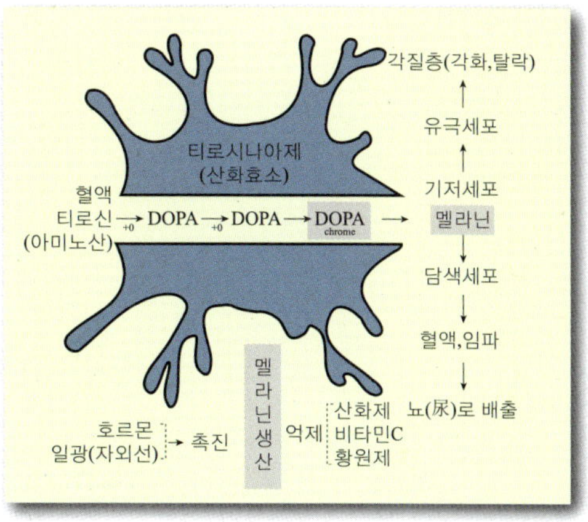

그림 2-9
멜라닌 합성 단계

멜라닌과 백발

백발은 모모(毛母)에 있는 세포가 멜라닌의 생산을 중단하였거나 결핍 · 소실한 경우, 티로시나아제의 활성이 저하되어 멜라닌 형성이 적어진 경우와 선천적으로 멜라닌을 만들 능력이 없기 때문에 생기는 경우가 있다. 노화에 의한 발생연령은 남자 34세, 여자 40세 정도이다.

백발은 유전적인 영향에 의해 부모가 백발이면 자식도 백발인 경우가 많다. 후천적으로는 비타민 A나 철분이 부족한 경우나 정신적으로 초조하고 신경을 많이 쓰는 경우에 백발이 나타나기 쉽다. 모발의 백발화는 대체적으로 측두부에서 시작하여 조금씩 두정부로 진행되며 후두부는 마지막으로 백발화가 된다. 속눈썹, 눈썹, 겨드랑이털, 음모는 두발보다 늦게 백발화되지만 백발이 되지 않을 수도 있으며 퍼지는 속도에도 개인차가 있다.

백발을 유발하는 질병은 급성 열성병 · 쇠약성 전신병 · 영양실조 · 뇌하수체나 갑상선 등의 내분비질환이나 정신신경병 등이 있는데 이런 경우는 질병이 치료되면 정상화한다. 선천성 백발로는 전신의 멜라닌색소가 없는 것, 부분적으로 색소가 결여된 한국성백피증(限局性白皮症), 베르너증후군(Werner' s syndrome) 등에 수반되는 것이 있다. 노화로 인한 백발이나 선천성 질환으로 인한 백발은 현재까지 치료법이 없다.

모발 건강을 위해서는 철분, 칼슘, 구리, 염산 등이 중요한 영양소이며 해조류, 녹황색 채소, 잣, 호두 등이 좋은데 특히 검은콩은 백발 예방에도 효과가 크다.

(5) 미량원소

철, 망간, 구리, 요오드, 아연, 몰리브덴, 불소, 크롬, 비소 등 약 30여 종의 무기 성분이 보고되고 있다. 모발의 건강을 유지하는 데 필수적으로 요구되지만 체내에서 극히 미량 발견되기 때문에 미량원소라 한다.

이 구성성분의 양은 모발의 색에도 영향을 미친다고 하는데, 백모에는 니켈, 황색모에는 티탄산염, 적색모에는 철 · 몰리브덴, 흑색모에는 구리 · 코발트 · 철이 함유되어 있다고 알려졌다.

모발의 미량원소

금속과 쉽게 결합하는 산성기를 가진 모발은 샴푸나 린스 등의 모발 화장품이나 수돗물, 땀과 환경에서 오는 먼지 등에 함유되어 있는 금속 이온을 흡수한다. 특히 퍼머나 염색과 같은 화학적인 시술을 받은 모발은 금속과 쉽게 결합하는 산성기가 증가하기 때문에 금속의 흡착량도 더 많아진다.

모발 중의 미량원소는 화학적 시술, 모발용 화장품과 수돗물 등에 함유되어 있는 칼슘 · 마그네슘 · 나트륨 · 칼륨 등에 의해 외부로부터 축적되기 쉽다. 따라서 미량원소의 종류와 양은 체내에서의 축적에 의한 것인지 외부로부터의 흡착에 의한 것인지, 또는 모모세포의 분열 증식 시에 불가분의 성분인데 필연적으로 존재하는 것인지는 정확하게 구별하기 어렵다.

3. 모발의 결합

모발은 화학적으로 케라틴 단백질로 구성되고, 각각의 단백질 분자 사이에는 분자간의 힘 내지는 결합이 존재한다. 모발은 이들 결합에 의해 성상 형태를 유지하고 있다.

(1) 주쇄결합(폴리펩티드; polypeptide)

케라틴은 약 18종류의 아미노산이 펩티드결합을 순차적으로 반복해서 긴 쇄상이 된 폴리펩티드에 의해 구성되어 있다. 한 아미노산의 α–아미노기와 다른 아미노기의 카르복실(carboxyl)기 사이에서 탈수 · 축합 반응으로 형성된 이 결합이 서서히 반복되어 쇄상으로 길어지는 것을 폴리펩티드라고 한다.

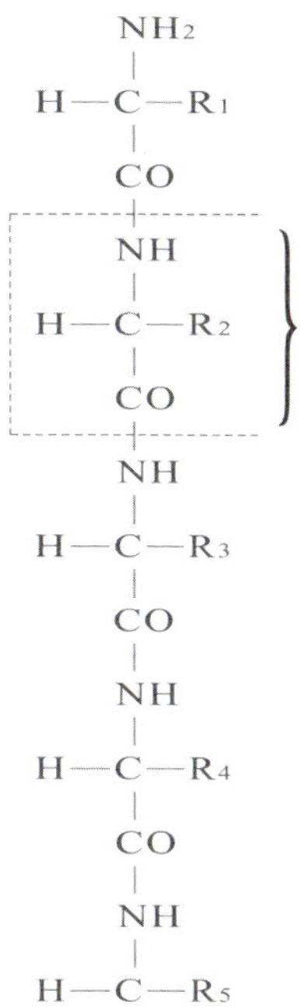

그림 2-10 폴리펩티드 구조

원래 아미노산이 가지고 있던 R_1, R_2, R_3 등의 원자단을 측쇄라고 부르며 케라틴의 폴리펩티드를 주쇄라고 하는데 일직선이 아닌 지그재그로 나선상(helix)으로 둘러싸인 단백질의 α–나선(α–Helix) 구조로 되어 있다.

(2) 측쇄결합(chain bond)

α형인 폴리펩티드 주쇄는 인접한 주쇄간에 가지 사슬인 측쇄결합으로 연결되어 있다. 횡으로 연결된 것이 케라틴 분자를 고정시켜 강도와 탄력 등 여러 가지 모발의 특성으로 나타난다. 측쇄결합은 주요한 시스틴(cystine)결합, 염(ion)결합, 수소(hydrogen)결합 외에도 소수성결합, 펩티드(peptide)결합과 반데르발스 힘(van der waals force)이라고 하는 분자간의 약한 인력이 있다.

측쇄결합은 공유결합(황연결체)과 비공유결합(비황연결체)으로 나눌 수 있는데, 시스틴결합의 공유적 연결은 케라틴 구조 잔재의 10% 이상을 형성시켜 모발 섬유에 물리적 · 화학적으로 높은 안정성을 가져다 준다.

비공유결합인 염결합 · 수소 · 소수성 · 반데르발스 힘의 불안정성은 대부분 젖은 모발의 스타일링에 있어서 실용적인 모발 세팅 시술에 활용된다.

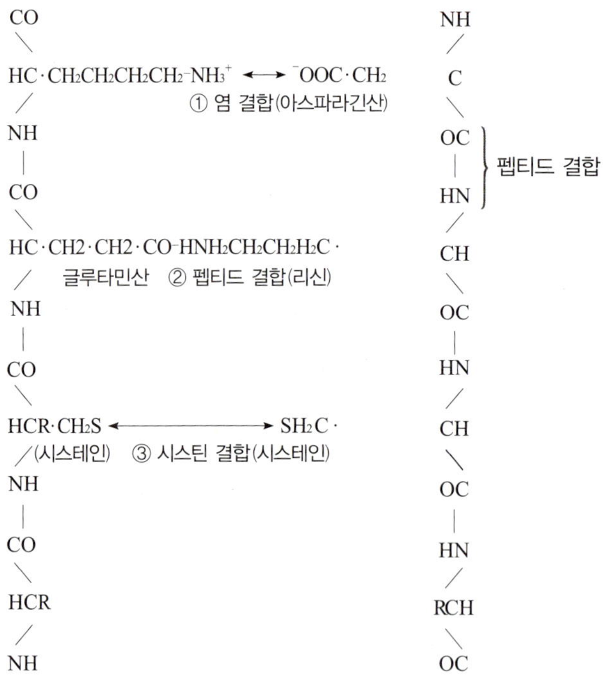

그림 2-11 여러 종류의 측쇄결합

펩티드결합

아미노산은 아미노산 A의 –COOH와 별도의 아미노산 B의 NH_2에서 H_2O로 되어 탈수된 후 –CO, –NH로 연결되어 있다. 이 –CO–NH–의 결합을 펩티드결합(amide bond)이라 부른다.

아미노산

일반적으로 아미노산이 100개 이하에 분자량 1만 이하의 것을 말하는데 , 이에 비해 분자량 1만~수백만의 고분자 화합물을 단백질이라고 한다.

공유결합(covalent bond)

공유결합은 화학결합의 일종으로 전자 한 쌍을 두 원자가 서로 공유함으로써 결합을 유지하는 화학적인 결합 상태이다. 공유결합으로는 배위결합, 펩티드결합, 에스테르결합 등이 있다.

공유결합을 하는 대표적인 분자는 수소, 산소, 질소 등 같은 원자로 이루어진 것들이다. 이들의 결합은 하나가 음이온으로, 다른 하나가 양이온으로 되어 결합하는 이온결합의 방식으로는 이해하기 어렵다.

예를 들어 수소 분자의 전자 하나가 결핍된 H_2^+은 오직 양성자 둘이 하나의 전자에 의해 연결되어 있어 공유결합의 원리를 잘 이해할 수 있는 모형이다. 이는 가운데의 전자가 양쪽에 양성자를 붙잡고 있는 상황이다. 즉, 기본적으로 서로 밀어내는 양성자끼리가 전자를 매개로 하여 묶여 있는 것이다.

① 시스틴결합(Disulfide Bond)

시스틴결합은 두 개의 황(S) 원자 사이에서 형성되는 일종의 공유결합으로, 모발의 물리적 · 화학적 성질에 대한 안정성을 높여주며 황을 함유한 단백질 특유의 측쇄결합으로 모발 케라틴을 특징짓는다.

물리적으로는 견고하지만 화학적으로는 반응을 일으킴으로써 절단시키거나 다시 결합시킬 수 있는 특징이 있는데, 퍼머넌트 웨이브(permanent wave)는 바로 이 화학적 성질을 이용한 시술이다. 즉, 시스틴결합을 환원제로 절단하고 산화제로 본래대로 돌리는 것이다.

시스틴결합과 탈색처리 (Bleach Treat)

모발을 강하게 백발로 탈색시켰을 때 모발의 인장 특성을 살펴보면, 탈색처리하지 않은 암갈색의 자연모(virgin hair)가 탈색처리되어 금갈색 모발로 손상이 극대화된 경우는 아미노산 분석 결과 약 50%의 시스틴 결합이 파괴되어 있었으며 습윤 상태에서의 인장 특성 감소율은 50~60%로 나타났다.

시스틴 혹은 시스테산(cysteic acid) 분석에 의하면 탈색처리를 한 모발의 인장 특성은 최대 25%까지 감소되므로 모발의 강도(强度)는 탈색처리모일 때 크게 감소한다고 볼 수 있다.

시스틴결합과 퍼머넌트 시술

시스틴결합에서 환원은 모발 자체에 대한 응집력에 따른 –SH와 S–S 결합의 교환 반응으로, 환원 또는 재산화 후 모발의 인장 특성(tensile feature)에 상당한 큰 변화를 준다.

습윤 상태에서 신장 특성과 마찬가지로 퍼머넌트 시술에서도 환원 과정에서 약 20%의 시스틴 결합이 절단되고 모발의 인장 특성도 감소된다. 특히 pH와 관련되어 퍼머넌트제 용액의 비율이 높으면 과도한 환원 때문에 인장 특성의 감소도 크게 일어난다.

건조 상태에서의 인장 특성 감소는 습윤 상태보다는 적은 편이다. 이는 환원된 후 메틸화하고 케라틴 섬유 중의 시스틴 결합을 최대 60% 감소시켜도 65% RH에서의 인장 특성에는 극히 조금밖에 영향을 주지 않기 때문이다. 그러나 습윤 상태의 인장 특성은 시스틴 결합량의 감소와 함께 상당량 감소된다. 시스틴 결합은 폴리펩티드간의 수소결합(hydrogen bond)이 물 분자와 교환되는 것을 방해한다.

수소결합의 개열(開裂)은 물 분자에 대한 침투를 용이하게 하며 수소결합의 교환을 쉽게 하기 위해 건조 상태보다도 습윤 상태에 두지만 이때 인장 특성은 극히 감소된다. 환원제에 모발을 담그면 일정량의 비틀림을 갖는데 이때 필요한 응력은 물속에서의 비틀림보다는 적다. 이것은 시스틴결합이나 수소결합 등의 파괴 및 분자 재배열에 의한 것이다. 퍼머넌트 제2제(산화제)로 환원된 모발을 처리하면 인장 특성은 환원되면서 원래의 미처리모와 거의 같아진다.

② **염결합**(이온결합, Ionic Bond)

원자들은 서로 화합하여 구성원자의 성질과는 다른 화합물(compound)을 만든다. 화합물을 형성할 때 원자들은 필요한 만큼의 전자를 잃거나 얻으며, 또한 다른 원자와 전자를 공유하여 원자 번호가 가까운 영족기체의 전자배치를 가짐으로써 안정된 상태가 된다.

아미노산이 펩티드결합을 만들 때에는 카르복실기와 아미노기가 각각 1개씩 사용되기 때문에 염기성 아미노산은 아미노기가 1개, 산성 아미노산은 카르복실기가 1개 또는 여러 가지 잔기로서 남아 있다.

염결합은 두 개의 산성과 염기성 아미노산 측쇄를 가진 폴리펩티드 주쇄가 접근하면 상호 아미노기의 +와 카르복실기의 -가 이온적으로 결합한다. 염결합은 pH 4.5~5.5의 범위, 즉 등전점일 때 결합력이 최대가 되고 케라틴은 가장 안정된 상태가 되므로 pH가 등전점보다 산성 혹은 알칼리성으로 기우는 만큼 결합이 약해진다.

산성이나 알칼리성 용액에 모발을 적셔 놓은 후 당기면 팽윤 및 연화에 의해 더 작은 힘으로도 늘어난다.

Tip

응력(應力)

물체가 외부로부터 힘을 받았을 때 견딜 수 있는 단위면적당 저항력

시스틴결합과 퍼머넌트 시술

퍼머넌트 제1액에 적셔진 모발을 당기면 작은 힘으로 최후의 측쇄인 시스틴 결합이 끊겨서 모발은 일시적으로 가소성모(可塑性毛)가 된다. 그러나 이렇게 된 모발도 제2액으로 산화시키면 다시 등전대로 되돌아가며 건조시키면 원래의 탄성모로 바뀐다. 보통의 퍼머넌트 웨이브제가 알칼리성인 이유 중의 하나는 측쇄의 염결합이 끊어지기 때문이며, 알칼리 용액은 결합을 절단하는 데 사용되기도 한다.

③ **수소결합** (Hydrogen bond)

측쇄결합 속의 비공유결합인 수소결합은 물에 의해 절단되기 쉬운 −OH, $-NH_2$, −COOH 등의 친수성 작용기가 물분자와 흡착되어 주쇄와 주쇄 사이를 넓혀 느슨한 그물 구조를 형성하며 부풀어 있다.

두 원자간의 전기음성도 차이가 크게 나면 양전하(+)와 음전하(−) 사이에 정전기적 인력이 크게 작용하여 분자간에 수소결합이 형성된다. 그러나 수소결합은 화학결합보다는 분자간의 힘이 훨씬 약하다.

> **Tip 수소결합**
>
> 아미드(Amid; $RCONH_2$)기와 그에 인접한 카르복실(carboxyl; −COOH)기의 워터 웨이브를 형성하는 결합이다. 주쇄의 가운데 혹은 인접된 주쇄간의 산소(O)와 수소(H)간의 인장력에 의한 결합으로서 산소와 수소간의 거리가 먼 경우 결합은 물에 쉽게 절단되지만 건조하면 재결합한다. 물론 거리가 가까운 만큼 결합력이 강하다. 특히 결정영역의 수소결합은 물은 물론이며 보상의 약품으로도 절단시킬 수 없다.
>
> 수소결합의 결합력은 분자 간 힘보다는 크지만 분자 내 결합력의 1/10 정도의 세기를 갖고 있고, 공유결합에 대한 결합력보다 매우 약하다고 볼 수 있으며, 이를 보통 점선으로 나타낸다.

④ **그 밖의 결합** (Other bond)

• 소수성결합

알코올이나 수지류 등은 시간을 주면 흡수되기 때문에 케라틴에서는 소수성기와 소수성기 사이에 움직이는 힘이 있다. 이 결합을 소수성결합이라 부른다. 모발 세트(set)의 기구 시술과 관련이 있는 것으로 알려져 있다.

• 펩티드(peptide)결합

글루탐산 잔기의 −COOH와 리신 잔기의 $-NH_2$에서 H_2O가 제거되고 −CO−NH가 연결된 결합이다. 주쇄와 같은 결합 방식으로 그 수는 적지만 강한 결합이나 강산 · 강알칼리 등에 의해 절단된다.

• **반데르발스 힘**(Van der Waals' Force ; 패널 · 왁스력)

분자간의 인력으로 움직이는 응집력이 결합된 것이라고 할 수 없는 약한 힘이지만 분산력은 무극성 분자의 순간적 유발을 뜻하기도 하며, 분자간의 힘 자체를 나타내기도 한다.

4. 모발의 성질

(1) 모발의 인장(강도 및 신도)

모발은 굵기에 비하여 아주 긴 물질로서 '늘려 펴짐' 에 의한 신장과 함께 인장력이 작용된다. 모발은 모발에 대하여 축방향의 힘을 작용시켜 늘릴 때 가해지는 힘(하중)과 모발 변형(신장)과의 관계를 나타낼 수 있다.

모발에 힘을 가하여 당기면 점차로 늘어나 모발은 가늘어지며 결국 끊긴다. 이때 모발의 늘어난 신장률을 신도(%)라 하며, 모발에 가해진 하중을 인장강도(g)라고 한다. 인장강도(引張强度)는 모발의 굵기에 따라 다르기 때문에 정확을 요하는 경우는 단위 면적당 g으로 측정하는 게 보통이나 일반적으로는 측거기(測距器; macrometer)로 모발의 직경을 측정하여 굵기를 나타낸다.

건강한 모발은 건조한 상태에서도 평균 150g의 강도와 40%의 신도를 가지고 있지만 젖은 상태에서는 평균 90g의 강도와 50%의 신도를 나타낸다. 그러므로 강도 · 신도를 측정할 때는 통상 온도 25℃ 에 습도 65%의 표준 상태에서 측정한다. 또한 모발 자체의 굵기, 길이, 당기는 속도 등을 일괄해서 측정해야 한다.

폴리펩티드의 주사슬은 α—헤릭스로 구성되어 있다가 잡아당기면 지그재그의 병풍 구조인 β—케라틴이 되며, 잡아당기는 것을 멈추면 다시 원래 길이인 알파형(α)으로 돌아온다.

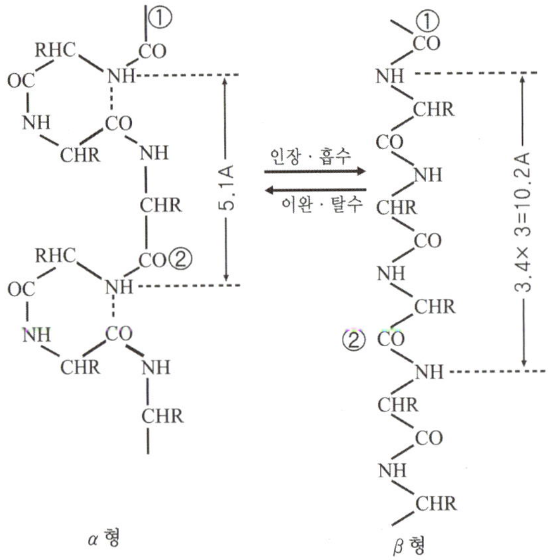

그림 2-12 모발 케라틴의 α 형과 β 형의 상호 전이

Tip 시술 중 모발의 인장강도와 신도의 변화

젖은 상태의 모발 인장강도는 건조 시의 약 60%로 줄어들고 신도는 약 30% 정도 늘어난다. 따라서 약품 시술 중의 모발은 대체로 습윤모가 되어 있기 때문에 인장강도는 저하되고 신도는 증대된다.

현재 10cm 정도의 건조 상태인 자연모에 당김을 주면 약 4cm가 늘어난다. 이 늘어난 모발에 물이나 알칼리를 적셔 놓은 상태에서 당기면 원래 모발의 약 2배 정도가 늘어난다. 이는 α-케라틴 상태에서 β-케라틴 상태로 전이된 과정이다.

β-케라틴에서 물을 제거하면 약 16%까지 줄어들며, 당기고 있던 힘을 빼면 원래의 α-케라틴 상태의 자연모가 된다. 이처럼 모발이 신축성의 한계를 벗어나지만 않는다면 모발에 어느 정도의 힘을 주어도 손상은 적다.

그러나 자연모를 강알칼리로 처리하면 자연모의 1/2까지 수축함과 동시에 물 세척으로 인해 알칼리가 제거되어도 알칼리로 처리하지 않은 본래의 모발로는 돌아오지 않는다.

이렇게 변화된 모발을 수축모라 하며, 이때 스티머(steamer) 등으로 열을 가하면 자연모의 약 1/3 정도는 과수축모가 되고 손상이 극심해진다.

(2) 모발의 흡습성(hygroscopicity)

모발은 습한 공기 중에서 수분을 흡수하고 건조한 공기 중에서는 수분을 발산하는 성질인 흡습성을 가지고 있다. 이 흡습성은 모발 섬유 고분자와 물 분자간에 물리적 결합에 의한 약한 힘으로 작용하며, 모발의 여러 가지 물리적 성질인 강도 · 신도 · 대전성 · 보온성 · 염색성 · 탄성 · 가소성 등에 큰 영향을 미칠 뿐만 아니라 헤어 디자인 결정과 형성과정에 있어서도 중요한 요소로 작용하고 있다.

모발 본래의 수분 보유량은 10~15% 내외이며, 세발 직후는 약 30% 정도, 드라이로 건조시켜도 약 10%의 수분을 함유하고 있다. 모발의 흡수율은 같은 습도에서는 온도가 높아지는 만큼 감소하고, 같은 온도에서 습도가 높아지는 만큼 증가한다. 또한, 온도의 고저에 의한 흡수율의 증감보다 습도의 고저에 의한 흡수율의 증감이 더 큰 것을 볼 때 흡수율은 온도보다 습도의 영향을 더 크게 받는다.

드라이로 헤어스타일링을 한 경우에 모발이 일정량 이상의 수분을 흡수하면 모발 중의 수소결합이 절단되어 원래의 헤어스타일로 되돌아간다. 건조한 모발은 열에 비교적 강하지만 젖은 모발은 열에 의해 측쇄의 가수분해 또는 케라틴 구조의 변화 등에 의해 손상을 받는다. 습열에 의해 절단된 측쇄력은 본래 상태로 돌아가려 하지 않고 새로운 수소결합을 형성한다.

Tip 모발의 높은 흡습성과 모발 내부 표면적

모발의 피질세포는 모세관 구조를 하고 있다. 이 구조의 관은 가늘고 길며 두께가 일정치 않고, 관의 방향은 피질 섬유의 방향과 거의 평형으로 어딘가와 서로 연결되어 있다.

건강모의 수분 흡수율이 15% 정도인 것은 15% 정도로 모발의 표면적이 부풀고 1~2% 정도 모의 길이가 늘어난 결과이다. 그러므로 모발이 흡습성이 높은 것은 모발 내부 표면적이 외부 표면적보다 크기 때문이라고 볼 수 있다.

(3) 모발의 팽윤성(swelling)

모발이 수분이나 용매를 흡수하여 수착하면 그 부피가 증가하여 모발의 길이 방향 또는 직경 방향으로 크기가 늘어나는데 이 성질을 팽윤이라고 한다. 모발은 거의 대부분 어느 정도까지만 팽윤이 되고 그 이상 팽윤이 되지 않는 한계 팽윤의 성질을 갖고 있다. 팽윤은 건조, 염색, 축면(creeping) 등 젖은 상태의 시술 과정에 있어서 고려해야 할 중요 요소이다.

Tip 팽윤도와 환원처리

모발과 퍼머넌트제 반응의 환원 단계에 있어 S-S 결합 개열이 증가함과 동시에 팽윤도의 증가를 나타낸다. 환원 후 물로 헹구면 모발은 더욱 팽윤하는데 이는 피질 섬유 내의 염 농도가 높은 것에 의한 침투 때문이며, 여기에 중화(中和)를 시키면 S-S 가교의 재구성과 함께 팽윤은 감소한다.

모발에 환원제가 침투됨에 따라 팽윤한 부분과 팽윤하지 않은 부분의 경계선이 섬유의 내부로 이동한다.

pH 10에서 과잉의 환원액을 이용하여 15분 이상 환원시키면 팽윤은 200%를 초과하여 모발이 파괴되고 이는 S-S 결합 개열에 의한 분해를 의미한다.

팽윤도와 모발 손상의 측정

퍼머넌트 시술이나 탈색 시술에 의해 손상된 모발의 팽윤도 평가에서는 먼저 모발을 물에 10분간 담근 다음, 60% 취소산칼륨 용액에 60분간 담그고 마지막으로 물에 10분간 담근 후 모발 직경의 변화를 측정한다. 이 처리방법으로 퍼머넌트 시술이나 탈색처리를 1회만 한 모발과 반복처리한 모발을 구별할 수 있다.

(4) 모발의 열변성

모발은 건열에서는 외관적으로 120℃ 전후에서 팽화되어 130~150℃에서 변색이 시작되고 270~300℃가 되면 타서 분해하기 시작한다. 이때 물리적으로는 그 강도가 이미 80~100℃에서 약화되기 시작하고 화학적으로는

150℃ 전후에서 시스틴의 감소가 나타나며 130℃에서 10분간 α－케라틴이 β－케라틴으로 변화한다. 그러나 케라틴의 변성은 습도에도 영향을 받으므로 70%에서는 70℃부터 변성이 시작되지만 습도 97%에서는 60℃부터 변성되기 시작한다.

그러므로 열기기의 처리 온도는 60℃ 이하로 하는 것이 모발의 손상을 방지하는 데 도움이 된다. 특히 퍼머넌트 등의 약제에 젖은 모발은 세발의 과정이 불충분할 경우에 열변성을 한층 강하게 받는데, 염색 시술이나 퍼머넌트 시술 중 열처리를 할 경우는 염료의 산화중합이 촉진되거나 멜라닌색소가 분해되고 화학반응이 촉진되어 모발이 손상되기 쉽다.

아이론(iron)의 온도는 200℃ 전후, 드라이어의 온도는 기기의 거리에 따라 달라지지만 90℃ 전후로 부분적으로는 고온이 되기 때문에 각별한 주의가 필요하다.

(5) 모발의 광변성

태양광선 중 적외선과 자외선은 모발에 영향을 미친다. 적외선은 열을 발생시켜 모발 케라틴의 측쇄결합에 영향을 주고 열변성을 받게 하며, 자외선은 모발의 손상에 더 치명적이어서 시스틴을 감소시킬 수 있다. 건조한 상태의 모발은 젖은 모발보다 광선의 영향을 적게 받는다.

파장이 짧은 자외선은 모발 케라틴의 변성을 일으키지만 파장이 긴 가시광선이나 근적외선은 건조한 모발에 직접적인 영향은 없다. 그러나 약액에 젖은 모발에 가시광선이나 근적외선을 쬐면 약액의 화학반응을 촉진시키고 간접적으로 모발에 영향을 준다.

실제로 고온의 실외 근로자나 해안의 장기 거주자처럼 태양광선에 노출이 심한 사람들은 퍼머넌트 웨이브가 잘 형성되지 않거나 쉽게 늘어지는데, 이는 광변성에 의한 것이며 특히 자외선에 의한 모발 케라틴의 변성이라 할 수 있다.

모발과 태양광선에의 노출

자외선에 장시간 노출되면 모발뿐 아니라 두피까지 건조해져 머리카락이 약해지면서 끊어짐은 물론이고 심한 경우에 탈모 증상까지 유발할 수 있다. 자외선은 모발을 푸석푸석하게 하고 멜라닌색소를 파괴시켜 탈색을 일으키기도 한다. 또한 기온이 높은 계절에는 땀과 피지 분비가 늘어나 먼지 등의 오염 물질이 모발과 두피에 쉽게 엉겨붙기 때문에 가려움증과 염증을 일으킬 수도 있다.

모발 손상을 최소화하기 위해서는 자외선을 직접 쬐는 것은 피해야 한다. 햇볕이 강한 시간에는 가급적 야외 활동을 자제하고 부득이하게 외출을 해야 할 경우에는 반드시 모자나 양산으로 자외선을 차단하는 것이 좋다. 또 자외선으로부터 모발을 보호해 주는 헤어제품을 사용하는 것도 좋은 방법이다.

(6) 모발의 대전성 (electrification property)

많은 물체에서 정전기(static electricity)가 발생되는데 셀룰로이드판을 문질러 모발 가까이에 대면 모발은 판 가까이로 꼿꼿이 일어선다. 또한 건조된 모발을 빗질하면 모발은 전기를 띠면서 밀어내기도 하고 빗에 달라붙기도 한다. 모발에 각종 먼지나 종이 등 다른 이물질이 붙기도 한다.

이 현상은 마찰에 의해 모발은 +로, 빗이나 셀룰로이드판 등은 −로 대전하기 때문에 +전기를 가진 모발끼리는 반발하고 +전기를 가진 모발과 −의 전기를 가진 빗이나 셀룰로이드판 등은 서로 달라붙으려고 하기 때문에 일어난다.

이것은 마찰에 의한 정전기 현상으로서 양극성을 가진 모발은 아미노산으로 이루어진 케라틴이므로 마찰 전기를 일으키기 쉽고 일단 생긴 정전기는 머물기 쉬운 성질을 갖고 있다. 그러므로 모발은 대전열을 가지며 다른 물질과 마찰되면 모발 자체는 양이온 전기를 띤다.

대전성은 미용실 내 시술과정에서 실내온도와 습도 등에도 영향을 받는다. 그러므로 모발에 적당한 수분이나 향장품을 사용하여 모발에 대전성을 방지할 수 있다. 헤어 전문제품 중 정전기 방지제로서 시판되고 있는 것은 카티온(cation) 계면활성제를 넣은 린스제나 비이온 계면활성제를 넣은 트리트먼트제, 모발에 보습효과를 주기 위해 폴리에틸렌, 글리콜, 글리세린을 첨가한 정발료 등이 있다.

(7) 모발의 pH(pH of hair)

모발의 아미노산은 분자 내에 염기성의 아미노기($-NH_2$) 1개와 산성의 카르복실기(-COOH) 1개를 가지고 있으며, 염기성기와 산성기가 균형을 이룬 것을 중성 아미노산이라고 한다. 이 아미노기와 카르복실기의 결합인 펩티드의 연속결합이 폴리펩티드 주쇄가 되어 케라틴 단백질을 구성한다.

그러나 케라틴 단백질을 만들고 있는 아미노산에는 아미노기가 1개 이상이거나 카르복실기가 1개 이상인 것이 있으며 주쇄결합의 곁가지인 잔기가 측쇄결합으로 상호결합하고 있으므로 결국 아미노기 +기와 카르복실기 -기가 이온적으로 염결합하는 것이다.

이렇게 모든 아미노산기와 카르복실기가 폴리펩티드결합 또는 염결합을 할 때의 케라틴 단백질의 pH(potential of Hydrogen)는 4.5~5.5이며, 이것은 측쇄의 염결합이 가장 안정되어 있는 수치로 '모발의 등전점' 이라고 한다.

자연모는 pH 3.67 정도로 모발의 등전점보다 낮고 탈색모의 등전점도 매우 낮다. 등전점보다 높은 pH에서 모발의 표면은 음(-)의 전하를 띄기 때문에 양이온성 폴리머(polymer)가 쉽게 끌려간다.

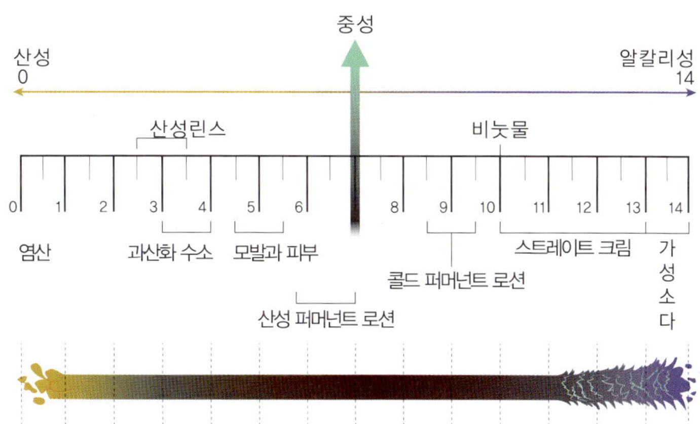

그림 2-13 pH 도표

대부분의 미용시술은 등전점 이상에서 시행되고 양이온성 물질은 음이온성 물질보다는 흡착이 용이하기 때문에 양이온성 폴리머가 음이온성 폴리머보다도 모발에 잔류하기 쉽다. 모발이 손상되면 아미노산의 분포가 변하여 아미노기가 많아지면 알칼리성으로, 카르복실기가 많아지면 산성으로 모발의 pH가 변화된다.

pH

용액의 수소이온지수, 즉 수소이온농도를 지수로 나타낸 것이다. 1기압, 25℃에서 물 1L는 10~7mole인 수소이온을 가지므로 pH는 7이라 한다. pH가 7보다 작은 수용액은 산성, pH가 7보다 큰 수용액은 알칼리성이다.

폴리머

분자가 중합하여 생기는 화합물

모발과 알칼리

모발은 알칼리의 영향을 받으면 구조가 느슨해져 팽윤(swelling) · 연화(softening)되는데, 이 성질로 인해 퍼머넌트제나 염색제가 작용할 수 있는 것이다. 또한 퍼머넌트 웨이브제, 염색제 등 알칼리성 약제를 사용한 후에는 모발이 알칼리성을 띠므로 산성 린스(acid rinse) 등으로 처리하는 것이 모발의 pH를 등전점으로 되돌리는 방법이다.

샴푸의 pH

일반적으로 모발 샴푸제의 pH는 약산성에서부터 중성의 범위에 들어 있다. pH 4~7의 범위에서 모발의 인장강도는 거의 일정한 높은 값을 나타내지만, pH 4 이하에서 인장강도는 저하되고 pH 8 이상에서도 모발의 팽윤에 의해 인장강도는 저하된다. 따라서 모발 샴푸의 pH는 모발의 인장강도에 영향을 주지 않는 pH 4~7의 약산성에서부터 중성 영역이 적당하다고 볼 수 있다.

모발의 pH와 팽윤

모발을 장시간 침전시키면 팽윤은 pH 2~9로, pH 2 이하에서 약간 증가하고 pH 9 이상에서는 많이 증가한다. 3일 정도 pH 수치가 높은 용액에 침전한 모발의 팽윤은 커진다. 이는 펩티드 결합이 가수분해함으로써 팽윤에 영향을 미치는 것이다.

5. 모발의 구조

모발은 표피에서 외부로 나와 있는 모간부(hair shaft)와 표피 내부에 있는 모근부(hair root)로 대별되며, 모발은 모낭 내에서 완전히 만들어진다. 모발의 모양은 마치 식물의 구근에서 줄기가 자라나는 모양을 하고 있는데 이 구근 모양의 부분을 모구(hair bulb)라고 한다. 이 모구의 하반부 중심에는 모유두(hair papilla)가 있고 이를 둘러싼 부위를 모모라고 하는데, 모모는 세포분열이 일어나 털이 생겨나는 모체가 되는 곳이다.

분열된 세포가 성장하여 분화된 조직이 되고 다시 피부 표면으로 이행함에 따라 각화된 제일 안쪽이 모발이며, 모발은 중심으로부터 모수질 · 모피질 · 모표피의 세 가지로 구성되어 있다. 이 털을 싸고 있는 것이 내모근초이고 그 바깥쪽에는 표피의 연장인 외모근초가 있다.

외모근초 밖에는 모유두의 연장이라고 할 수 있는 모낭외초가 모낭의 하반부를 둘러싸고 있는데 여기에 무수한 모세혈관이 거미줄처럼 망을 형성하고 있다.

(1) 모근부

피부의 구조물들은 발생 초기에 특별히 분화된 표피 세포들의 집단에서 유래한다. 작은 돌기(buds ; primary epithelial germs)가 생후 3개월에 피부에 나타나서 모낭, 피지선, 아포크린선으로 발달하며 부착 융기(attachment bulges)는 입모근(arrector pili muscle)이 된다. 에크린 한선(小汗腺; eccrine sweat gland)은 분리된 표피의 아래 방향으로 자람(down growth)으로써 이루어지는데, 생후 2개월에 시작하여 생후 5개월에 완성된다. 손발톱의 형성은 생후 3개월에 시작된다.

모낭의 기저부(基底部; bottom)에 있는 구근적(求莖, bulbous)인 모구는 세포분열(cell division occurs)이 일어나는 모모세포(germinal matrix)를 포함하고 있다.

모근은 피부가 함몰된 피부주머니인 모낭(hair follicle)에 박혀 있는 부분으로 이들의 끝은 다소 팽대되어 모구부를 이룬다. 모구부는 컵 모양으로 모유두를 수용하여 털 · 모발의 성장 발육을 관장하고, 모유두는 혈관이 풍부하며 모발에 영양을 공급한다.

모발은 외력을 사용해 억지로 뽑으면 모근 끝에 젤리 모양의 반투명의 물질이 붙어 나온다. 이것이 바로 모낭(hair follicle)의 일부이다. 모낭 주위에는 피지를 분비하는 피지선과 입모근(arrectorvpili muscle)이 있다. 입모근은 평활근으로 비스듬히 위치하는 모낭과 진피유두층 사이에 걸쳐 있어 입모근이 수축하면 모발이 바로 서고 또 피지샘을 압박하여 피지(sebum)를 방출한다.

한편 모낭 주위에는 이들을 둘러싸는 신경종말이 있어 모발이 바람결에 흔들리거나 물체가 닿아 자극되면 이를 감각으로 느낄 수 있다.

Tip

에크린 한선

에크린 한선은 입술 주위, 손 · 발톱, 음부를 제외한 몸 전체 피부에 분포돼 있으며 특히 손바닥 · 발바닥 · 겨드랑이 · 이마에 많이 분포되어 있다. 에크린 한선에는 땀을 생산하여 몸의 표면에서 증발시킴으로써 사람의 체온을 조절하는 기능이 있다.

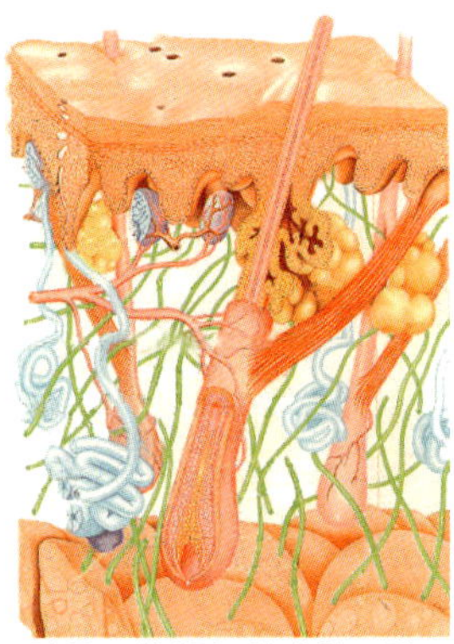

얇은 피부를 확대한그림

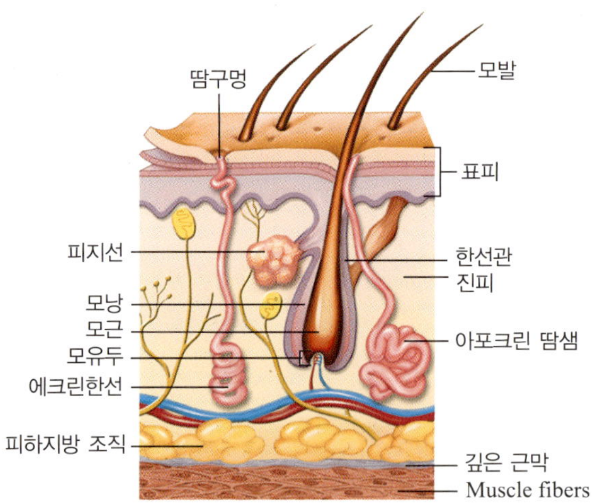

그림 2-14 모근부의 구조

① **모구** (hair bulb)

모구는 모구부의 구근 모양으로 되어 있는 아랫부분을 뜻하며 모발을 생장시키는 부분이다. 모구부의 아랫부분은 진피의 결합조직(connective tissue)에 묻혀 있고 이 움푹 패인 부분에는 진피세포층에서 나온 모유두(hair papilla)가 들어 있다.

모유두는 한 줄로 된 모기질(毛基質, hair matrix)이 감싸고 있는데, 털을 만드는 케라틴 형성세포(keratinocyte)인 피부세포와 같은 이 모기질은 모구부 바로 위 1mm 지점에 위치하며 세포분열이 시작되는 표피의 기저층(basal layer)에 해당된다.

Tip 모구의 형태

성장을 다한 모발의 모구 상태에 따라 탈모의 원인을 추정하기도 하는데, 보편적으로 정상 탈모는 곤봉 형태의 모구를 가지는 반면, 남성형 탈모는 모구의 끝부분이 찌그러져 있고, 비듬을 동반한 비강성 탈모의 모구는 뾰족한 형태로 나타난다.

② **모유두** (hair papilla)

모유두는 발생 시에 간엽세포로부터 유래하는데, 신경과 모세혈관이 풍부하며 모발을 성장시키는 영양분과 산소를 운반하는 등 모발의 성장을 돕는 직접적인 영양 공급원이다.

Tip 모유두의 기능 정지 또는 퇴화

여러 가지 외부 요인으로 인해 모유두에 화상 · 염증 · 외상 등의 상처를 입었거나 퍼머넌트 · 염색 · 탈색 등의 각종 미용시술 시에 과다한 과산화수소나 알칼리제의 사용, 저품질 미용제품의 사용, 방치 시간의 초과, 잘못 시술된 퍼머넌트 웨이브와 잦은 샴푸 등은 모표피를 손상시킨다. 이럴 경우에 모발은 결국 갈라지고 잘려서 심하면 탈모 증세에 이른다.

③ **모모세포** (毛母細胞 ; keratinocyte)

모구부를 확대하면 오목한 부분과 모유두가 접한 부분에 모모세포가 모유두를 덮고 있다. 모모세포(毛母細胞)는 내모근초와 모간을 형성하며 형체를 만들고 있는 세포 가운데서도 특히 세포분열이 왕성하여 끊임없이 분열 · 증식을 되풀이한다.

이 모모세포가 모유두에서 영양을 받아 분열되어 모발의 형상을 갖추어 성장하는데, 여기서 분열된 세포(cell division)가 각화하면서 위로 모발을 만들어 두피 밖으로 밀려나온다.

모모세포는 모유두에 접하고 있는 부분으로 이미 모발을 구성하는 역할이 결정되어 있다. 결국 모유두의 정점 부분에서는 모수질이 된 세포가 분열하고, 그 아랫부분으로부터는 모피질이 된 세포가, 가장 아래 외측으로는 모표피가 된 세포가 분열하여 위로 밀려나온다.

모발의 색을 결정하는 멜라닌색소는 모피질을 만드는 모모세포로부터 별도의 색소형성세포인 멜라닌 세포(melanocyte)에 의해 생성되어 모피질 또는 모수질로 되는 세포로서 복잡해진다.

④ **모기질** (hair matrix)

실질적으로 모발을 만드는 세포로, 모기질 세포와 모발색을 나타내는 색소형성 세포로 구성되어 있다. 가장 활발한 세포분열을 보이며 모유두와 접해 있어 성장조절물질의 영향을 받는다.

⑤ **모낭** (毛囊; hair follicles)

모낭은 모발을 둘러싸고 있는 주머니 모양의 기관으로 피부에 묻힌 털을 동심원꼴로 에워싼 조직이라 하여 모포(毛包)라고도 한다. 모낭은 모발 생성을 위한 기본 단위로서 피부의 함몰로 생긴 것이다. 이것은 피지선, 기모근 그리고 겨드랑이 지역에서 발견되는 아포크린 선(apocrine gland) 등을 포함하는 모발 복합체(pilary complex)에서 가장 중요한 구조물이다.

모낭은 손과 발바닥, 입술과 귀두를 제외한 전신의 모든 피부에 분포하며 일단 파괴되고 나면 재생할 수 없다.

개별적인 모낭은 표피의 표면에서 진피의 깊은 곳에 걸쳐 분포하며 진피에서는 진피 유두(dermal papilla)와 기저세포(matrix cells)가 구상의 모근을 만든다. 모발은 우리 몸 전체에 약 130~140만 개, 두발에는 약 10~20만 개를 유지하고 있으며, 태어날 때부터 그 수가 이미 정해져 있고 약 25세 이후가 되면 점차 감소하기 시작한다.

모낭은 모발의 발생과 밀접한 관련이 있어 모낭에 이상이 생기면 모발 자체가 생성되지 않는다. 그러므로 퍼머넌트나 염색과 같은 화학적 시술 시에는 약액이 두피에 흘러 모낭에 스며들지 않도록 주의해야 한다.

모낭은 피부의 함몰로 생긴 것이기 때문에 속층은 표피, 바깥층은 진피의 연속이다. 모발을 직접 감싸는 부분을 상피근초(뿌리상피집, epithelial root sheath), 바깥층을 진피근초(뿌리진피집, dermal root sheath)라 한다.

모낭은 털에 접해 있는 내모근초와 그 바깥쪽의 외모근초로 이루어져 있는데, 내모근초는 털이 직접 닿는 면으로 털을 지지하는 작용을 하며, 외모근초는 표피와 연이어져 모구부에 이르며 각질화된다.

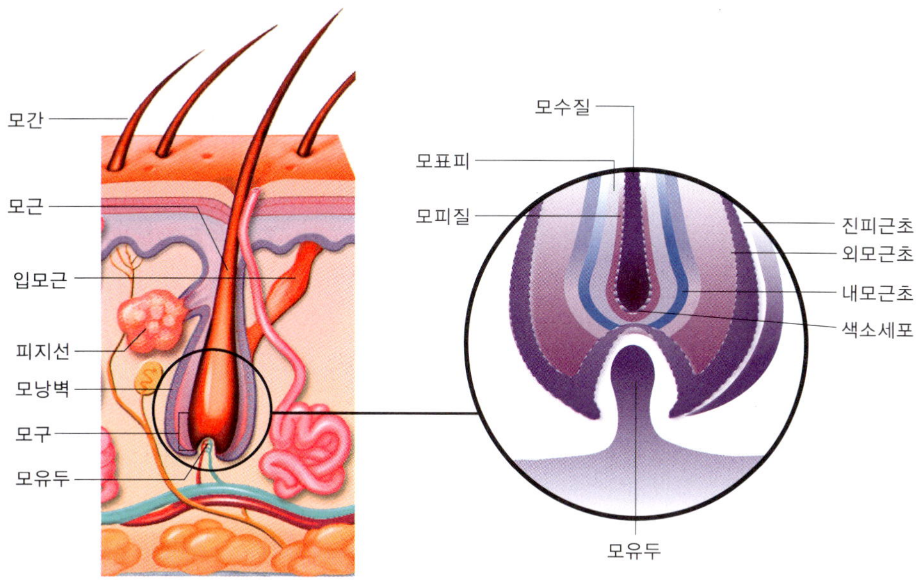

그림 2-15 모낭과 모구

모발의 수

모발의 수는 1cm^2 당 약 150개

모낭의 형성

모낭(毛囊, follicle)은 모발 생성을 위한 기본 단위로서 피부의 함몰로 생긴 것이다. 모낭은 피부층을 뚫고 들어가 단단한 세포기둥을 형성하는데 전모아기 · 모아기 · 모항기 · 모구성 모항기 · 완성 모낭의 다섯 단계를 통해 성장한다.

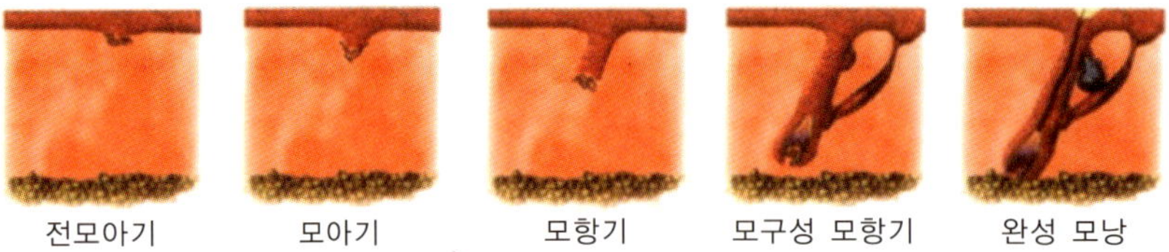

그림 2-16 모낭의 형성

모근초

모근초(root sheath)는 바깥층부터 헨레층 · 헉슬리층 · 초표피의 세 층으로 이루어진 내모근초와 내모근초를 둘러싸고 있는 글리코겐이 풍부한 외모근초가 있다. 모구의 바깥쪽에 위치한 털구멍과 같은 것으로 모발을 감싸고 있다.

완전히 각화될 때까지 모발을 보호하며 표피 밖으로 밀어내고 운송하는 역할을 한다. 이후 비듬과 같은 형태로 탈락한다.

- **내측모근초**(inner root sheath) : 모간의 모양을 유지하며 초표피(sheath cuticle) · 헉슬리층(Huxley' s layer) · 헨레층(Henle' s layer)으로 구성되어 있다.
- **외측모근초**(outer root sheath) : 모기질 세포에서 유래한 내측모근초와는 달리, 표피의 하향증식의 결과로 생겨난다.

내모근초는 내측의 모발주머니로서 외피에 접하고 있는 표피의 각질층인 초표피(墅表皮, sheath cuticle)와 과립층의 헉슬리층(Huxley's layer), 유극층의 헨레층(Henle' s layer)으로 구성된다. 외모근초는 표피층의 가장 안쪽인 기저층에 접하고 있다.

내모근초와 외모근초는 각각의 형태와 내용이 다른 세포군으로서 내모근초 표피는 아래에서 위쪽으로 첨단(tip) 모양을 한 편평한 세포(squamous cell)이고, 헉슬리층은 1~2층의 여러 가지 기능을 가진 세포로 이루어져 있으며, 헨레층은 1층으로 약간 편평하고 핵이 잘 보이지 않는 세포이다.

모근부는 모낭으로 둘러싸여 있을 뿐만 아니라 더 가까이 모발에 접하고 있는 층의 내모근초와 그 외측의 외모근초로 덮여 있다. 이들은 모구부에서 발생한 모발을 각화가 완전히 종결될 때까지 보호하고, 표피까지 운송하는 역할을 하고 있다.

내모근초와 외모근초도 모구부 부근에서 세포분열에 의해 만들어지고 모발의 육성과 함께 모유두와 분리된 휴지기 상태가 되면 외모근초는 입모근 근처인 모구의 1/3 지점까지 위로 밀려 올라간다. 내모근초는 모발을 표피까지 운송하여 역할을 다한 후에는 비듬이 되어 두피에서 떨어진다.

세포분열(cell divison)

세포분열에 의해 증식된 세포는 서서히 각화하면서 위로 올라간다. 모피질로 된 세포는 세포 내 리보솜(ribosome)의 단백질 합성으로 케라틴 섬유를 합성하여 점점 세로 길이의 세포가 된다. 세로 길이로 된 세포들은 상호접착제가 되어 단백질을 합성하여 강하게 결합된다. 한편, 모표피로 된 세포는 세로로 나란히 죽순의 성장과 같이 점점 각화된다.

이와 같이 각 세포가 분열되어 케라틴 섬유 등 각종 단백질을 합성하면서 세로로 길어져 각화하고 있는 부분을 각화대(角化帶)라고 하며 이 단계에서도 각 세포는 자라고 있다. 내모근초와 외모근초는 모표피 외측에서 모구부 위의 방향으로 세포가 분열되면서 만들어진다. 이들도 모낭을 위로 밀어올려 이미 각화하고 있는 가운데에서도 모발을 보호하면서 표피로 향한다.

모낭의 수는 언제 정해지나?

모발은 손톱이나 발톱 등과 마찬가지로 피부의 일부가 진화되어 형성되었다. 두피 겉으로 보이는 부분을 모간이라고 하며 두피 속에 뿌리를 내리고 있는 부분을 모근이라고 한다. 모근은 주머니 모양의 모낭 속에 들어 있다.

모낭은 인간이 태아일 때 이미 형성되며 임신 9주경에 눈썹 부분이 제일 먼저 생기고, 11주 정도부터 머리카락 부분이 나기 시작해서 18~20주경에는 전체 몸의 털에 해당되는 모낭이 다 생긴다. 다시 말해 두피의 모낭 수는 이미 태아 때 결정되는 것이다.

온몸의 약 500만 개 모낭 가운데 두피의 모낭 수는 10만 개 정도인데 서양인은 모낭이 촘촘하게 많은 대신에 머리카락이 가늘고, 동양인은 머리카락이 굵은 대신에 밀도가 낮은 편이다.

모낭의 수는 평생 변하지 않으며 노화가 진행되면서 하나둘씩 퇴화해 활동하는 모낭 수가 줄어든다. 갓 태어난 아기들은 1cm²당 1,100여 개의 모낭을 가지고 있지만, 20대가 되면 그 절반 정도만 남는다. 그러므로 어린아이들의 머리숱을 늘리기 위해서 머리카락 전체를 밀어주는 사례는 근거 없는 이야기라고 생각하면 된다.

모낭에서는 머리카락이 평생 10~20회 생겼다 빠지기를 반복한다. 성장주기는 머리카락이 계속 자라는 생장기, 모낭의 세포분열이 정지돼 급속히 위축되는 퇴행기, 그리고 모낭의 활동이 완전히 멈춰 머리카락이 빠지기만 기다리는 휴지기의 3단계를 거친다.

각 단계의 기간이나 반복 횟수, 그리고 머리카락의 성장 속도는 나이와 성별 등에 따라 다르며, 개개인은 물론 머리카락끼리도 다 다르다. 머리카락은 한 달 평균 1~2cm 자라기 때문에 아무리 머리를 자르지 않더라도 1m 이상 기르기는 쉽지 않다.

⑥ 피지선 (sebaceous gland)

피지선은 모유두 위 옆으로 모낭의 1/3 부위에 위치하며, 모낭벽에 포도송이처럼 달려 있는 것으로 피지(sebum)를 분비한다. 피지가 밖으로 나오는 배출관은 모공과 연결되어 있다.

피지선은 신생아기에 이미 잘 발달하여 태지(胎脂)를 형성하는데, 태어난 뒤에 차츰 줄어들었다가 사춘기에 안드로겐(androgen)에 의해 다시 커진다.

진피층에 위치하고 있으며 모공을 통해 피부 표면으로 지질을 배출시킨다. 피지선은 머리, 얼굴, 가슴, 어깨 등에 잘 발달되어 있으며, 이 부분을 지루부위(脂漏部位)라 하는데 두부(頭部)에 가장 많이 분포되어 있다. 피지는 모발의 1~8%, 하루 평균 1~2g 정도를 분비한다.

이렇게 분비된 피지는 수분의 증발을 막고, 피지에 함유된 지방산의 작용에 의해 살균을 하며, 피지막 형성의 유화 작용, 흡수조절 작용, 비타민 D 생성 작용 등을 한다.

이때 피지막 형성에 필요한 수분은 한선에서 분비한다.

피지선(皮脂腺)이 자율신경의 지배를 받지 않고 남성 호르몬인 안드로겐의 영향을 받아 과잉분비되면 탈모를 일으키기도 한다. 남성 호르몬에 의한 탈모일 경우는 대개 피지선이 비대해짐으로 인해 기름기가 많이 끼는 지성이나 지루성 두피로 변한다.

피지막

피지막의 성분은 스쿠알렌이나 왁스 에테르, 지방산 등으로 pH 4.0~6.0의 약산성이다.

⑦ **입모근** (arrector pili muscle)

입모근은 피지선의 아래쪽에 붙어 있는 불수의근(不隨意筋)으로, 갑작스런 기후 변화나 공포감에 처했을 때 작용하여 모공을 닫고 체온손실을 막아주는 역할을 한다.

이 근육이 수축하여 모발이 기립(起立)한다. 모발은 진피의 피지선 바로 아래에 붙어 있는 유두층으로부터 모낭을 감싸는 결합조직까지 기울어져 있는데, 피부에 비스듬하게 놓여 있으므로 입모근의 수축은 모발의 기울기를 위로 당겨 주어서 그 각도가 서도록 하는 역할을 한다.

불수의근

의지와는 관계없이 움직이는 근육으로 수의근에 대응되는 말이다. 내장벽을 이루는 근육 등이 불수의근에 속하며 대개 민무늬근이지만 심근은 가로무늬근이면서 불수의근이기 때문에 불수의근이 모두 민무늬근은 아니다. 불수의근(Involuntary Muscle)은 자율신경의 지배를 받으며, 일반적으로 수의근에 비해 운동 속도가 늦고 호르몬이나 신경의 조절 또는 긴장 상태의 변화에 따라 움직인다.

(2) 모간부

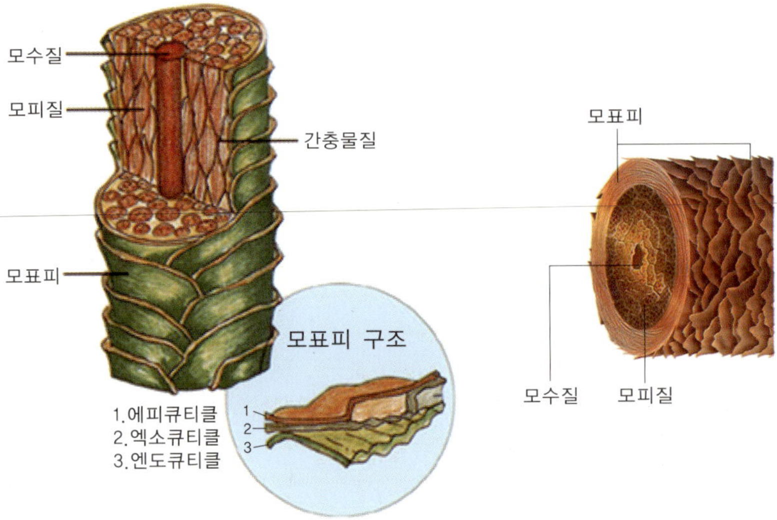

그림 2-17 모간부의 구조

모발의 모간부는 중심부를 이루는 가느다란 모수질(毛髓質, hair medulla), 이를 둘러싼 좀 더 두꺼운 모피질(毛皮質, hair cortex), 그리고 최외층의 비늘처럼 배열된 모표피(毛表皮, hair cuticle)로 구성되어 있다.

① **모표피**(hair cuticle)

모표피는 모발의 가장 바깥층으로 모발의 10~15%를 차지한다. 모표피는 비늘 모양의 세포가 모발 끝을 향해 5~15층으로 조밀하게 쌓여 일정한 모양을 이루는데, 이를 문리(紋理)라고 하며 모발의 손상정도를 측정하는 데 이용된다.

매 1층의 비늘은 다시 에피큐티클, 엑소큐티클, 엔도큐티클의 3개 층으로 이루어져 있으며 0.1~0.2mm의 두께로 되어 있다. 에피큐티클은 화학적 작용에는 강하나 물리적 작용에는 약하고, 엑소큐티클은 약액의 작용을 받기 쉬운 층이며, 엔도큐티클은 단백질 침식성의 약품인 친수성 · 알칼리성 용액에는 약하다.

모표피는 모발의 최외층에서 모발을 보호하고 수분을 유지하며 pH에 의해 반응하는데, 퍼머넌트나 염색 시술 시에 알칼리제에 의해 열리고 산화제에 의해 닫힌다. 그러므로 모표피의 손상이 클수록 화학성분이 쉽게 흡수되며 알칼리에 쉽게 팽윤되어 모표피가 열리고 산과 접촉하면 단단하게 폐쇄된다.

② **모피질** (hair cortex)

모간부의 85~90%를 차지하면서 모발의 유연성, 탄력, 강도, 감촉, 질감, 색상 등 물리적 · 화학적 성질을 좌우하므로 모발의 성질을 나타내는 가장 중요한 부분이라 할 수 있다.

모표피의 안쪽에서 모발의 수분 유지와 탄력에 영향을 미치며, 멜라닌색소를 많이 포함하고 있어 모발의 색상에도 영향을 준다. 친수성이며 화학약품의 작용을 쉽게 받는다.

모피질은 피질세포(결정영역)와 세포 간 결합물질(비결정영역)로 구성되어 있다. 모피질은 폴리펩티드 세 개가 꼬여 있는 프로토 피브릴(proto fibril) 11개가 마이크로 피브릴(micro fibril)을 구성하고, 이 마이크로 피브릴이 모여 만드는 매크로 피브릴(macro fibril)이라는 거대섬유와 이들을 둘러싸고 있는 간충물질(matrix)로 구성된다.

이 과정이 완결되면 모발의 피질이 형성되며 케라틴 체인은 모발을 팽팽하게 잡아 늘일 때 스프링처럼 끊어지지 않고 늘어나는 성질을 갖게 한다. 실제는 아주 밀착되어 있고 1개 세포의 직경은 약 2.5미크론 정도이며, 모발의 두께를 약 100미크론이라고 하면 옆으로 40개 정도 줄지어 세울 수 있다.

간충물질의 주성분은 케라틴으로 섬유와 섬유 사이를 채우고 있는 물질이다. 시스틴결합이나 측쇄의 염결합이 많아 부드러우며 손상을 받기 쉽고 모발의 질이 손상되는 주요 원인이다. 간충물질은 케라틴 외에도 N.M.F (Natural Moisture Factor)라는 천연보습인자 물질도 함유하고 있다.

피질세포와 모발의 형태

피질세포는 O-cortex, P-cortex의 2종류가 있고, 이것은 케라틴의 성질 차이로 생긴다. 보통의 직모에는 두 종류가 균질하게 존재하는데, 이 두 개의 분배 비율로 모질이 결정된다. P-cortex가 많은 모발은 소수성으로 퍼머넌트 웨이브의 형성이 잘 되지 않으며, O-cortex가 많은 모발은 부드럽고 반응하기 쉬운 모발이 된다. 축모에는 컬의 바깥쪽에 O-cortex, 안쪽에는 P-cortex로 나뉘어져 분포한다.

모피질과 염색

모발 염색제에 사용되는 알칼리 성분은 모피질을 부풀게 하여 색소 분자가 착색되게 만든다. 대체로 서양인은 모표피가 얇고 모피질은 단단한 반면, 동양인은 모표피는 두껍고 모피질은 약하다. 그러므로 염색 후의 착색력, 색상 보유 기간, 광택 등의 조건이 같아도 인종의 모발에 따라 결과가 달리 나타난다.

동양인 모발의 구성물질인 멜라닌은 유멜라닌(eumelanin)이 페오멜라닌(pheomelanin)보다 많다. 즉, 유멜라닌 또는 입자형 색소로서 흑색에서 적갈색까지의 어두운 모발색의 결정을 띠므로 모발 색상이 어두워 보이며, 서양인은 페오멜라닌 또는 분사형 색소로서 적색에서 노란색까지의 밝은색의 결정을 띠므로 모발 색상이 밝고 부드러운 느낌을 준다.

③ **모수질**(hair medulla)

모수질은 모발의 중심에 위치하고 있으며, 속이 비어 있는 동공으로 되어 있고 그 안에 공기를 함유하고 있다. 공기의 양이 많을수록 모발에 광택이 있다고 알려져 있으며 퍼머넌트 웨이브에 강하게 작용한다. 학자에 따라 실제적인 기능적 중요성을 갖고 있지 않다고 단정되기도 하지만 아직까지 정확하게 알려진 바는 없다.

대다수 동물에는 이 수질이 털의 2/3를 차지하고 있으며 이 빈 세포는 전열체의 작용을 한다고 알려져 있다. 이 기능은 오늘날의 사람에게는 쓸모가 없어서 사라져 가고 있으며, 0.09mm 이상의 굵은 모발에만 있고 태아와 유아의 모발 또는 초기모와 같이 부드럽고 가는 모발에서는 찾아볼 수 없다.

6. 모발의 성장 주기

인체의 모발은 약 100만 개에 이르며 두피에만 약 10만 개가 있다. 두피의 모발인 머리카락은 하루 평균 0.35~0.4mm씩 자라나며 각각의 모발은 태어날 때 그 숫자가 개인마다 정해져 있다. 모든 모근세포가 동시에 모발을 만드는 것이 아니라 각각의 모근세포가 성장기 · 퇴행기 · 휴지기의 주기를 갖고 있어 각각의 주기가 차지하는 비율이 탈모의 정도를 결정한다.

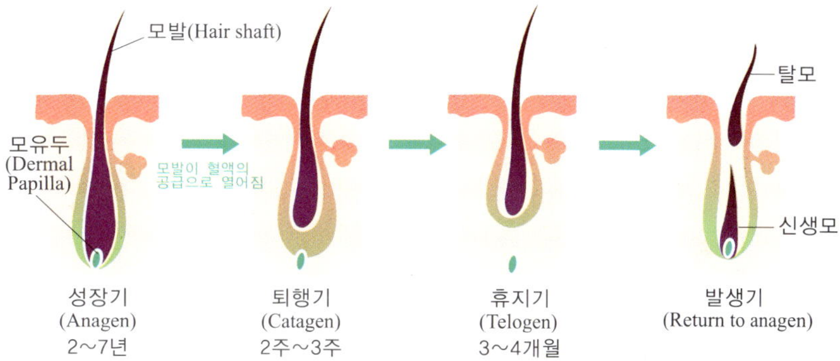

그림 2-18 모발의 성장 주기

(1) 성장기 (생장기; anagen)

모발은 성장기의 초기 단계에서 모모세포로부터 만들어지고 모유두의 모세혈관으로부터 보내진 영양분으로 성장하기 시작한다. 이 단계를 생장기 혹은 성장기라 불린다.

성장기는 1단계에서 모발이 모구로부터 모낭으로 나가려고 하는 모발 생성을 하며, 다음 단계로 딱딱한 케라틴이 모낭 안에서 만들어진 후에 다음 단계인 퇴행기까지 자가 성장을 계속한다. 성장기의 수명은 2~7년이며 전체 모발의 80~90%가 성장기 단계로 하루 평균 0.35~0.4mm, 한 달 평균 1~1.5cm 정도 자란다. 성장기는 영양이나 체내 호르몬 등의 영향을 받아 변화될 수 있다.

모발의 성장 속도는 피부 표면에 나오기 전까지는 남성이 빠르고 표면에 나와서부터는 여성이 빠르며, 특히 겨드랑이나 치모는 여성이 남성보다 배의 속도로 자란다.

모발의 길이가 25cm가 된 이후에는 자라는 속도가 반감되는데, 여성 모발의 성장 속도는 15~25세까지가 가장 빠르며 1년 중 성장이 빠른 시기는 6월과 7월이고, 낮보다는 밤에 성장 속도가 빠르다.

Tip 모발의 성장 속도

머리카락의 하루 성장 길이는 약 0.3~0.5mm이며, 눈썹은 0.18mm, 턱수염은 0.38mm, 겨드랑이 모발은 0.30mm 정도로 부위에 따라 성장 속도에 차이가 있다.

(2) 퇴행기 (퇴화기; catagen)

성장기가 끝난 후 모발의 형태를 유지하면서 대사 과정이 느려지는 시기로, 모구부의 수축 현상이 일어나 세포분열이 점차적으로 둔화되다가 정지한다. 기간은 2~3주 정도이고 전체 모발의 1%를 차지한다. 모구부가 수축하여 모유두와 분리되고 모낭에 둘러싸여 위쪽으로 올라가며, 이때 세포분열은 정지 상태로 더 이상 케라틴을 만들어 내지 않는다.

(3) 휴지기 (talogen)

퇴행기 후에 모유두가 위축되고 모낭은 차츰 쪼그라들며 모근은 위쪽으로 밀려 올라가 있고 모낭의 길이도 1/3로 줄어드는 단계이다. 다음 성장기가 시작될 때까지의 수명은 3~4개월로 전체 모발의 약 15%가 휴지기 상태이며 이 시기에 모발은 빗질에 의해서도 쉽게 탈락된다.

성인 남성의 경우에 날마다 빠지는 머리카락의 수는 약 60개 정도지만 계절에 따라 달라짐으로써 봄과 가을에는 탈락하는 머리카락의 수가 늘어난다. 또한 여성의 경우 출산 후에는 일시적으로 휴지기가 30~40%로 늘어난다.

> **모발의 휴지기**
>
> 머리카락의 경우, 휴지기가 3~6개월이다. 그러나 그 중에서도 두정부 모발의 휴지기가 가장 길어 약 129일, 측두부의 모발은 117일 정도로 차이를 보인다. 겨드랑이 모발은 약 121일, 턱수염은 약 92일, 그리고 눈썹은 약 64일의 휴지기를 갖는다.

(4) 발생기 (return to anagen)

배아세포의 세포분열에 의해 모구가 팽창되어 새로운 신생모가 성장하는 기간으로 한 모낭 안에 서로 다른 주기의 모발이 공존하며 휴지기의 모발 탈락을 유도한다. 발생기는 개인의 질병, 유전 체질, 연령 등에 따라 차이를 보인다.

7. 모발의 분류

(1) 모발의 굵기에 따른 분류

① **취모** (배냇머리, lanugo hair)

취모는 일명 '배냇머리' 라 불리는 솜털이다. 태내에서 생긴 털로서 모발 중 가장 가늘고 연하다. 모태(母胎)에 있을 때는 4~5개월까지 거의 전신에 발모된다. 출생 무렵부터 탈락되어 연모로 대치된다.

② **연모** (솜털, vellus hair)

연모는 피부의 대부분을 덮고 있는 직경 20~40㎛ 정도의 섬세한 털로 모수질이 없고 부드러우며, 멜라닌색소가 적어 갈색을 띠고 있다. 출생 후 성장함에 따라 부위에 따라 성모로 바뀐다.

③ **중간모** (intermediate hair)

중간모는 연모와 성모의 중간 굵기의 모발이다.

④ **성모** (종모, 경모, terminal hair)

성모는 직경이 60~120㎛ 정도의 굵은 털로 머리카락 · 눈썹 · 속눈썹 · 수염 · 겨드랑이를 구성하고 있는 모발이다.

모발이 자라고 있는 모낭의 수는 태어날 때 모두 결정되므로 성인이 되어도 모낭은 증가하지 않는다. 성인보다 유아 쪽 모발의 양이 적게 보이는 것은 털(毛)이 가늘고 모낭에서 생성되지 않는 털도 있어서 성인보다 전체 모발량이 적기 때문이다.

사춘기가 되면 모든 모낭에서 성모로 성장하여 사람의 일생에서 가장 모발이 많은 시기에 들어간다. 그러나 성모도 모주기(hair cycle)를 되풀이하여 나이가 들어감에 따라 연모(軟毛)로 되돌아가는 현상을 보이고 있다. 특히 남성형 탈모증(male patten alopecia)에서는 이런 현상이 두드러지게 나타난다.

Tip 모발의 굵기

모발의 굵기는 0.05~0.15mm이다. 연모는 0.06mm 정도이며 성모는 0.1mm이나, 동양인의 경우는 대략 0.08mm 정도이다. 모발의 수는 인종 · 모질 · 색에 따라 차이가 있지만 평균적으로 금발인 경우는 14만 개 이상, 황갈색은 11만 개, 적갈색은 9만 개로 다소 적으며, 한국의 경우는 대략 10만 개이다. 또한 일반적으로 1cm^2당 150개 정도이며 모발의 밀도는 여성이 남성보다 평균이 높다.

모발의 경도는 모발의 두께와 비례하여 성모는 짙은색을 보이고 단단한 느낌을 많이 주며, 연모는 부드러워 색상 자체가 약해 보인다. 굵은 모발은 모표피의 구조가 치밀하며, 내부의 모피질 역시 치밀한 구조를 가지는 반면, 부드러운 모발은 모표피의 겹침이 듬성하고 모피질 또한 치밀하지 못하다.

(2) 모발의 형상(shape of hair)에 따른 분류

모발은 그 형상에 따라 직모(straight hair) · 파상모(curly hair) · 축모(kinky hair)의 3종류로 분류할 수 있으며 이들간에 명확한 구분은 주로 인종에 따라 상당한 차이를 보이고 있다. 이러한 형태는 근본적으로는 유전에 기인하며, 모발이 모구부에서 생성되어 각화하면서 위로 올라오는 과정에서 모발의 성장을 보조하는 내모근초와 외모근초의 형태에 따라 결정될 수도 있다.

모발의 횡단면 최소 직경은 최대 직경으로 나누어 100배나 되는 수치를 모경지수라고 하며, 이 지수가 100이면 완전히 원형이고 작으면 타원형이나 편평한 모양이다. 동양인의 경우는 모경지수가 75~85로서 원형에 가깝고, 흑인은 50~60으로 편평한 편이다. 즉, 모경지수가 100에 가까우면 직모가 되고 적으면 축모가 되는 비율이 커진다.

직모는 두개골에 대하여 거의 직각 방향으로 성장하는 데 반해, 곱슬머리일수록 두개골에 대하여 비스듬한 방향으로 성장한다. 따라서 머리카락이 곱슬거리는 것은 모낭의 모양이나 머리카락이 나는 방향과 관련이 있다.

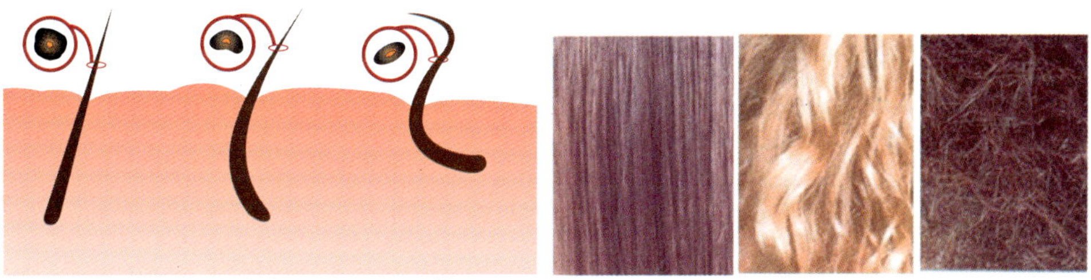

그림 2-19 모발의 형상에 따른 분류

① **직모** (straight hair)

직모는 동양인에게서 주로 나타나는 모발의 형상으로 현미경으로 관찰하면 표면이 원활한 곡면이며 단면이 원형이다. 모낭의 형태가 꼿꼿하여 머리카락도 곧게 성장한다.

동양인의 모발은 검고 곧은 이미지가 있지만 완전히 곧은 모발을 가진 사람은 5% 정도에 불과하다. 대부분의 동양인에게는 직모의 양이 많고 부분적으로 파상모가 혼합되어 있는 형태이다. 머리카락이 직모라 하더라도 음모와 액모는 파상모 내지는 축모가 있듯이 모발의 발생 부위에 따라서도 형상의 차이가 있다.

② **파상모**(wavy hair)

파상모는 현미경으로 관찰 시 만곡되어 있어 굵기가 일정하지 않으며, 단면을 보면 타원형이다. 모낭의 한쪽이 약간 굽어 곱슬거리는 모발로 성장한다.

③ **축모**(kinky hair)

모낭이 활처럼 한쪽으로 휘어 있어 모발이 꼬불꼬불하게 성장하며, 머리카락의 횡단면은 매우 작게 오그라진 타원형 · 삼각형에 가깝다.

Tip 모발 형상의 유전

때로 아이들의 모발은 성모가 되면서 곱슬머리의 특징이 나타나기도 한다. 이는 아이들의 경우 모발이 아직 완전히 성모화되지 못해 가늘고 유연해서 곱슬 모발의 성질이 나타나지 않았기 때문이다. 그러나 성모가 되면서 모발이 굵고 단단하게 성장하고 성장 속도 등이 변화됨에 따라 본래 곱슬 모발의 특징이 나타난다.

모발 형상의 유전 정도는 다음과 같다.

- 부모가 모두 직모인 경우 : 자식의 97%가 직모
- 한쪽이 직모, 한쪽이 파상모인 경우 : 자식의 70%가 직모, 29%는 파상모
- 한쪽이 직모, 한쪽이 축모인 경우 : 자식의 60%가 직모, 24%는 축모
- 부모가 모두 파상모인 경우 : 자식의 86%가 파상모, 14%는 직모

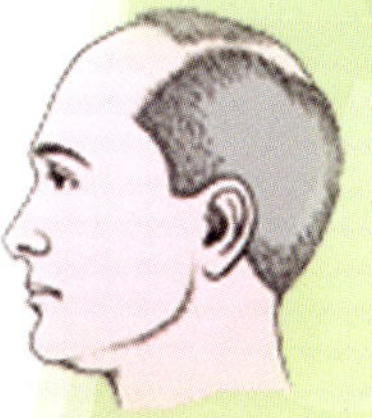

Chapter 3

탈모의 원인과 치료

1. 탈모의 개념
2. 탈모의 유형
3. 탈모의 요인
4. 탈모증의 메디컬 치료

1. 탈모의 개념

우리 몸에서 정상적으로 자라던 털이 어떤 이유에 의해 빠짐으로써 모발이 결여되거나 그 수가 감소하는 것을 탈모(脫毛)라고 한다. 즉, 탈모는 정상적으로 모발이 있어야 할 부위가 비어있는 상태를 말한다. 일반적으로 두피의 성모가 탈락되는 것을 의미하는데, 모발 성장 주기가 성장기에서 갑자기 휴지기로 바뀌어 여러 군데의 모공에서 머리카락이 빠지는 것이다.

두피 및 인체의 내적 · 외적 이상 현상이 발생한 경우는 하루에 빠지는 모발의 수가 200개 정도로 늘어나거나 기존의 성장기 모발 기간이 짧아지고 모발의 연모화 현상도 볼 수 있다.

사람의 머리카락 중 80~90% 정도는 성장기 모발로 2~11년 정도 지속되고, 10~15% 정도는 휴지기로 3~6개월 정도 이어진다. 머리카락은 보통 한 달에 1~1.5cm 자라지만 나이가 들수록 머리카락의 성장 속도는 느려진다. 휴지기가 지나고 나면 하루에 20~50개 정도의 털이 빠지며 경우에 따라 100개까지도 빠질 수 있다.

모발의 성장은 보통 15~30세 사이에 가장 활발하며 40~50세에 점진적으로 퇴보한다. 50세 이상 되면 노화에 의한 자연스런 탈모가 일어나기 시작하여 70세 이후부터는 점점 빨라진다. 한국 사람은 서양인에 비해 모발 밀도가 낮아서 약 7만 개 정도의 머리카락이 있으며, 하루에 보통 50~100개 정도의 정상적인 퇴행기 탈모가 일어난다. 이를 초과하여 빠질 경우에는 원인과 증상에 따른 탈모를 의심할 필요가 있다.

탈모는 임상적으로 모낭이 파괴돼 모발 재생이 되지 않는 반흔성 탈모와 모낭이 유지되어서 증상 부위가 사라진 후에 모발이 재생 가능한 비반흔성 탈모로 분류된다. 반흔성 탈모로는 루푸스에 의한 탈모, 독발성 모낭염, 모공성 편평 태선, 화상 및 외상에 의한 탈모 등이 있다.

비반흔성 탈모로는 유전성 안드로겐성 탈모, 원형 탈모, 곰팡이 감염에 의한 두부 백선, 휴지기 탈모, 발모벽, 모발생성 장애 질환 등이 있다.

탈모증 중에서 발생 빈도가 가장 높은 것은 원형 탈모증과 유전성 안드로겐성 탈모, 여성형 탈모이다.

현재까지의 발모제를 포함한 외부적인 치료로도 탈모를 근본적으로 치료하기는 어려우며 개인마다 약간의 차이를 두고 일시적인 효과는 있을 수 있다. 최근 모발이식에 관한 많은 정보와 방법들이 소개되고 있지만, 모발이식 또한 시술횟수나 생착률에 한계가 있다.

자가이식의 경우에 본인 머리카락의 이식이 가능하나 모발의 수량에 한계가 따르며, 인조모 이식은 아직까지 많은 부작용이 뒤따른다. 약물 치료법 또한 아직 그에 상응하는 효과 또는 부작용 등이 확실하게 밝혀지지 않은 상태이다.

탈모증은 자신이 어떻게 대처하느냐에 따라 상태가 악화되거나 호전될 수 있기 때문에 질환 관리에 대한 책임은 그 누구보다도 탈모증 발생자 자신에게 있다. 현재까지는 예방이 최선의 치료이다.

Tip 얼마나 머리카락이 없어야 탈모증이라고 할까?

가장 보편적인 남성형 탈모증을 기준으로 할 때 '얼마나 탈모가 되어야 탈모증이라고 하는가?' 에 대한 것은 전문가들 사이에서도 의견이 분분하지만 정수리와 귀의 중심선을 연결한 선에서 머리가 가장 많이 벗겨진 곳까지의 간격을 재는 방법이 있다.

탈모증이라 진단하는 기준은 2~3cm의 폭으로 보고 있는데, 손쉽게 측정할 수 있는 방법으로는 이마의 눈썹 윗부분에 손을 얹어 머리카락이 시작되는 사이에 엄지손가락을 제외한 나머지 손가락 4개를 기준으로 하여 폭이 그 이상이면 탈모증의 진행으로 진단하고 있다. 그러나 이 방법은 앞쪽에서부터 탈모가 시작된 경우이고, 정수리에서부터의 탈모나 그 이외의 탈모증의 경우는 해당되지 않는다.

낮아지는 탈모 연령

보편적으로 탈모는 노화의 한 징후이다. 누구나 나이가 들면 어느 정도의 탈모 현상을 피하기 힘들다. 다만 유전적 요인이 있으면 더 젊은 나이에, 더 빨리, 그리고 그 양상이 더 심하게 나타날 뿐이다. 그러나 유전적 요인이 있다 하더라도 언제, 얼마나 빠른 속도로 증상이 나타나느냐는 사람마다 다르다.

예를 들어 아버지가 40대부터 탈모가 시작되었어도 아들은 20대부터 탈모 현상을 겪을 수도 있다.

최근에는 예전과 달라진 후천적 · 환경적 요인에 의해 탈모가 시작되는 연령이 낮아지는 경향을 보이고 있다. 미국에서는 15~17세 남자 청소년 가운데 15.5%가 앞머리 선이 조금씩 M자형으로 바뀌는 탈모증을 가지고 있다는 연구 결과가 있었으며, 국내에서도 전체 안드로겐 탈모증 환자의 3.5~6.5%가 청소년이라고 보고된 바 있다.

탈모와 유전

유전학적으로는 탈모의 유전인자를 부모 양쪽 모두 지니고 있다 하더라도 그 정도가 심하게 진행되지 않고 머리숱이 적은 정도이며, 자식을 낳으면 남아에게 50% 확률로 유전된다. 부계의 모발 유전자 가운데 대머리 유전자를 한 개 지니고 태어난 남아는 그 확률이 50%, 모계까지 대머리의 유전자를 지니게 되면 확률은 75%에 이른다.

전반적으로 탈모는 유전적 요인보다 더 많은 다양한 원인이 있기 때문에 전문가의 진단을 받는 것이 좋은데, 몇몇 질환은 몇 가지 혈액검사(blood test)를 통해 알아볼 수 있다.

2. 탈모의 유형

1. 남성형 탈모 (male patten alopecia)

남성형 탈모는 유전적 소인과 남성호르몬에 의한 모근의 약화, 피지선의 비대화로 인한 과도한 피지 분비가 유발한 두피의 노화 · 지루성 염증이 증상을 더욱 악화시킨다. 전두부와 두정부에 걸쳐 전체적으로 탈모가 되거나 전두부가 점점 후퇴해 가는 것이 특징이다.

탈모 초기는 두껍고 긴 성장기 모가 휴지기 모로 변화해 탈모된다. 탈모가 진행되면서 점점 가늘고 부드러운 모가 되기 때문에 빠지는 모발이 눈에 띄지 않는데, 측두부나 후두부의 모발은 빠지지 않고 남아 있는 것이 보통이다. 머리카락은 호르몬에 의해 탈모가 일어나지만 반대로 턱수염, 팔 · 다리털 등의 체모는 오히려 두껍고 많아진다.

남성형 탈모는 이마 양쪽 M자형으로 머리카락이 듬성듬성 나는 경우와 정수리부터 둥글게 벗어지는 경우, 그리고 이마 라인 전체로 벗어지는 U자형 등 여러 가지가 있다. 남성형 탈모는 증상의 즉각적인 치료는 어렵지만 예방이나 초기 단계에서의 치료 및 계속적인 관리를 통한 증상의 호전은 기대할 수 있다.

[해밀턴 분류법에 따른 남성형 탈모의 단계]

① 1단계 : 탈모가 미약하게 진행된 시기
② 2단계 : 탈모 초기 단계
③ 3단계 : 탈모가 외관상 확실히 자각되는 시기
④ 4단계 : 탈모가 발전한 시기
⑤ 5단계 : 탈모가 커진 시기
⑥ 6단계 : 모발을 상당량 잃은 시기
⑦ 7단계 : 거의 모든 모발이 탈락된 탈모 말기의 시기

1단계, 2단계에서는 자고 일어났을 때 베개에 머리카락이 한움큼 빠져 있는 것을 경험한다. 외관상으로 두드러진 차이가 발견되지 않아도 심리적인 불안이 시작되는 단계이다. 이때는 무엇보다 스트레스 요인을 멀리하고 비타민과 무기질 공급을 위해 과일 · 야채 섭취, 숙면, 두피 청결을 실천하는 것이 중요하다. 특히 두피가 기름지거나 비듬이 생기는 경우가 많으니 두피 세정에 신경을 써야 한다. 이 시기는 적극적인 예방 프로그램으로 좋은 예후를 기대할 수 있는 단계이며 연령이 젊을수록 호전이 빠르다.

3단계, 4단계에서는 이미 탈모가 자각되는 시기로 탈모에 대한 스트레스와 고민으로 자신감이 낮아져서 대인 관계를 꺼리는 경우가 많다. 적극적인 두피 · 모발관리를 해야 할 시기로 전문적인 탈모치료를 받으면 예방 효과 외에도 개선 효과를 볼 수 있다.

5~7단계는 약물이나 치료 프로그램으로도 호전이 매우 더디거나 어려운 단계라 할 수 있다. 이 단계는 인내를 갖고 꾸준한 탈모 치료를 받으면 약간의 호전을 기대할 수 있으나 대부분 가발이나 모발 이식 등을 생각해야 한다.

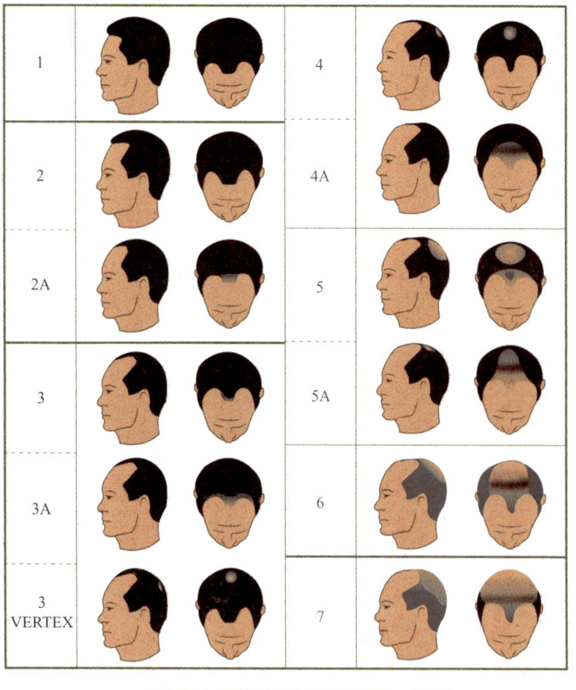

그림 3-1 해밀턴의 남성형 탈모 단계

Tip 해밀턴

Hamilton(1958): 남성형 탈모인 안드로겐 탈모증의 분류 방법을 7단계로 분류하였다. Hamilton 분류 방법은 탈모 형태에 따라 M자형, O자형, U자형, C자형으로 구분하고 복합적으로 나타나는 경우, MO자형, MU자형 등으로 구분한다.

남성형 탈모와 호르몬

- B.C. 400년 전 히포크라테스(Hippocrates)는 거세된 남자와 어린이는 대머리가 되지 않는다고 기록했다. 해밀턴(Hamilton)은 1940년대 초 이러한 남성형 탈모와 남성호르몬의 관계를 입증하였는데, 면역학적인 해명으로 남성형 탈모의 원인을 남성호르몬의 관여, 유전적 요인이라고 제창하였다.
- 모낭의 5알파-리덕타아제(5 alpha-reductase) 효소가 고환에서 만든 테스토스테론을 디히드로테스토스테론(DHT; DiHydroTestosterone)이라는 호르몬으로 만드는데, 이것이 목표 부위에서 안드로겐 수용체와 결합하여 모낭세포의 단백질 합성을 지연시켜 모낭의 성장기가 단축된다.

  그러면 자연히 해당 모낭은 더 빨리 휴지기로 들어가므로 휴지기 모낭의 비율이 증가한다. 이러한 현상이 반복되면서 모발은 점차 가늘어지고 휴지기에 들어서는 주기가 더 짧아짐으로써 마침내 남성형 탈모증이 진행된다.

Testosterone + 5-α Reductase = DHT(Di Hydro Testosterone)

Tip 탈모 자가진단

- 가족력에 대한 고려(family history) : 친가나 외가에 탈모증이 있는지 알아본다.
- 두발 당겨보기 : 머리 감은지 24시간이 지난 상태에서 20개의 머리를 엄지와 검지로 잡고 가볍게 잡아당겨 본다. 5개 이상 빠지면 탈모가 의심된다고 볼 수 있다.
- 탈모 개수측정 : 3일간 하루 평균 80개 이상 빠진다면 탈모가 의심된다. 정상인은 굵고 까만 건강한 모발이 많이 빠지며, 대부분은 휴지기 모발이기에 다시 나고 자란다. 하지만 탈모의 초기증상의 모발은 머리가 가늘고 힘없는 솜털 형태의 머리가 빠지며, 빠진 모발형태를 보면 모발 끝이 솔잎의 끝처럼 뾰족하다.

모발이 빠진 자리에서도 가는 모발이 나지만 길게 자라지 못하고 쉽게 빠진다. 이렇게 모발이 성모가 되지 못하고 탈락과 성장을 반복하다가 나중에는 숱이 줄어들고 마지막에는 모발이 나지 않게 되는 것이다.

- 이마의 헤어라인(hair line)으로 측정 : 본인의 옛날 사진과 비교하여 앞이마가 넓어졌는지 비교하여 헤어라인의 변화여부를 살펴본다.
- 지속기간 : 탈모 의심 증상이 3개월 이상 지속되었는가 살펴본다. 일시적인 탈모의 경우인지 지속적인 증상인지 살펴본다.
- 비듬이 많아진다 : 마른 비듬은 웬만한 사람이면 조금씩은 다 있는데 특히 문제가 되는 것은 머리 밑을 긁을 때 손톱 사이에 끼이는 젖은 비듬이다. 젖은 비듬은 남성호르몬과 관계가 있다. 두피가 가려우면서 지성형 비듬이 심한 증상이 6개월 이상 지속되면 역시 탈모 징후라고 할 수 있다.
- 모발이 부드러워진다 : 머리카락이 이전보다 가늘고 부드러워지는 연모화 현상이 나타난다.
- 몸의 털이 굵어진다 : 가슴털이나 수염과 같은 몸의 털이 굵어지는 징후가 나타난다.
- 두피통증 : 손가락 끝으로 두피를 눌러 문질러 보아 통증을 느끼면 머리 윗부분, 즉 모상건막이 두개골에 달라붙음으로써 탈모가 진행되는 것으로 그 부분의 두피에 통증을 느끼게 되는 것이다. 이에 모근은 혈행을 통한 영양공급이 중단된다. 이렇듯 모상건막이 좌우 사방으로 당겨져 머리 옆 부분의 두피 속살은 두꺼우나 윗부분의 두피 속살은 시간이 지나면서 얇아져 간다.

2. 여성형 탈모(Female patten alopecia)

여성 탈모는 여성호르몬인 에스트로겐이 활성화되어 안드로겐의 기능을 억제함이 정상이지만 체내 호르몬 균형이 깨지면서 안드로겐이 과다해져 탈모증세가 나타나는 것이 특징이다.

여성의 탈모현상은 남성과는 다르다. 남성의 탈모현상은 헤어라인이 후퇴하거나 소갈머리가 없는 양상을 보이지만 여성의 탈모현상은 대부분 윗부분의 모발이 얇아지고 숱이 적어지는 양상을 보인다.

여성은 두정부 부분의 머리카락이 다량 빠지거나 연모화되어 숱 자체가 줄어드는데, 이는 탈모를 유발하는 남성호르몬인 안드로겐보다 여성호르몬인 에스트로겐을 더 많이 갖고 있어 남성들처럼 완전한 대머리가 되지 않는 것으로 보인다.

그러나 심한 경우에는, 드물게 여성도 남성처럼 M자형 탈모를 동반하기도 하고, 남성처럼 모발이 가늘어진다(ActaDerm Venereol Stoskh, 2008).

남성형 탈모와 비슷하게 유전되며 나이가 들수록 점진적으로 탈모가 일어난다. 하지만 남성과는 달리, 일정한 패턴은 나타나지 않는다. 여성은 남성에 비해 탈모가 발현되는 연령이 늦고 지속적으로 느리게 진행된다.

대개는 폐경기 이후, 중년 이후 가속화되는 경향이 있으며 폐경기의 여성들은 휴지기 모발이 증가하면서 탈모를 호소한다. 이와 같은 현상은 2~6개월 혹은 그 이상 지속된 후 정상적인 상태로 회복된다.

1964년 스미스(Smith)와 웰(Well)이 발표한 바에 의하면, 탈모증이 가족력으로 있을 경우에 남성뿐만 아니라 여성도 정상인보다 남성형 탈모증의 발생 빈도가 높다고 한다. 즉, 여성형 탈모는 주로 가족력에 의해 발생하는 경우(familial : bald ness of male type)가 많다.

남성호르몬인 안드로겐(androgen)의 영향에 의해 진행되는데 안드로겐(androgen)의 대사산물인 17-ketosteroid의 양을 소변 내에서 측정함으로써 알아볼 수 있으나, 반드시 17-ketosteroid의 분비량이 많다고 해서 탈모증이 심한 것은 아니다.

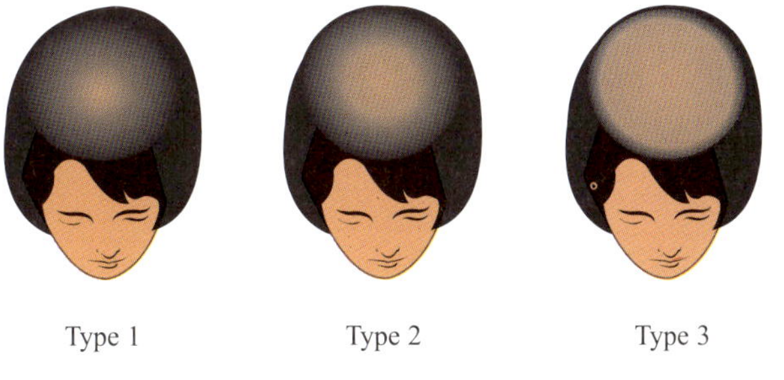

그림 3-2 루드위의 여성형 탈모 단계

보편적으로 여성형 탈모증 환자 50% 이상에서 정상인보다 혈액 내 안드로겐(androgen) 수치가 높았다는 연구가 보고되었다. 또한 안드로겐성 탈모증은 가족력이 있는 사람에게서 정상인보다 빈도가 높다.

여성 탈모의 원인은 유전적인 요인과 후천적인 요인으로 구분되지만 대부분 관리에 의해 상태가 호전될 수 있다. 그러므로 두피에 지방질이 과다하거나 건조하고 윤기없는 모질과 비듬 및 부분탈모, 그리고 원형탈모 증세 등이 나타나는 초기에 바로 대처하여야 한다.

Tip 여성의 갱년기 탈모

나이가 들어감에 따라 피부가 점차 탄력을 잃고 노화되는 것과 마찬가지로 두피 또한 갱년기에 노화된다. 여성의 머리카락은 20대 중반 이후부터 모모세포의 노화 과정이 서서히 나타나고, 40대 이후에는 모낭 수가 점차 줄어든다. 특히 갱년기를 거치면서 탈모가 진행될 수 있으며, 60대 이후에는 모모세포의 노화가 더 빨라져서 모발이 가늘어지고 숱이 줄어든다.

최근에는 여성의 사회 활동과 성취욕의 증가로 인해 스트레스도 증가하고 있으며, 다이어트로 인한 영양 장애, 생활의 편리함으로 인한 운동량의 감소 등이 여성의 노화를 촉진하고 있어 조기 폐경이 증가할 뿐만 아니라 갱년기 증후군도 더욱 심해지고 있어 갱년기 탈모 또한 증가하고 있다.

여성 탈모 환자 증가

동양인들은 서양인에 비해 상대적으로 탈모현상이 덜한 경향이 있지만, 최근 아시아 지역에서도 꾸준히 증가하는 추세이다. 이제 탈모현상은 어느 특정 집단에서만 나타나는 현상이 아니라 성별에 관계없이 나타나며, 최근 20년 간 여성 탈모가 급증하는 추세이다.

전문가들은 이러한 현상이 호르몬의 불균형, 생리불순, 빈혈, 다이어트, 갱년기 증상 등 좀 더 복잡하고 다양한 원인에서 기인한다고 한다. 특히 폐경 이후에는 여성호르몬의 분비가 감소되기 때문에 남성호르몬의 영향을 이전보다 더 받기 시작하여 이때부터 탈모증상이 나타나는데, 최근에는 호르몬 요인 외에 스트레스, 다이어트, 잦은 미용시술 등 후천적 요인이 더 많이 좌우하고 있다.

국민건강보험공단 건강보험정책연구원의 2009년 통계에 따르면 50대 이상 여성 탈모환자가 두드러지고 있다고 한다.

2001년 대비 2008년 실진료 환자수가 50대 여성은 3배, 60대 여성은 2.7배, 70대 여성은 3.3배, 80대 이상 여성은 3.7배 증가한 것으로 나타나 연령이 높을수록 그 증가폭도 컸다. 50대 이상 여성 실제 진료환자 수는 2001년에는 5,713명, 2008년에는 16,624명으로 연평균 16.5%씩 증가하였다.

현대 여성의 탈모증은 체내의 호르몬 분비가 깨져 남성호르몬의 작용에 민감하게 반응하여 탈모로 이어지는 경우, 특히 폐경기 이후나 난소난종 등의 질환이 대표적인 원인이 되며 그 밖에 다음과 같은 원인으로 발생하기도 한다.

- 피임약 남용과 심한 다이어트로 인한 남성호르몬 분비 활성화
- 여성의 사회진출 증가로 인한 스트레스 가중
- 항우울제나 항생제 등을 오랜 기간 복용했거나 빈혈, 천식, 관절염 등의 영향
- 잦은 염색이나 퍼머와 같은 시술로 인한 화학적인 손상
- 출산 후의 호르몬 밸런스의 조정 단계에서 오는 산후 탈모

[갱년기 여성의 탈모]

갱년기 여성의 생리적 변화를 보면, 난소호르몬인 에스트로겐(estrogen)과 프로게스테론(progesterone)의 혈중 농도가 점차적으로 낮아져서 배란만 할 수 있는 정도의 월경을 유지하다가 폐경으로 난소 기능이 급격히 저하되고 간뇌의 퇴행성 변화로 뇌하수체 조절에 이상이 생기며 부신의 기능도 저하된다. 이와 같은 변화에 의해 에스트로겐은 감소하고 난포자극호르몬과 황체호르몬의 이상증가, 부신피질호르몬의 감소가 나타남으로써 호르몬계에 혼란이 발생해 갱년기 증상이 유발된다.

에스트로겐의 결핍은 내분비계와 자율신경계에 영향을 주어 열감과 야간발한, 무딘 감각, 얼얼하게 쑤심, 수족냉증, 심계항진, 두통 등의 증상을 유발한다. 열감은 갱년기 여성의 약 85%에서 경험하는데, 몇 초에서 6~7분간 지속되고 이것은 짧게 2~3년 동안, 길게는 5년 간 이어지기도 한다.

열감과 발한은 스트레스 · 불안 · 흥분 시 더욱 심해지며, 밤에 특히 심하여 수면을 방해하고 발한 후 오한을 느낀다. 때로는 위나 상복부 등에 열감

이 있으며 허리, 발, 어깨 등의 시림을 호소한다. 호르몬 분비의 감소로 체력이 떨어져서 쉽게 피로를 느끼고, 피로회복 시간도 점차 길어진다.

치아와 머리카락이 빠지고, 질 점막은 점차 소실되어 얇아지고 탄력성을 잃으며, 질 산도의 변화로 감염도 잘 된다. 또한 질의 위축과 질 분비물의 감소로 성교 시에 동통을 초래한다.

갱년기 질환은 갱년기 증상을 느끼지 않아 치료가 필요없는 사람도 있고 증상이 가벼워 1~2년 이내에 저절로 낫는 경우도 있으나 3~4년 이상 증상이 심해지면 치료를 해야 한다. 대개 갱년기 증상은 후유증을 남기지 않으나 갱년기 탈모는 시기를 놓치면 자연 회복되지 않고 노화가 진행되면서 더욱 심해짐으로써 폐경기 이후에 탈모량이 증가한다.

폐경기가 되기 전부터 인체 내에서는 프로게스테론과 에스트로겐의 분비가 점차 감소하므로 호르몬 부족으로 갱년기 증상이 나타난다. 호르몬 불균형으로 겪는 고통을 감소시키고 폐경을 연장하기 위한 방법으로 부족해진 여성호르몬을 보충하는 호르몬제를 복용하는 것이 호르몬 대체요법이다.

[호르몬 대체요법]

① **에스트로겐 단독 치료** : 자궁을 적출한 여성에게 투여한다.

② **프로게스테론 단독 투여** : 불규칙한 월경, 월경장애 시에 투여한다.

③ **에스트로겐, 프로게스테론 병용 치료** : 에스트로겐 단독 치료는 암 발생을 증가시킨다고 알려져 있으므로 프로게스테론과 병용 치료한다.

④ **주기 치료** : 한 달 동안 여성의 인체 내에서 에스트로겐과 프로게스테론의 분비 사이클과 같도록 조성된 제제를 연속적으로 복용함으로써 폐경 전 호르몬 분비상태와 유사한 상태로 만들어 규칙적인 월경을 가능하게 한다.

⑤ **연속 치료** : 한 달 내내 에스트로겐과 저용량의 프로게스테론을 복용하여 월경이 나오지 않게 하면서 호르몬 치료의 효과를 볼 수 있다.

⑥ **저용량 국소 치료** : 질 건조증이나 가려움을 치료하기 위해 원하는 부위에 바르는 크림 형태의 치료제를 사용한다.

3. 원형탈모 (Alopeica Areata)

대표적인 신경성 탈모증상으로서 원인은 대체로 자가 면역기전이다. 여기에 유전적 소인과 정신적 스트레스가 영향을 미친다고 알려져 있다. 형태는 원형이나 난원형의 탈모반이다. 두피 이외에 수염이나 눈썹, 음모, 겨드랑이털 등에도 나타날 수 있다.

원형탈모는 발생한 이후에 대체로 자연 회복되는 경향이 있다. 회복된 모발은 처음에는 솜털같고 연한 색으로 보이나 이후 굵고 진한 색깔의 성숙한 모발로 대치된다. 회복되는 모발이 백모의 형태를 띠다가 진한 색의 모발로 대부분 교체되지만 수년 동안 연모로 남거나 백모로 지속되는 경우도 있다.

Tip 다발성 원형탈모의 진행

원형탈모의 최근 발병 추세를 보면 소아에서 성인에 이르기까지 남녀노소를 불문하고 발생하고 있으며, 특히 여성과 청소년의 발병이 늘고 있다. 흔히 원형탈모는 별다른 치료없이 시간이 흐르면서 자연스럽게 치유되는 병으로 알려져 있으나 이는 원형탈모가 처음 발생해 작은 탈모반이 하나뿐인 경우에 해당한다.

기존의 원형탈모 치료는 스테로이드 연고나 국소병변 내 주사요법, 미녹시딜(minoxidil)을 바르는 방법, 전신 약물요법 등으로 원형 탈모반이 있는 국소 부위의 치료에 초점이 맞추어져 있다. 이런 치료로 그 부위의 탈모반 상태는 회복될 수 있지만 다른 부위에 탈모가 발생할 수 있으며, 스트레스를 다시 받거나 몸의 질서와 조화가 깨지면 언제든지 재발할 수 있다.

원형탈모증은 보통 한 곳에서 시작되지만 동시에 2~3곳에서 발병하기도 하며 점차 다발적으로 발생하는 경우도 있다. 다발성으로 악성이 되는 경우에는 머리가 전체적으로 탈모되는 경우도 있다. 더욱 심한 병증에서는 눈썹, 속눈썹, 수염까지 빠지는 상황으로까지 확대되기도 한다.

일반적인 원인은 스트레스, 욕구 불만, 혈행 장애 등을 유추할 수 있다. 이는 원형탈모인 사람의 경우는 발병 6개월 이전에 스트레스 요인과 관련된 극심한 환경의 변화가 있었다는 보고와도 무관하지 않다.

따라서 스트레스를 이겨낼 수 있는 건강한 몸상태를 만들어 주는 것이 가장 중요하다. 원형탈모는 두피나 모발치료뿐만 아니라 전체적인 신체의 치료를 병행하여 면역기전을 정상화하는 것이 중요하다.

원형탈모와 스트레스

스트레스는 개인에 의해 지각되는 외적 · 내적 자극을 가리키며, 마침내는 건강과 생존을 위협하는 생리적인 변화를 야기한다. 이와 같은 만성적인 정서적 긴장과 스트레스의 누적에 의해 장기의 조직학적 및 생리적 변화가 유발되어 나타나는 질환을 정신신체장애(psychosomatic disorder)라고 한다.

정신신체장애에는 고혈압, 기관지 천식, 소화성 궤양, 궤장성 대장염, 편두통과 류마티스 관절염 등의 내과적 질환이 잘 알려져 있다. 피부과 영역에서는 아토피 피부염, 원형탈모증, 건선, 만성 두드러기 등이 스트레스에 의해 유발 또는 악화되는 것으로 알려져 있으며 이에 대한 연구가 활발히 진행되고 있다.

콜론(Colon) 등은 원형탈모증 환자 31명을 대상으로 한 조사에서 탈모 원인의 74% 정도는 정신적 스트레스가 관여한다고 하였으며, 폴 스티치(Faulstich)는 아토피 피부염과 정신적 스트레스와의 관계를 밝혔다.

한 의학 논문에서는 "스트레스가 원형탈모증의 발생에 유의하게 기여하고 있으며 소극적 · 부정적 대처 방식을 적극적 · 긍정적 대처 방식으로 대치하는 프로그램을 내과적 치료와 함께 제공한다면 원형탈모증 환자의 이환 기간을 단축시키는 데 기여할 것으로 생각된다."라고 하였다.

4. 산후(post-partum) 탈모

산모의 분만 후 탈모현상은 호르몬이 두피 모낭의 정상적인 주기에 영향을 주어 일시적으로 나타나는 것으로, 일반적으로 출산 후 4~9개월 동안에 나타나며 탈모량은 정상인의 2~3배이다.

임신 때 호르몬 변화에 의해 에스트로겐의 양이 증가하여 모발 성장을 촉진시켜서 성장기의 모발량이 많아진다. 모발 퇴행기로의 이행이 정상인보다 느려 그만큼 증가된 성장기 모발의 양이 그대로 유지되다가 분만 4~6개월 후에 일시적으로 성장기에 머물렀던 모발이 정상적인 휴지기 모발과 동시에 탈락함으로써 나타나는 탈모 현상이다.

머리카락의 성장 주기별 형태를 보면 5%에 불과하던 휴지기 모발이 임신 말기에 35% 이상 증가되었음을 관찰할 수 있다.

휴지기 탈모

대표적인 휴지기 탈모로는 산후 탈모가 있으며, 그 밖에 폐경기 직후, 무리한 다이어트로 인한 단백질 · 철 결핍 등의 영양결핍, 심한 스트레스, 피임약 · 갑상선 치료제 · 혈압약 등의 약물 복용, 장티푸스나 그 밖의 전신적 질환, 수술 등으로 인해 휴지기 상태에 있는 모발이 빠지는 경우를 말한다.

휴지기 탈모는 비교적 원인이 해소 또는 완화되면 정상 회복되지만 간혹 그 기간이 지속되어 병증으로 이어지거나 모발이 급격히 연모화되는 경우도 있으므로 주의하여야 한다.

휴지기 탈모와 같은 일시적인 탈모의 원인은 이미 탈모가 있는 여성에게 악화 요인으로 영향을 준다. 따라서 스트레스를 줄이고 균형잡힌 식단을 유지하며 두피에 자극이 되는 잦은 퍼머나 염색 등을 삼가는 것이 필요하다.

5. 결발성 탈모

모발을 세게 묶거나 당겨서 약해진 모근으로 인해 일어나는 탈모증으로, 성장기에 있는 모발을 심하게 자극하여 당기면 모근의 약화를 가져오게 됨으로써 탈모로 이어질 수 있다. 성인의 경우도 모발에 물리적인 스트레스를 주는 과도한 머리 손질은 탈모로 이어질 수 있으므로 주의하도록 한다. 두피의 특징적인 부분은 찾아보기 힘들며 문진을 통해 구분하도록 한다.

6. 그 밖의 탈모

(1) 지루성 및 비강성 탈모

지루성 및 비강성 탈모의 경우 두피의 피지 과다분비로 인해 발생하는 탈모이다. 비듬균으로 인한 염증과 피지막의 변성이 모공을 통하여 모근에 작용한 결과, 모모세포의 변화로 성장기 모가 휴지기 모로 변한 것이다.

피지선에서의 과다한 피지 분비와 불결한 두피관리는 피지산화물 및 노화각질로 인하여 두피에 세균 및 모낭충 번식이 쉬운 환경을 조성하는 결과로 나타나는데, 이는 두피의 심한 악취 및 홍반과 염증을 동반한다.

특히 지루성 탈모증은 피지분비 상태에 원인이 있는 것으로 남성 호르몬의 영향을 많이 받기 때문에 남성형 탈모증을 동반해 나타나는 경우가 많다.

(2) 접촉성 피부염에 의한 탈모

피부에 접촉해 있는 염모제 · 퍼머제를 비롯한 모발 화장품 등으로 접촉성 피부염을 일으키는 경우가 있다. 이것에 의한 염증이 가벼울 때는 탈모를 일으키지 않지만 염증이 심해지면 탈모로 진행되는 경우가 있다.

(3) 내분비계에 의한 탈모

갑상선 기능 저하증은 모발이 거칠고 건조해지며 잘 부스러지고, 갑상선 기능 항진증은 모발이 매우 가늘어지며 주로 두부의 옆과 뒤쪽으로 탈모가 생긴다. 또한 당뇨의 합병증으로 탈모가 생길 수 있으며, 여성의 경우에 급격히 탈모가 진행되는 때에는 난소낭종(ovarian cystic tumor) 등의 질환으로 인한 호르몬(hormones) 불균형이 원인일 수도 있다.

산후 탈모나 폐경 이후 발생하는 여성의 탈모에서 갑상선 기능에 이상이 있는 경우도 찾아볼 수 있다.

(4) 모낭충에 의한 탈모

모낭충은 폴라쿨로룸 모낭충(Demodex folliculorum, 모낭 데모덱스), 브레비스 모낭충(Demodex brevis, 피지선 데모덱스)으로 나뉘며, 암수가 있는 절지동물 거미강 진드기목에 속하는 기생진드기이다.

데모덱스는 모근의 영양분을 섭취하여 모근을 약화시키고 모공 속을 드나들며 모발과 모낭벽 사이를 넓혀서 탈모를 유발한다. 또한 피지선에서도 활동하여 여드름 및 염증의 원인이 되며 그로 인해 탈모가 생긴다.

Tip

데모덱스(Demodex)는 라틴어의 지방(Demo)과 벌레(Dex)라는 말에서 유래되었으며, 모낭 데모덱스는 총 길이가 0.27~0.44mm 정도 되며 말단부위는 둥글게 생겼다.

피지선 데모덱스는 모낭 데모덱스보다 비교적 짧은 0.15~0.21mm 정도의 길이에, 말단은 날카로운 모양을 하고 있다.

3. 탈모의 요인

탈모의 요인에는 유전, 스트레스, 두피의 혈류 장애, 남성호르몬의 과다 분비, 약물에 의한 부작용, 영양 부족 등이 있다. 다음은 탈모의 대표적 원인이다.

1. 호르몬에 의한 요인

인간은 외부 환경으로부터 몸을 보호하고 활동을 하기 위하여 에너지를 만든다. 우리가 섭취한 음식을 이용해 세포 속의 미토콘드리아에서 에너지가 만들어진다. 인체는 에너지를 가지고 36.5℃의 적정체온을 유지하는데, 체온을 일정하게 조절하는 기능이 바로 호르몬에 의해 이루어진다. 우리 몸에서 에너지와 호르몬의 활동이 균형있게 진행되지 못하면 인체는 건강한 생활을 유지할 수 없다.

호르몬이란 생체의 특정한 세포에서 만들어짐으로써 혈액으로 유출된 후 먼 곳에 있는 세포에 생화학적인 작용을 하는 물질이다. 이러한 호르몬들은 작용하는 장기에 독특하게 결합되는 호르몬 수용체가 있어 호르몬–수용체라는 복합체를 형성하여 특이 장기에 선택적으로 결합해 생화학적 효과를 일으킨다. 어떤 호르몬은 하나의 표적장기에만 작용하고, 인슐린이나 갑상선호르몬처럼 간, 뇌, 피부 등 여러 세포에 작용하기도 한다.

인체는 호르몬이 없으면 에너지 대사를 할 수가 없다. 체내의 호르몬은 간뇌의 시상하부에서 만들어지며, 내분비선에서 만들어지는 화학물질로 미량으로도 특정 기관과 물질대사에 관여하여 신체 조직의 발육을 촉진한다. 태아의 출산 과정에 관여하여 자궁을 수축시키기도 하고, 아이들의 성장을 촉진한다. 또한 남자는 남자의 역할과 생식이 가능하게 하고, 여자는 여성호르몬의 분비에 의해서 생리가 시작되고 젖가슴이 커지며 임신이 가능해진다.

호르몬이란?

• 호르몬(Hormone)은 내분비선에서 생성 · 분비되어 미량으로 생리조절과정에 관여하는 화학물질이다. 호르몬은 혈액을 통해 운반되는데 호르몬 분비량이 증가하면 뇌하수체 작용이 억제되는 반면, 호르몬 분비량이 감소하면 뇌하수체 작용이 촉진된다.

• 세포가 나타내는 반응은 특정 세포의 유전적 프로그램에 따르기 때문에 동일한 호르몬이 다른 조직에서 다른 효과를 나타내는 경우도 있다. 예를 들어 부신피질 호르몬인 당류코르티코이드(Corticoid)는 림프구의 세포용해를 일으키기도 하고 간에서는 포도당의 생성에 필요한 효소를 유도하기도 한다.

• 뇌하수체호르몬은 신체 내 호르몬 분비 조절을 맡고 있고 뇌의 밑면에 짧은 줄기 모양으로 붙어 있으며 무게가 0.5~0.6g이다. 뇌하수체 전엽에서 분비되는 것 중 성장호르몬은 키를 자라게 하는데, 정상적으로 분비되면 정상치의 키를 가질 수 있지만 너무 지나치면 거인증에 걸려 비정상적으로 키가 커질 수도 있다. 신진대사를 활발하게 하는 갑상선 호르몬이 부족하면 에너지가 제대로 만들어지지 않아 정상적인 생활을 할 수 없다.

• 더울 때는 아드레날린과 티록신의 분비와 세포 호흡이 억제되어 열 생성량이 감소함으로써 땀 분비를 촉진하고, 이는 바로 열 발산량의 감소로 이어진다. 반면 추울 때는 아드레날린과 티록신의 분비가 촉진되고 세포 호흡이 촉진되어 열 생성량을 증가시키고 땀 분비를 억제함으로써 열 발산량이 증가한다.

우리 몸에서 분비되는 수많은 종류의 호르몬은 우리가 먹는 음식물로 만들어진다. 단백질의 성분인 아미노산에서 만들어지는 호르몬으로는 인슐린, 성장호르몬, 갑상선호르몬, 멜라토닌 등이 있으며, 지방성분인 콜레스테롤로부터 만들어지는 호르몬은 DHEA(에너지호르몬), 성호르몬(남성호르몬, 여성호르몬), 스트레스호르몬 등이다.

표 3-1 인체의 호르몬과 기능

내분비선	분비되는 호르몬	기능
뇌 하 수 체	생장 호르몬	뼈 · 근육의 발육 촉진
	갑상선 자극 호르몬	갑상선 자극-티록신 분비 촉진
	부신 자극 호르몬	부신 자극-아드레날린 분비
	생식선 자극 호르몬	생식선(난소, 정소) 자극
갑 상 선	티록신(요오드 함유)	세포 호흡 촉진
이 자	인슐린	혈당량 감소
	글루카곤	혈당량 증가
부 신	아드레날린(=에피네프린)	혈당량 증가, 혈압 상승, 심장 박동 촉진
생 식 소 (정소, 난소)	남 : 테스토스테론	2차 성징 발현, 생식세포 형성
	여 : 에스트로겐	

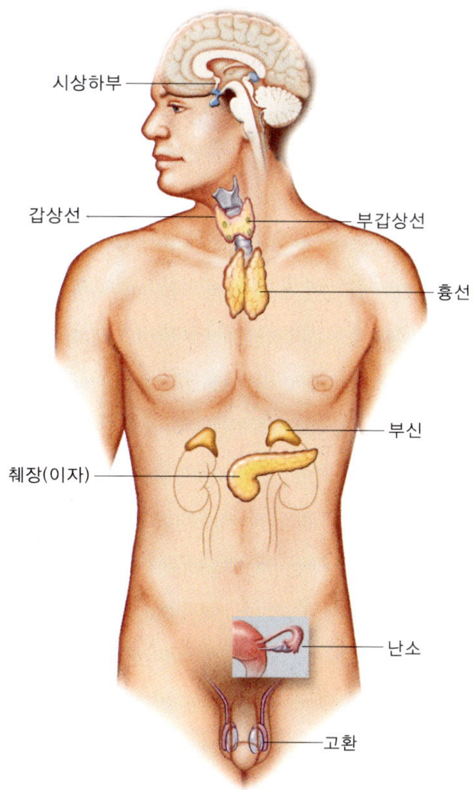

그림 3-3 인체의 호르몬

(1) 안드로겐 (androgen)

인체에 존재하는 모든 모낭은 안드로겐이라 불리는 남성호르몬의 영향을 받는다. 그러나 모낭이 남성호르몬과 반응하는 정도는 부위에 따라 다음과 같은 차이를 보인다.

- 고농도의 남성호르몬과 관련 있는 모발 : 수염, 가슴털, 귀와 코털, 음모, 주로 남성에서 이마와 정수리 부위의 모발
- 저농도의 남성호르몬과 관련 있는 모발 : 음모의 아래쪽 삼각형, 겨드랑이털, 그 밖에 몸의 털
- 성호르몬과 무관한 모발 : 눈썹, 속눈썹, 후두부(뒷머리), 팔꿈치 이하와 무릎 이하에 자라는 털 등 몸의 연모

고농도의 남성호르몬은 수염, 가슴털, 귀 및 코털과 같은 모발의 성장을 촉진시키고 이마와 정수리 부위의 모발에 대해서는 성장을 억제하는 역할을 한다. 남성호르몬은 피지분비와 체모성장을 촉진하고 모발성장은 억제한다. 성호르몬은 각 성의 생식기관에서 분비되며 남성호르몬은 부신피질에서도 분비된다.

(2) 에스트로겐 (estrogen)

여성호르몬으로 피지분비와 체모성장은 억제하고 모발성장은 촉진한다. 성장기 모발의 성장 속도를 늦춤으로써 모발의 성장 기간을 연장하지만 몸의 털에서 성장 억제 효과가 있다. 여성호르몬은 임신 기간 중에는 그 수치가 평소보다 높은 상태를 유지하다가 산후에는 호르몬 밸런스가 정상적으로 돌아오면서 일시적인 모발의 성장 주기 변화로 인한 산후성 탈모로 이어지기도 한다.

Tip 눈썹과 호르몬

눈썹의 바깥쪽 1/3은 갑상선 호르몬의 영향을 받는다.

(3) 코르티졸 (cortisol)

휴지기에서 성장기로의 시작을 방해하며 머리카락과 몸의 털 모두에 성장억제 효과가 있다. '생식선 제거술' 이나 '부신 제거술' 을 받으면 머리카락의 성장기가 가속되어 모발 성장 효과가 있으나 몸의 털에 대해서는 여전히 성장 억제 효과가 있다.

(4) 프로게스테론 (progesterone)

여성의 황체 호르몬으로 모발 성장에 대한 직접적인 영향력은 미미하다. 머리카락에 대해서는 성장 억제 효과가 있으나 몸의 털에 대해서는 성장 촉진 효과가 있다.

(5) 갑상선호르몬 (thyroxine)

갑상선호르몬인 티록신이 분비되어 신체의 전반적인 조절 작용을 한다. 과잉분비 시에는 피부에 갑작스런 열과 함께 발진이 유발되며 눈이 튀어나오고 모발은 가늘어진다. 결핍 시에는 피부가 건조해지고 거칠어지며 모발도 건조모가 되어 탈모를 유발한다.

갑상선 제거술을 받으면 갑상선호르몬의 분비가 줄어들기 때문에 모발 성장 속도가 다소 늦춰지고 모발의 직경도 줄어들며 머리카락과 모든 몸의 털에서 성장 억제 효과가 나타난다. 갑상선 기능 저하증 환자 또한 호르몬 분비를 제대로 할 수 없으므로 겨드랑이털과 음모가 적어지는 경향을 나타낸다.

(6) 부갑상선호르몬

부갑상선호르몬은 혈액 내의 칼슘량을 조절하는 역할을 한다. 따라서 과잉분비 시에는 과칼슘증이나 신경쇠약 등의 증상을 초래하며 결핍 시에는 칼슘이 부족해져서 비정상적인 케라틴이 생성됨으로 인해 피부, 손톱, 모발 등에 만성질환을 초래한다.

(7) 뇌하수체호르몬

호르몬의 분비를 조절하는 역할을 담당한다. 갑상선자극호르몬, 성선자극 호르몬, 부신피질자극호르몬, 성장호르몬, 멜라닌세포자극호르몬, 항이뇨호르몬 등이 나오며 이들 호르몬의 분비를 지배한다. 뇌하수체호르몬 과잉분비 시에는 피부가 거칠어지고 모발 성장이 증가되며, 결핍 시에는 피부노화와 탈모를 유발하는 경향이 있다.

뇌하수체에 이상이 있으면 탈모가 일어나고 뇌하수체호르몬을 투여하면 모발 발육이 좋다는 보고도 있으나, 이는 호르몬의 직접적 작용이라기보다 다른 호르몬의 분비를 억제하거나 촉진시키는 간접적 작용으로 보인다.

(8) 부신피질호르몬

부신에서는 코르티코스테론(corticosterone), 성호르몬, 아드레날린(adrenaline) 등의 호르몬이 분비되며 신체 영양소 사용에 직접적인 영향을 미친다. 또한 전해질과 수분의 균형 유지, 당분의 대사, 면역 등 여러 곳에 관여한다. 과잉분비 시에는 여성의 안면 털 성장을 촉진하는 등 여성의 경우에 남성호르몬과 같은 물질이 분비되어 성모나 체모에 영향을 준다.

Tip

탈모와 약물복용

갑상선 질환 또는 질병으로 인한 장기간 약물복용은 호르몬 불균형 및 세포분열 장애로 인한 탈모를 유발한다. 또한 장시간 누워 있는 환자들은 두피세포의 압박 및 활동성 저하에 따른 모발 약화가 발생한다.

질병이나 약물요인이 제거되면 회복되는 경우가 보편적이나 질병 후 관리를 통해 건강한 모발을 되찾으려고 하는 노력이 필요하다.

2. 모발 화장품 및 시술에 의한 요인

모발 화장품의 잘못된 사용이나 남용에 따른 부작용으로 인해 원발성 접촉 피부염과 알레르기성 피부염 등의 두피 질환이 야기될 수 있다. 염색제, 퍼머제, 헤어무스, 헤어스프레이, 헤어로션, 헤어토닉 등의 성분 중 방부제나 향료 등이 접촉성 피부염의 주된 원인으로 문제가 된다. 미국에서는 화장품의 성분 표시가 의무화되어 있어 화장품에 의한 부작용 해결에 많은 성과를 거두고 있다.

일상생활에서 흔히 접하는 샴푸도 성분이나 농도에 따라 알레르기 반응을 보이는 사람이 있고, 피부과 영역에서 두피에 쓰이는 다양한 약제도 접촉성 두피염의 원인이 될 수 있다. 경우에 따라 건성 모발이나 지모를 유발하기도 하며 화학약품에의 과다 노출로 인한 두피 화상 등의 상처로 탈모를 유발하기도 한다.

물리적 시술에서도 손상이 야기되는데, 고무줄과 머리핀 등에 의한 당김, 금속성 저품질 미용기구의 사용 등으로 인한 마찰, 모발에 볼륨을 주기 위해 시술되는 백코밍(back coming) 등의 경우에도 모발에 많은 손상을 입히며, 아이론과 헤어드라이어의 온도 과열도 모발 손상의 요인이 된다.

샴푸 중 과도한 마사지를 하거나 타월 드라이를 할 때 너무 세게 모발을 비비는 경우나 나쁜 재질의 빗을 사용한 경우에는 표피가 손상되며, 블로드라이(blow dry) 를 할 때 적은 양의 모발을 강하게 빗질하는 경우 등의 물리적인 자극에 의해 모유두와의 결속력이 약해졌을 때 모발 생장이 저해되기도 한다.

3. 자연 환경에 의한 요인

태양광선 중에서 모발에 영향을 주는 것은 자외선과 적외선으로 물체에 닿으면 열이 발생한다. 모발에 가장 영향을 미치는 자외선은 모발의 시스틴(cystine) 함량을 감소시키고 멜라닌 색소를 파괴함으로써 모발의 손상과 탈색을 유발한다.

강한 자외선은 단백질을 변형시키고 세포를 파괴하는 힘이 있다. 그러므로 태양광선에 모발의 직접적인 노출을 피해야 한다. 자외선은 모발의 습기를 없애고 피질층을 거칠어지게 하며 모발 끝이 갈라지게 한다. 계절적인 온도 변화와 습도도 모발손상이나 두피 건조증을 유발하며, 건강하지 않은 상태의 모발 손상이나 탈모를 촉진하는 간접적인 요인이 될 수 있다.

표 3-2 모발손상 요인

물리적 요인	화학적 요인	환경적 요인
• 샴푸 · 브러싱 • 블로 드라이 • 불량 미용기기	• 염색, 탈색, 퍼머 • 알칼리성 세정제 • 자외선 및 적외선 • 수영장 및 바닷물	• 자동차 배기 가스의 유황(SO_2, SO_3)이나 질소화합물(NO, NO_2) • 계절적 온도 · 습도

4. 식생활에 의한 요인

식생활이 서구화되면서 지방이 많이 함유된 기름진 음식이나 고소한 음식 등의 섭취가 증가했다. 이러한 음식들은 두피를 지성으로 변화시키며 탈모를 유발한다. 그 밖에 다이어트나 편식 등으로 인한 영양상태의 불균형도 최근 탈모의 요인으로 나타나고 있다.

서구화된 식생활로 고단백 · 고칼로리의 동물성 지방이나 단백질을 과잉 섭취함으로 인해 당뇨나 고혈압 등 현대인의 성인병이 증가하고 있다. 이러한 질병으로 인해 혈액순환이 나빠지고 영양분이 모유두까지 전달되지 못하기 때문에 모발이 가늘어지며 탈모가 일어나기도 한다.

지나치게 맵고 짠 음식이나 인스턴트 식품의 범람, 중추신경을 자극하는 카페인 음료의 과다섭취로 인체 기관에 자극이 가해지고, 이 자극에 의하여 인체 기관들이 긴장을 하면 모낭세포도 긴장 상태에 놓인다.

이는 남성호르몬의 과다분비를 초래하고 인체에 유해한 성분이 체내에 흡수 · 축적되어 내장의 세포 변형에 악영향을 끼치며 모발에까지 영향을 미친다. 따라서 평소 인스턴트 식품을 삼가고 균형잡힌 식단으로 충분한 영양분을 섭취해야 한다.

탈모와 영양소

최근 들어 쌀밥이 탈모에 영향을 준다고 하여 쌀밥이 주식인 사람들의 근심을 샀다. 그러나 근본적으로 쌀밥 자체가 탈모를 유발하는 것이라 할 수는 없다. 우리가 섭취한 탄수화물은 포도당으로 분해되고 장에서 흡수되어 혈액 속으로 들어간다.

쌀은 주로 탄수화물로 구성되어 있지만, 그 밖에도 섬유질 · 마그네슘 · 칼슘과 같은 미네랄 및 비타민 B 등이 골고루 들어 있다. 그러나 쌀을 도정하고 씻는 과정에서 많은 영양소가 상실되어 백미는 주로 탄수화물만 남으므로 당분의 형태로 흡수되고 인슐린의 분비를 촉진한다. 이에 따라 증가하는 필수지방산이 남성호르몬을 만들기 때문에 그와 관련이 있는 탈모 촉진에 영향을 준다. 그러므로 탈모를 예방하기 위해서는 영양소의 손실이 적은 현미밥을 먹어야 한다.

현미는 쌀의 영양소를 다양하게 함유하고 있으며 모발을 건강하게 해주기 때문에 탈모 예방에 좋은 식품이라 할 수 있다. 또한 인슐린의 분비를 늦춰 탈모를 예방할 뿐만 아니라 섬유질이 풍부해서 수분의 함량을 높여주고 변비를 예방한다.

특히 여성의 경우는 갑상선기능 저하증으로 인한 탈모증에 현미밥은 좋은 예방수단이 된다. 이때 현미는 반드시 무농약 재배된 것을 선택하여 농약의 피해를 줄여야 한다. 만일 현미밥의 섭취가 어려울 경우에는 검은콩이나 검은깨 등 다른 잡곡을 섞어 먹는 방식으로 흰쌀만을 섭취하는 것은 피하는 것이 좋다.

모발에 풍부한 영양을 공급하려면 양질의 단백질과 칼슘, 비타민 E, 요오드 등이 들어 있는 식품을 골고루 섭취하는 것이 좋다. 검은콩은 모발을 자라게 하는 효과가 크며, 검정깨는 모발이 잘 자라지 않는 사람과 흰머리 예방에 좋은 식품이다.

모발에 유익한 영양분은 야채와 해조류에 많이 들어 있다. 해조류는 모발 성장에 필요한 갑상선호르몬의 원료가 되는 요오드가 많이 들어 있다. 발모를 촉진하기 위해서는 글루탐산(glutamic acid)과 아미노산이 필요한데, 흔히 다시마나 미역이 탈모 예방에 좋다고 하는 것은 바로 이들 영양소가 많이 함유돼 있기 때문이다.

그 밖에 모발 성장을 촉진하는 비타민 A · C가 많이 들어 있는 음식으로는 시금치, 당근, 호박, 토마토, 달걀 노른자 등이 있다. 비타민 B군은 두피의 산소 공급에 빼놓을 수 없는 좋은 식품이며, 비타민 B_2와 B_6를 많이 함유한 식품은 참치, 셀러리, 시금치와 같은 녹황색 채소나 생선 등이다. 반면 동물성 지방이나 담배, 설탕, 라면 같은 인스턴트 식품은 피하는 것이 좋다.

Tip 모발과 우유

우유는 단백질을 비롯해 비타민 A · D · E를 다량 함유하고 있는데, 특히 비타민 A · D는 모발의 성장에 관여하는 성분으로 결핍되면 탈모로까지 이어질 수 있다. 비타민 A는 모발의 주성분인 케라틴의 형성을 돕는데, 부족할 경우에 모발이 건조해지고 윤기가 사라진다. 비타민 D는 모발 재생효과가 있으며, 비타민 E는 말초혈관의 활동을 촉진해서 모유두의 영양 공급을 원활하게 한다. 따라서 단백질과 비타민이 풍부한 우유를 규칙적으로 섭취하면 탈모 예방에 좋다.

단백질이 풍부한 우유로 두피를 마사지하면 우유의 영양이 두피와 모발을 윤기 있게 해준다. 머리를 깨끗하게 세정하고 말린 뒤에 따뜻하게 데운 우유를 두피에 골고루 바르고 가볍게 마사지하듯 문질러 준다. 10분 정도 그대로 두었다가 깨끗이 씻어내면 된다. 두피 마사지를 잘 해주면 신진대사가 잘 돼 머릿결도 좋아지고 발모도 촉진한다.

푸석해진 모발은 우유를 골고루 바르고 모발에 잘 스미도록 30분 간 방치한 후 가볍게 물로 헹궈주면 된다. 끝이 갈라지는 상한 모발은 주 1회 정도 우유팩을 해 주는 것이 좋으며, 우유 500mL와 달걀 2개의 흰자를 잘 섞어 머리에 골고루 바르고 같은 방법으로 헹궈 주면 더욱 효과가 좋다. 이때 세정을 꼼꼼히 하여 잔여물이 남지 않도록 유의한다.

식생활의 향상으로 영양소가 부족한 경우가 매우 드물지만 근래에 와서 다이어트를 지나치게 하거나 잘못된 방법으로 시행해 건강을 해치는 사례가 늘고 있다. 여성이 극단적인 다이어트를 하면서 영양의 불균형을 초래하는 경우에 탈모를 겪기도 하는데, 최근 남성이나 청소년들에게도 이러한 다이어트 부작용 사례가 늘고 있는 실정이다.

무리한 다이어트나 아침밥을 거르는 습관 등으로 인해 영양에 균형이 깨지게 되면 자연히 모발에도 지장을 초래한다. 영양을 제대로 섭취하지 않으면 비타민이나 필수 영양소 부족 등으로 인하여 생리가 중단되고 체내 대사가 제대로 이뤄지지 않아 탈모가 일어날 수 있다. 식생활과 관련되어 많이 나타나는 질병인 빈혈이나 변비도 모발 성장을 저해할 수 있다.

술이나 담배의 경우, 알코올 성분은 염증 및 피지 분비를 촉진시키며 흡연은 체온을 떨어뜨려 혈관을 수축시키고 혈액순환을 방해할 뿐만 아니라 미네랄 및 비타민의 부족 현상을 일으킬 수 있다. 이러한 현상들은 모발의 성장 및 발생에 영향을 미침으로써 탈모를 유발할 수 있기 때문에 적당한 음주와 금연 및 비타민 섭취 등을 통해 탈모를 예방해야 한다.

흡연은 에스트로겐(estrogen) 분비를 저해하는 반면, 대사와 배설은 촉진시킨다고 보고돼 있다. 또한 체온을 떨어뜨려 혈관을 수축시키므로 혈액순환을 방해하고 두피의 수분 보유능력을 떨어뜨려서 두피의 건조를 초래한다. 모발은 연기의 흡입을 통하여 이루어지는 흡연에 직접적으로 노출되고 혈액을 통하여 독성 물질이 닿음으로써 영향을 받는다. 공기 중에 노출된 흡연 환경에서도 모낭에 니코틴이 쌓이고 개인의 모낭 차이에 의해 니코틴 흡인력에 차이가 난다고 한다.

Tip

모발과 흡연

클라인(Klein, 1997)은 흡연 임산부와 비흡연 임산부의 대조군을 통해 태어난 신생아의 모발을 분석하였다. 흡연 임산부가 낳은 신생아의 모발에서 니코틴과 그 밖의 독성물질이 검출되었다는 연구결과를 통해 임산부 흡연의 해로움을 입증했다.

신생아의 모발은 성인보다 유동적 전해질의 불균형, 체온의 불안정성, 모발과 두피손상 등의 위험에 노출되기 쉬우므로 흡연 여성의 태도를 변화시키고 세분화된 두피 · 모발관리 교육이 이루어져야 한다고 강조했다.

모슬리(Mosley, 1996)는 동물실험을 통해 흡연자의 모발 조기변색과 모발 손상을 연구하여 보건교육의 새로운 분야의 기회로서 모발 교육을 강조했다. 3개월 동안 흡연에 노출시킨 쥐의 동물실험 결과로 흡연이 모낭 DNA 손상의 원인이 되어 모발 탈락을 증가시키고 모발 색을 변하게 하였다는 보고를 했고, 모발관리 태도에 있어 흡연이 나쁜 영향을 미친다는 것을 입증했다.

탈모와 음주

최근 통계를 살펴보면 성인 남녀 10명 중 8명은 술을 마시는 것으로 나타났다. 다소 지나치다 싶을 정도의 술을 강권하는 직장 음주문화는 과음의 원인이 되고 있다. 탈모의 원인에는 여러 가지가 있지만, 질병으로 인한 것이나 정신적인 요인을 빼고는 청결이나 두피의 혈액순환과 관련된 것이 많다.

적당한 음주는 스트레스를 해소하고 혈액순환을 돕는다. 하지만 과음은 신체와 간에 무리를 준다. 술이 간에서 채 분리되지 못하면 알데히드(aldehyde)라는 산물을 남긴다. 음주 후 숙취, 특히 두통의 원인인 알데히드는 탈모의 원인이 되기도 한다. 알데히드가 섞인 혈액은 산소와 영양분의 공급을 저해하여 두피 · 모발 건강을 방해한다.

과음을 지속적으로 하는 경우, 항산화 효소의 파괴로 인해 얼굴 피부와 두피의 노화가 촉진된다. 또한 피부의 유분 조절기능을 저해시킴으로써 음주 다음날 얼굴에 기름기가 많아지고 여드름과 같은 피부 트러블이 발생하기도 하는데, 두피에도 같은 영향을 미친다. 그러므로 술을 마신 후의 두피 청결이 더욱 중요하다.

표 3-3 탈모와 음식

탈모예방에 좋은 음식	탈모예방에 나쁜 음식
• 콩, 두부 • 녹차, 꿀 • 조개, 새우 등의 해산물 • 밤, 호두 등의 견과류 • 시금치, 당근, 호박, 토마토 • 달걀 노른자 • 다시마, 미역 • 참치, 셀러리	• 라면 • 햄버거, 피자 • 인스턴트 커피 • 담배, 지나친 음주 • 동물성 지방이 많은 기름진 음식 • 정제된 설탕의 단 음식 • 맵고 자극적인 음식 • 나트륨 함량이 높은 짠 음식

5. 수면부족에 의한 요인

사람에게는 체내 시계가 있어 자정부터 새벽 4시까지는 하루 중 가장 편히 쉴 수 있는 상태가 된다. 그런데 체내 시계를 무시한 생활습관으로 인해 원활한 혈액순환과 산소·영양공급이 이루어지지 않아 체온 저하가 일어나고 두피 온도가 저하되어 탈모와 빈모가 쉽게 발생한다. 특히 여성들에게 나타나는 빈모나 탈모의 원인으로 수면 부족을 들 수 있다.

6. 스트레스에 의한 요인

스트레스란 한 체계가 과부하(過負荷, overloading)된 상태로, 심한 정도에 따라서는 체계 전체가 붕괴될 수도 있는 내적·외적인 위협을 말한다. 병적 행동의 유발 요인 내지는 원인이 되는 모든 내적·외적인 요인들을 통틀어 스트레스라 정의할 수 있다.

스트레스와 누적된 피로는 혈액순환을 방해해 모발 형성에 필요한 영양이 제대로 공급되지 못하게 하고 내분비 계통의 문제를 동반하여 탈모를 유발하는 원인이 된다. 또한 혈액순환이 되지 않으면 두피가 당기고 긴장되어 모근이 약해지는 현상이 생긴다.

탈모증을 보이는 사람들의 스트레스 요인은 여러 가지이다. 수술, 빈혈, 수면 부족 등에서 오는 육체적 스트레스와 정서장애, 정신질환, 가족의 사망, 결혼이나 실직 문제 등의 심리적·정서적 스트레스 등을 꼽을 수 있다.

스트레스로 인해 특정한 신경전달물질이 분비되어 모낭 주위에 염증을 일으키고, 그 결과 모발의 성장이 억제된다. 스트레스가 두피 혈관을 수축시키고 이것이 혈행을 방해하여 탈모를 유발하는 것이다.

이러한 스트레스 요인은 면역 기능에도 이상을 일으킴으로써 혈액 속의 T 림프구가 자신의 모발을 인식하지 못하고 공격하는 형태의 탈모가 생기기도 한다. 즉 '아토피 피부염', '백반증', '원형 탈모증' 등과 같은 자가면역질환으로 진행되는 것이다.

스트레스와 우유

만병의 근원인 스트레스는 탈모에서도 예외가 아니다. 스트레스는 최근 탈모의 주요 원인 중 하나로 꼽히고 있다. 우유에는 신경을 이완시켜 주는 트립토판(tryptophan) 성분이 있어 긴장을 완화시키고 피로감을 최소화하여 스트레스 해소에 효과가 있다. 그러므로 취침 전에 따뜻한 우유를 마시면 수면의 질을 높이는 데 도움이 된다.

4. 탈모증의 메디컬 치료

최근 탈모치료를 위한 병원 상담이 이어지고 있는 것으로 나타났다. 이는 과거 유전적 인자를 가진 탈모환자가 대부분을 차지했던 것과 달리 환경오염, 스트레스 등 비유전적 요인으로 탈모에 노출된 20, 30대의 직장인과 취업준비생 등이 급격히 증가하고 있기 때문이다. 젊은 여성 상담자들도 증가세에 있다는 것도 특이할 만한 사항이다. 이에 탈모는 이제 특정인에게만 발생되는 질환이 아니라 지난친 음주나 흡연, 과중한 스트레스 등 현대 사회의 구조적 특징으로 인해 누구에게나 나타날 수 있는 질환으로의 변화하고 있다고 해도 과언이 아니다.

탈모는 예방과 초기 치료가 가장 중요하다. 탈모 예방을 위해서는 올바른 식생활 습관과 심리적 스트레스 해소 방법을 찾는 생활 습관이 중요하다. 또한 자신에게 맞는 샴푸와 토닉 등을 사용해 두피 · 모발을 관리하는 것 역시 중요하다.

그래도 탈모가 시작되었다면 초기 치료에서 적극적 대처가 필요한데, 병원의 약물 치료를 위해서는 의사의 처방전이 필요한 피나스테리드(finasteride) 계열의 약을 복용하는 방법과 FDA 승인을 받은 미녹시딜(minoxidil)과 프로페시아(profecia) 등 바르는 약을 사용하는 방법이 있다.

다만, 피나스테리드 계열 복용약의 경우 남성탈모의 중요 원인 중 하나인 DHT의 농도를 낮춰주는 작용을 하기 때문에 여성은 사용할 수 없다.

일반적으로 먹는 약인 프로페시아와 바르는 약인 미녹시딜, 트리코민(tricomin) 등을 함께 투약하게 되는데, 약물요법은 비용이 상대적으로 싸고 환자 입장에서 치료 받기가 쉽다. 반면 일부에서 부작용이 생길 수 있고, 모낭이 살아있어야만 치료가 가능한 한계가 있다.

이들 약물도 가늘어진 머리카락을 굵게 하고 더 이상 빠지는 것을 방지하는 등 탈모 예방과 관리 차원에서 효과가 있는 것이지 새롭게 머리가 나도록 하는 것은 아니니다. 어느 정도 탈모가 주춤했다가도 약물의 사용을 중단하면 수개월 내에 다시 탈모가 진행되므로 주의해야 한다.

탈모가 상당 부분 진행된 경우에는 다양한 수술법도 있는데, 최근 들어 많이 사용되고 있는 메조테라피(mesotherapy) 요법이나 모발 이식 등이 있다. 메조테라피는 남성 호르몬 등의 원인으로 휴지기에 머물고 있는 모발을 다시 성장기 모발로 이행시켜 모발의 성장 주기를 정상화하는 데 목적이 있다. 시술 후 빠르면 2~3개월부터 새로운 모발이 생겨나는 가시적인 효과를 볼 수 있는 것으로 전해지고 있다.

1. 약물치료

① **프로페시아**(propecia)

먹는 탈모 치료제로 가장 널리 알려진 프로페시아는 '피나스테리드 1mg' 이다. 이 성분은 원래 양성 전립선비대증을 치료하기 위해 개발되었으나, 연구 과정에서 모발의 성장을 촉진시킬 수 있다는 점이 밝혀지면서 탈모 치료제로 쓰이게 되었다.

실제로 국내 발매 후 10년 이상의 기간 동안 안전성과 효능을 검증 받은, 남성형 탈모의 대표적인 치료제이다. 5-리덕타아제 효소가 테스토스테론과 만나면 탈모를 일으키는 디히드로테스토스테론(DHT)으로 변하는데, 이 약은 5-리덕타아제효소를 억제하여 DHT의 농도를 감소시킴으로써 탈모를 억제한다.

테스토스테론이 남성호르몬이므로 남성 전용으로 사용되며, 여성이 복용하는 것은 금하고 있다.

18~41세의 남성을 대상으로 한 2년 동안의 임상실험 결과 83%에서 탈모 방지 효과를 보았고, 66%에서 발모 현상이 보이는 등 효능이 입증되어 1997년 12월에 FDA(Food and Drug Administration:미국식품의약국)로부터 최초의 먹는 탈모 치료제로 승인받았다. 2000년 5월부터 국내에서도 시판되고 있다.

치료 효과를 보기 위해서는 지속적으로 복용하여야 하며, 복용을 중단하면 몇 달 뒤에는 다시 탈모가 진행되는 것으로 알려져 있다. 실제로 경구용 탈모 치료제를 복용 중인 국내의 20~50대 탈모 남성 10명 중 7명 정도는 프로페시아를 복용 중인 것으로 나타났으며 5년 임상연구 결과에서 밝혀진 치료 효과는 10명 중 9명에게서 탈모가 멈추고, 6~7명은 건강한 머리카락이 다시 나는 것으로 나타났다.

또한 아르헨티나 부에노스아이레스 알레만 병원의 호세 마누엘 멜라 박사는 3,900여 명의 탈모증 남자들을 연구한 12건의 연구 결과를 재분석하는 과정에서 프로페시아는 탈모 치료에 상당한 효과가 있지만 약을 먹은 80명 중 1명 정도가 발기부전과 같은 성기능 장애 부작용을 경험한다고 발표하였다. 그러나 프로페시아를 제조하는 머크사는 "부작용은 2% 내외로 극히 드물고 의약품 자체보다는 다른 원인일 수도 있다." 며 "약의 안전성을 계속 모니터링하고 있으며 그만 먹어도 발기부전이 지속된다는 사실은 사용설명서에 명기하고 있다." 고 밝히고 있다. 또 다른 연구에서는 탈모약을 복용하는 자신의 심리적인 부작용일 경우가 더 크다는 결과도 나왔다고 한다.

Tip 프로페시아 부작용

2011년 1월 보스톤대학 연구팀 등이 '성의학 저널'에 밝힌 연구결과에 의하면 5a-reductase inhibitors(5a-RIs)라는 약물이 양성 전립선비대증을 앓는 환자에서 배뇨 증상을 개선시키고 모발 소실을 예방하는 효과를 나타냈다.

일부 사람에서는 성욕 저하와 발기부전, 사정기능 소실, 우울증까지 유발할 수 있는 것으로 나타났다. 프로페시아로 가장 잘 알려진 5a-RIs는 양성 전립선비대증으로 인한 하부비뇨기계 증상 치료제로 승인된 약물로 또한 모발 소실 치료제로도 승인됐다.

연구팀은 따라서 "최근 이 같은 약물 사용이 급증하고 있는 반면 부작용 우려에 대한 경각심은 상대적으로 낮은 바 양성 전립선비대증 증상 개선과 탈모 치료를 위해 5a-RIs 요법을 처방하기 전 극도로 주의를 기울여야 한다."라고 강조했다.

프로스카

전립선 치료제로 알려진 프로스카(proscor)는 프로페시아와 같은 성분으로 구성되어 있지만, 피나스테리드 함량이 5mg으로 프로페시아의 5배이기 때문에 4~5 등분 해서 먹으면 프로페시아와 동일한 효과를 누릴 수 있다고 알려져 있다. 주의점으로는 절단면이 공기에 노출될 경우 약효가 변질될 수 있으며, 약 성분 자체가 피부를 통해 흡수될 수 있으므로 가임기 여성이 손으로 만지면 위험하다.

② 미녹시딜

미녹시딜은 약 성분명으로 혈관확장제인데, 원래 경구용 고혈압 치료제로 개발된 약이였으나 부작용으로 털의 성장을 촉진한다는 것이 확인되어 탈모증 치료제로 개발된 경우이다. 남성호르몬과 관계없이 모발을 자라게 하므로 남성·여성 구분없이 누구나 쉽게 사용할 수 있는 탈모 치료제이다.

처방전 없이 농도에 따라 여자는 3%, 남자는 5%의 미녹시딜을 사용할 수 있다. 남성의 경우는 12개월, 여성의 경우는 8개월을 사용하여 효과가 없는 경우는 사용을 중지해야 한다.

솜털이 많은 탈모일수록 치료반응이 좋게 나타나기 때문에 두피에 가느다란 모발이 관찰되는 환자에게 예후가 나타나며 이미 진행되어 대머리임이 확연히 드러나는 두피 앞부분에는 별로 효과가 없고, 어느 정도 가느다란 머리가 있는 정수리 부분에서 좋은 효과가 나타난다.

약을 바르는 동안 가려움증·비듬·붉은 반점 등의 두피 자극 증상을 보일 수 있으며, 이럴 경우 일주일 정도 쉬었다가 다시 사용하는 게 좋다.

③ 트리코민

체내의 구리(copper) 성분은 인체의 다른 부분과 비교하여 모발에 특히 많으며 그 성분은 점차 나이를 먹어감에 따라 줄어든다.

구리는 체내에서 멜라닌 형성, 에너지 대사, 활성산소(free radical)의 제거, 콜라겐과 탄력섬유의 교차 결합, 그리고 5-알파 리덕타아제를 억제하는 작용을 한다. 구리는 신체 내에서 3번째로 널리 쓰이는 미량의 요소이며, 모든 세포에 널리 분포하며 항산화효소의 형성에도 관여한다. 트리펩타이드 복합체는 다수의 제품에서 사용되며 상처 치유, 탈모와 모발 이식 전 처치 및 유지, 노화제품, 레이저 전 처치 제품에서 그 효과가 알려져 있다.

성장기 동안 모낭의 하층부인 모유두에는 콜라겐과 다양한 단백질 등이 풍부하게 존재하는데 이러한 물질들은 실제로 모낭의 휴지기에는 사라진다. 구리(copper)는 이러한 물질들의 생산을 담당하는 세포들의 형성을 촉진하는 것으로 알려져 있다.

트리코민 제품들은 구리 복합체(copper peptide)를 함유하며 이를 모낭 깊숙한 곳까지 전달하게 된다. 일반적으로 트리코민 제품은 프로페시아 같은 다른 관리약품과 병행하여 효과적으로 사용할 수 있으며 모낭 및 주변 환경에 추가적인 혜택을 제공한다.

2. 메조테라피 (mesotherapy)

1952년 프랑스 의사인 Dr.Pistor이 창안한 시술법으로 중배엽(mesoderm)의 메조(meso)와 치료법이란 뜻의 테라피(therapy)를 합성한 명칭이다. 프랑스에서는 1987년 프랑스의학회에서 전통의학(traditional medicine)의 한 분야로 인정을 받았고 현재 유럽, 남미, 아프리카 등지에서 활발하게 시술되고 있으며 3년 전부터는 미국의 의사들 사이에서도 효과를 인정받고 있다.

프랑스에서만 약 15,000명 이상의 의사가 메조테라피를 하고 있으며 유럽, 미국, 남미, 아프리카 등지에서 활발하게 시술이 이루어지고 있다. 메조테라피는 피내 혹은 피부 바로 아래에 주사하는 방법으로 일반적인 주사바늘에 비해 훨씬 짧은 주사바늘을 사용한다. 주사기를 이용한 일반적인 수기, 메조건(meso-gun), 메조롤러(Meso-roller) 및 메조펀치(meso-punch) 등을 사용하여 원하는 약물을 주입하게 된다.

메조테라피는 매우 소량의 약물만을 사용하여 치료하고자 하는 적절한 부위에 1~2주 간격으로 주사하여 서서히 약물이 흡수되게 함으로써 효과가 1~2주간 유지된다. 메조테라피는 다른 의학적인 시술에 비해 안전하며 특히 경험있고 숙련된 의사에 의해 시술받는 경우 더욱 안전한 치료이다. 대부분의 부작용은 주사바늘에 의한 것으로 멍이 가장 흔한데 이는 일시적인 부작용이며, 약물에 의한 부작용으로 주사부위가 붓거나 발적 · 가려움 등이 나타날 수 있으나 대부분이 일시적이며 정도가 심하지 않다.

메조테라피는 발모 효과가 있는 주사액을 두피에 직접 주사하여 혈액순환을 촉진시키고 영양물질을 직접 모발에 공급함으로써 모발의 생성을 촉진하고 퇴행을 늦춘다. 4~6회 정도 시술하면 탈모가 멈추고 2~4개월 후에는 가늘어진 모발이 굵어지고 솜털 같은 모발이 자라는 것이 보인다.

3. 모발 이식

이미 탈모가 많이 진행된 상태라면 자가 모발 이식술을 고려해볼 만하다. 약물치료와 달리 모발 이식수술은 수술하는 의사의 풍부한 경험과 모발 이식에 대한 해박한 지식을 갖고 있지 않으면 환자에게 치명적인 미용적 결함을 유발할 수 있어 어떤 미용 치료보다 의사의 숙련도가 중요한 수술이다.

자가 모발 이식술은 모발 중 탈모를 진행시키는 남성호르몬의 영향을 받지 않는 뒷 모발을 이용해 탈모된 부위를 메우는 것이다. 귀 위쪽 옆머리와 뒷머리는 정수리 부위와 특성이 다르기 때문에 앞머리와 정수리에는 탈모가 발생하더라도 후두부의 모발은 유전적으로 탈모가 잘 되지 않는다.

따라서 후두부의 모발을 탈모 부위에 옮겨 이식하더라도 원래의 성질을 그대로 유지한 채 자라게 되는 것이다. 환자의 후두부에서 모발을 포함한 피부를 모판을 떼듯이 타원형으로 떼어내 봉합을 하고, 떼어낸 모발의 모근을 한 올씩 분리해서 모를 심듯이 탈모 부분에 심는 것이다.

후두부의 모발이 유난히 굵은 환자들의 경우 보통 가는 솜털이 많은 앞머리 선이 굵은 뒷 머리카락으로 부자연스럽지 않을까 걱정하기도 하는데, 이식 후 이마 선을 따라 레이저를 이용하면 보다 자연스러운 앞머리 라인을 만들 수 있다.

한국인은 평균 7~8만 개의 두피모발을 갖고 있다. 탈모가 가장 심한 단계에서는 전체 모발의 약 75%에 달하는 모발이 소실되므로 남은 모발의 이식 시 이식 가능한 모발은 5,000~7,500개에 불과하다. 이는 후두부를 제거한 후 꿰매어야 하는데 너무 많이 떼어내면 두피가 당겨오지 않아 꿰맬 수가 없기 때문이다.

한국인의 경우 이식할 수 있는 최대 모발의 수를 평균 6,000개로 생각하면 1, 2차 수술에서는 각각 1,500~2,000개 정도를 심게 되며, 3차 수술에는 보완적으로 1,000개 정도를 심는다. 최악의 경우를 대비하여 1,000개 정도는 남겨두어야 한다.

1차 시술 시 많은 양을 이식하면 단기적으로는 환자의 만족도가 높을지 모르지만 앞으로 진행될 탈모를 고려해야 하기 때문이다. 2~3차례 나누어 심어야 하는 이유가 여기에 있다. 따라서 처음부터 전체적인 탈모 경과와 탈모 상태에 따라 적절한 이식수술 계획을 세우는 것이 중요하다.

남성형 탈모증 수술은 환자의 나이, 탈모 정도, 탈모 속도, 사회적 스트레스 상태, 안면 윤곽, 두개골 모양, 두피의 두께, 모발의 굵기, 모낭의 깊이, 약물 치료에 대한 반응, 예상되는 대머리 진행경과 등 모든 것을 함께 고려하여 수술을 해야 하므로 환자 개개인마다 모발이식 디자인과 심는 방법에 조금씩 차이가 날 수 밖에 없다.

모발 이식 주의사항

• 탈모가 진행이 된다고 해서 무조건 모발 이식을 받는 것은 바람직하지 않다. 최근에는 모발 이식 외에도 의학적으로 검증된 탈모치료가 가능한 치료법들이 있으므로, 모발 이식수술을 포함하여 본인에게 맞는 치료법을 정확히 아는 것이 중요하다.

• 본인의 현재 탈모상태와 앞으로의 탈모 예상 진행 정도를 파악하여 디자인을 해야 한다. 탈모는 진행이 되는 유형이 있으므로, 그 유형을 예상하고 만일의 경우까지 고려해서 디자인을 해야 한다. 이식 후 기존모의 탈모가 더 이상 진행이 되지 않도록 검증된 치료법으로 열심히 관리를 해주는 것이 가장 최선이다.

• 모든 부위를 다 빽빽하게 채우려고 하면 안 된다. 모발 이식은 한정되어 있는 후두부를 이용해서 하는 수술이다. 따라서 이식 가능한 모수는 정해져 있다. 그러므로 미용적으로 가장 효과가 있는 곳에 집중해서 심고 그 부위를 통해 다른 부위도 이상적으로 보일 수 있도록 디자인하여야 한다.
M 형 탈모의 경우, M 자의 가운데 부분 모발도 상당히 약하고 가늘어져 있는 경우가 많다. 이 경우 M 자 부위와 함께 중앙부의 밀도를 집중적으로 높임으로써 같은 양의 모발을 이식해도 훨씬 더 풍성하게 보일 수 있다.

• 수술이 끝나고 난 후 어떻게 모발관리를 잘 하느냐에 따라서 모발 이식수술 결과는 달라진다. 병원에서 얘기한 사항을 잘 지켜야 하고 특히 이식 부위가 절대 자극을 받아서 다치지 않도록 한다. 모발 이식의 결과를 내는 것은 의사의 노력도 중요하지만 환자의 노력 역시 매우 중요하다.

Chapter 4 두피 · 모발관리

1. 두피 · 모발관리의 개념
2. 두피의 유형에 따른 관리
3. 두피질환
4. 두피 · 모발관리 과정
5. 테라피(therapy)의 활용
6. 탈모예방을 위한 고객상담
7. 두피보호 처치의 실제

1. 두피 · 모발관리의 개념

건강한 모발은 두피의 건강에서부터 시작된다. 건강한 두피는 피지선에서 분비된 피지와 땀이 적당히 섞여 있어 약산성의 피지막을 만들고 수분의 건조를 막고 촉촉한 윤기가 있다.

그렇지만 연령이나 계절에 따라 피지선의 기능이 약화되면 두피가 건조해 지기도 한다. 특히 염색제나 퍼머제는 알칼리성인 것이 대부분이어서 시술 후에 두피가 팽윤하여 일시적으로 가려움이나 비듬이 생기기도 한다.

더욱이 두피는 다른 부위의 피부와는 달리 모발로 덮여 있어서 습도도 높고 피지나 땀의 분비도 많으므로 불결한 상태로 그냥 두면 세균 등의 번식도 쉽고 비듬이나 가려움 같은 불쾌감을 수반할 뿐만 아니라 탈모의 원인이 될 수도 있다.

두피를 정상적인 상태로 정돈함과 동시에 건강한 두피가 손상되지 않도록 하는 것이 두피관리이다. 두피관리란 모발의 생성 및 두피 건강을 저해하는 약제 및 이물질과 피지 · 땀 등의 피부 분비물을 일상적인 샴푸나 두피 스케일링, 트리트먼트 및 그 밖의 기기를 활용하여 제거하고 두피 및 모발에 필요한 영양을 공급함으로써 두피 건강뿐만 아니라 모발성장을 원활히 하도록 도와주는 관리를 말한다.

그러므로 두피관리는 두피에 발생하는 다양한 문제점을 올바르게 파악하여 두피 내 노화된 각질이나 피지산화물 등을 두피 스케일링을 이용해 제거해 줌으로써, 각화 주기를 정상화하고 모공 내의 제품 침투력도 크게 하여 두피의 신진대사 기능을 높이는 효과가 있다. 또한 관리 시에 적용하는 마사지를 통해 혈액순환을 촉진하고, 결과적으로 문제성 두피와 탈모의 사전 예방 및 악화방지를 도울 수 있다.

모발은 표피세포가 변화한 것으로 각화세포이므로 스스로 손상을 치유할 능력이 없다. 그러므로 손상 모발이 더 이상 진행되지 않도록 외부로부터 보호하고, 손상 요인을 체크하여 이후 정상 모발이 손상되지 않도록 주의해야 한다.

건강한 모발을 유지하려면 모간부의 보습·영양 상태를 관리해 주는 트리트먼트제를 사용한다. 모간부에 작용하는 모발 트리트먼트제는 대전방지제와 모질개량제, 유지류, 습윤제 등의 성분으로 유·수분 공급을 통해 모발에 윤기를 주고 유연성을 준다.

또한 모표피에 유막을 만들어 광택을 주고 마찰을 감소시키며, 모표피의 손상을 막아주고 영양 공급·코팅 효과를 준다.

모발관리는 모발의 손상된 부위에 수분과 유분을 공급해 주고, 비듬 등의 균으로부터 보호·살균해 주거나, 고분자 실리콘을 응용한 제품을 사용하면 지모를 예방하는 효과도 있다.

린스가 모발 표면을 감싸서 정전기를 억제하는 역할을 한다면 트리트먼트 제품은 모발 표면을 코팅하면서 영양 성분이 모발 안에 스며들어 부족하기 쉬운 영양을 공급하고 큐티클을 보호하는 역할을 한다.

2. 두피의 유형에 따른 관리

두피도 피부와 마찬가지로 피부의 유분량과 수분량, 즉 피지선과 한선의 기능에 따라 두피 유형이 분류된다.

1. 피지분비량에 따른 유형

Tip 피지분비

피지(皮脂)는 두피 및 모발에 피지막을 형성하여 모발에 광택을 주고, 두피 표면의 수분건조를 방지하는 역할을 하며, 외부로부터 병원 미생물의 감염을 방지한다. 또한 유화작용 및 pH 균형을 유지하여 알칼리성 물질에 의한 피부장애를 방지한다. 그러나 피지가 과다분비 되는 경우에는 모낭을 질식시켜 두피 홍조, 가려움증, pH 불균형, 미생물 번식으로 탈모 문제를 야기할 수 있다.

피지분비량에 영향을 주는 것으로 신경기관 요인, 소화기관 장애, 신진대사 요인, 내분비호르몬의 불균형 등을 들 수 있다.

피지의 생성은 지속적인데 그 성분은 60%의 트리글리세리드(triglyceride), 25%의 왁스 에스테르(wax ester), 2%의 콜레스테롤 에스테르, 그리고 1% 미만의 콜레스테롤(cholesterol)로 구성된다. 모낭의 상층부와 피부 표면에서 트리글리세리드는 미생물들에 의해 자유지방산으로 분해된다.

각질층 지질은 50%의 세라미드(ceramide), 20%의 콜레스테롤, 그리고 25%의 자유지방산으로 구성된다. 20세 이후 피지 생성률은 남성에게서 10년마다 약 23%씩 감소하고, 여성은 10년마다 매 32%씩 감소한다.

신체에서 두발부, 눈썹부, 비순구, 겨드랑이, 흉배부, 사타구니 등이 피지선(sebaceous gland)이 특히 많은 부분이다. 피지선에서 분비되는 피지량은 성별, 연령, 인체의 각 부위, 외부 온도, 계절에 따라 다르게 나타난다. 그리고 남성이 여성보다, 여름이 겨울보다, 청년기가 노년기보다 그 분비량이 많다.

피지는 1회 샴푸 후 약 73%, 2회 샴푸 후에는 약 78%가 제거된다. 샴푸 후 2~3시간이 경과되면 모낭에서부터 모발을 타고 분비되기 시작하는데, 보통 두정부가 후두부와 측두부에 비해 피지량이 많다.

고온에 오랫동안 노출되거나 고온다습한 곳에 사는 경우, 알코올이 함유된 로션의 사용이나 알칼리가 강한 샴푸 등은 과도한 피지분비를 초래하기도 한다.

피지량이 많은 경우에는 기름기 있는 음식의 섭취를 삼가고, 모공과 모낭을 막는 먼지 · 분비물 · 땀 · 미생물 등을 깨끗이 제거한다. 지나친 자극을 자제하고 제품 사용에 주의한다.

(1) 중성 두피 (neutral scalp)

두피의 피지 분비량이 지성이나 건성에 해당하지 않고 적당한 경우로 중성 두피 또는 정상 두피(normal scalp)라고 한다. 두피가 적당히 탄력이 있으며 항상 표면이 촉촉하고 두피색이 맑으며 투명하고 윤기가 있는 것이 특징이다. 1개의 모공에 서로 다른 모주기를 가진 2~3개의 모발이 자라고 있다.

중성 두피의 관리 방법은 올바른 샴푸와 과도한 미용시술의 자제, 올바른 식생활 등이 있으며, 관리실에서의 관리 방법은 스케일링(scaling)을 주기적으로 하는 것으로, 두피와 모공에 쌓인 각질(角質)과 피지를 제거해 준다.

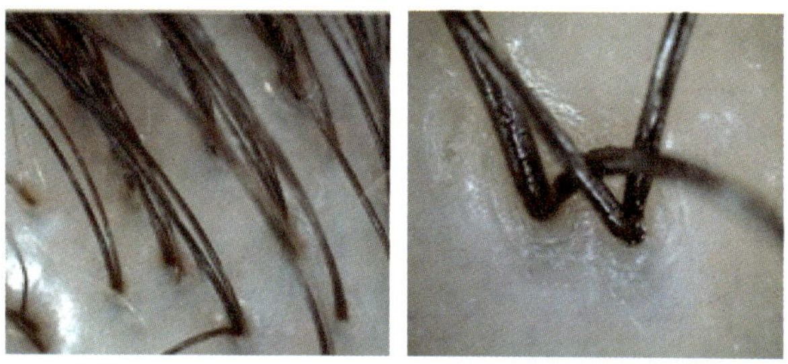

그림 4-1 중성 두피

(2) 건성 두피 (dry scalp)

두피의 피지 분비량이 적어 유 · 수분이 부족하고 건조하며 윤기가 없다. 또한 모공 부위에 노화각질이 두텁고 하얗게 쌓여 있어 두피가 탁하고 불규칙하게 갈라져 있기도 하며 모발 역시 푸석푸석한 느낌을 준다.

그 원인은 모발이 심하게 당겨져 두피의 산성막이 전체적 혹은 부분적으로 박리되고 가벼운 염증을 일으켜서 정상적인 각화 작용이 되지 않아 발생하는 외적인 요인이 있다. 내적 요인으로는 비타민 부족, 일상적인 스트레스, 신진대사의 이상, 노화 과정, 호르몬의 이상 등을 들 수 있다.

잦은 샴푸나 부적절한 드라이 방법, 잦은 퍼머나 염색으로 인한 두피자극과 식생활 변화 등도 두피를 건성화하는 요인으로 작용하기도 한다.

건성 두피 관리방법은 두꺼워진 각질을 제거하여 막힌 모공을 열어 주고 혈행 촉진을 유도하는 것이다. 또한 각질이 제거된 두피에 충분한 유 · 수분을 공급하고 각질 세포들을 진정시켜 주며 유지막을 형성하여 외부 자극으로부터 방어할 수 있는 능력을 회복시킨다.

강한 샴푸, 유분이 많은 헤어제품, 강한 알코올 성분을 함유한 헤어로션 등은 피하며, 표피의 오래된 각질 및 비듬의 제거와 피지 분비가 원활히 이루어지도록 보습성이 함유된 약산성 샴푸를 사용한다.

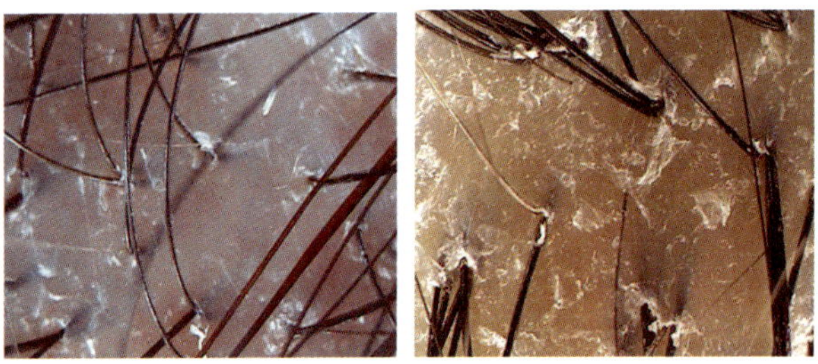

그림 4-2 건성 두피

발한 장애와 건피증

- **발한 장애 :** 심한 건성은 노인이나 폐경 후 여성에게 특히 자주 발견되며, 낮은 기온이나 강한 추위 등의 기후적 특성이 피부의 수분 상태에 영향을 미치기도 한다. 보통 이러한 상태는 혈액순환이 순조롭지 못하며, 피지 분비의 약화를 초래한다. 이러한 특성들 역시 두피에 각질을 일으켜 비듬으로 나타나게 한다.
- **건피증 :** 피지가 부족하면 지방산의 부재로 인해 표피에 미네랄(mineral) 소금기가 남아 있지 않아 땀 공급이 제대로 되지 않고 제독 작용도 원활하지 않기 때문에 자가독성 효과가 나타날 수 있다. 이처럼 천연피지의 수분 작용 부족으로 세포 표피층이 건조해져서 결과적으로 각질처럼 일어나고 비듬으로 발전하여 머릿결을 따라 흘러내린다.

(3) 지성 두피 (oily scalp)

두피의 피지샘 기능이 활성화되어 피지분비가 중성 두피의 분비량보다 많은 두피이다. 많은 피지분비로 인하여 모공이 커지고, 커진 모공이 다시 이물질과 피지 산화물의 잔류로 막혀서 피부 조직이 두꺼워지고 축축하며 끈적거림과 악취가 나는 경우도 있다. 이런 상태가 만성화되면 비듬 · 지루성 피부염과 탈모로 이어질 수 있다.

지성 상태의 모발이 이마 등의 피부에 닿으면 생리적인 독소 등에 의하여 뾰루지 등이 생기기도 한다. 이러한 지성 두피는 호르몬 밸런스의 이상 및 스트레스 · 식생활 등의 내적 요인과 강한 마사지 · 두피 불청결 등의 외적 요인으로 인하여 발생한다.

지성 두피 관리방법은 모공의 피지 응고물을 제거하고 모공을 열어 청결을 유지하며 피지 분비를 조절해 두피를 자극하지 않는 것이다. 두피 내의 신진대사(metabolism)가 원활하도록 하여 세균에 대한 저항력을 키우며, 스트레스와 인스턴트 식품, 기름진 음식을 피하고 유 · 수분 조절이 가능한 샴푸와 트리트먼트로 관리하여 두피 세정과 피지 조절에 초점을 맞춘다.

피지를 조절하는 두피 스케일링 · 피지조절 앰플 · 팩을 병행하여 관리하는 것이 좋으며, 지성용 샴푸를 사용하여 주 1~2회 정도 전문적인 두피관리를 하는 것이 좋다.

지성 두피의 모발은 피지 분비량의 과다로 노폐물 및 먼지 등이 부착되어 모발이 축 늘어지기 쉽다. 따라서 샴푸 전에 브러싱을 통해 비듬이나 노폐물 등을 제거하고 혈행을 촉진시켜 결을 고르게 하여 마사지를 한다. 브러시는 부드럽고 탄력이 있는, 끝이 둥근 것을 사용하는 것이 좋으며 모발 전체를 한 손으로 잡고 긴 머리는 안쪽에서부터 빗질을 하는 것이 좋다.

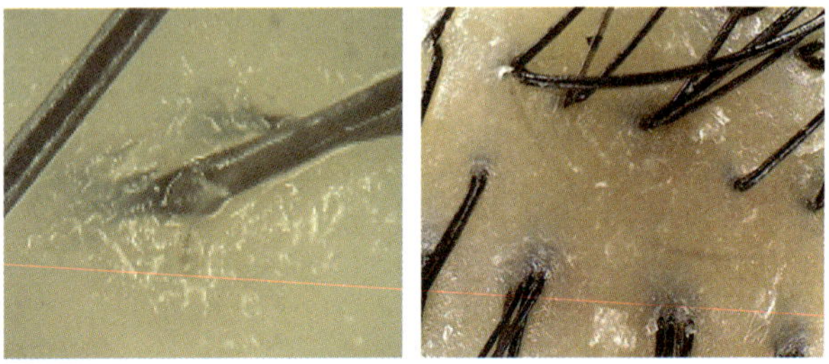

그림 4-3 지성 두피

2. 증상에 따른 문제성 두피의 유형

(1) 민감성 두피 (sensitive scalp)

민감성 두피 또는 예민성 두피라고 하는데, 정상적인 경우보다 각질 탈락이 빠르게 이루어져 각질층이 얇고 피지 분비량도 감소하여 두피 표면이 붉은색을 띠며 홍반과 염증 및 가느다란 실핏줄 등이 나타난다.

모발은 가늘고 탄력이 없으며 모세혈관이 확장되어 있어서 외부의 약한 자극에도 따갑거나 발열 현상이 나타나서 민감하게 반응한다.

민감성 두피는 선천적 요인 및 스트레스, 잦은 화학적 시술 등이 원인이 된다. 건성 두피, 지성 두피, 비듬성 두피, 탈모성 두피 등 어느 형태의 두피에서도 복합적으로 관찰될 수 있다.

민감성 두피의 관리방법은 두피 자극을 최소화하고 두피를 민감하게 만드는 내·외적 환경요인들을 제거해 주는 것이다. 또한 스트레스를 주는 환경을 개선하고 혈행이 원활하도록 목의 근육을 풀어주며, 특히 노폐물 및 독소가 쌓여 있으므로 림프의 독소를 빼주어야 한다. 또한 두피를 진정시킬 수 있는 식물성 저자극 제품을 사용하고 스팀 타월이나 사우나 등은 피하는 것이 좋다.

관리를 소홀히 할 경우는 염증성 두피로 전환될 수 있기 때문에 부득이하게 퍼머나 염색을 할 때에는 두피보호 제품을 도포한 후 시술하는 등 두피 자극을 최소화해야 한다.

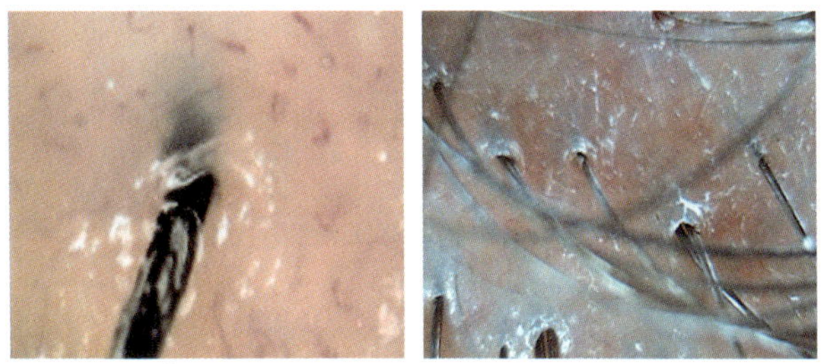

그림 4-4 민감성 두피

(2) 지루성 두피 (seborrheic scalp)

비듬과 피지의 과도한 분비는 지루성 피부염으로 정의내릴 수 있는데, 대부분 풍부한 피지층으로 인해 피부가 부드러워지고 표피세포의 변화를 막아주는 마그마층(magma)을 형성하기 때문에 비듬이 떨어지지 않는다. 과다분비로 피지가 축적되면 생리학적 균형이 깨지고 두피의 자가살균 능력이 상실되어 결국 재생 능력을 파괴하는 원인이 된다.

외관상 예민성 두피와 지성 두피의 혼합형으로 많이 발생한다. 피지선의 기능이 활발하면 피지 분비가 많아져서 염증과 지성 비듬을 유도한다. 두피 염증으로 인해 두피가 붉어지고 모낭 주위가 부풀어 오르거나 곪기도 하고 가려우며, 염증이 심한 경우는 머리나 목 주위의 림프선이 부어오르기도 한다.

이것은 과도한 스트레스와 잦은 화학적 시술이 주원인이며, 전형적인 지루성 피부염인 경우에는 치료를 하더라도 커져 있는 피지선이 줄어들지 않으므로 재발 가능성이 있다.

지루성 두피는 모공이 막혀 있어 모근 세포의 호흡 작용에 이상이 생겨서 모발이 가늘어지고 탈모가 일어날 수 있으므로 피지 응고물을 제거하고 모공을 열어 청결을 유지한다. 또한 피지 분비 조절 트리트먼트를 하고 가능한 한 두피자극을 주지 않는다. 긁어서 상처를 내면 모낭염이 더욱 더 악화될 수 있으므로 주의가 필요하며 염증이 더 퍼지지 않도록 살균·세정에 신경을 써야 한다.

화학적 시술이나 스타일링 제품의 사용은 자제하는 등 두피 자극을 최소화하며, 노폐물 및 독소의 배출과 피지선의 정상화에 초점을 맞춰 관리한다. 식생활에서 자극적이거나 기름진 음식을 피하며, 세정 시에 유·수분 조절이 가능한 샴푸와 트리트먼트로 관리한다.

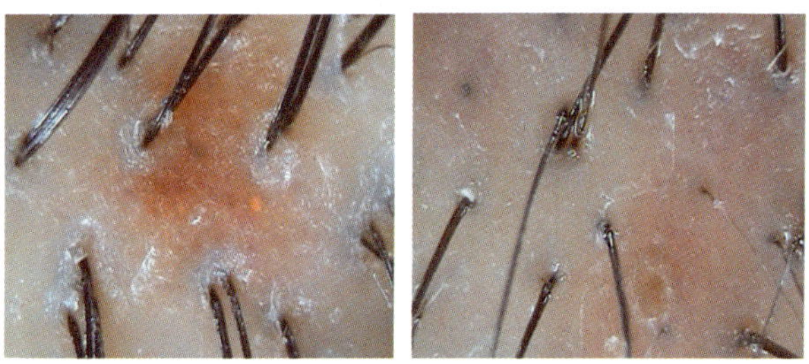

그림 4-5 지루성 두피

(3) 비듬성 두피 (dandruff scalp)

비듬이란 모든 형태의 각질이나 죽은 세포가 두피에서 제때에 떨어져 나가지 못하고 쌓여 있는 형태를 말한다. 이는 비듬균의 이상 증식이나 피지선의 기능 과다 또는 기능 저하에 따른 두피의 불균형으로 인해 두피 각질층의 각화 현상이 비정상적으로 증가하여 나타나는데, 일반적으로 가려움증을 동반하는 것이 특징이다.

일반적인 비듬은 어떤 사람에게서나 볼 수 있는 신진대사의 일종이지만 각화 이상이 생기면 피지선에서 이상이 생겨서 비듬의 양이 증가하고 오래되면 염증을 일으켜 탈모 현상이 일어날 수 있으므로 초기 처치가 중요하다. 비듬으로 인한 노폐물 등에 의해서 모근이 경화되면 두피가 제대로 호흡을 할 수가 없어 모발이 가늘어지고 두피의 기능에 문제가 생겨 건강한 모발을 성장시킬 수 없다.

비듬은 유전적 요인 이외에도 탄수화물이나 지방의 지나친 섭취 또는 세균 등이 원인이 될 수 있다. 비듬이 생기면 두피의 청결함이 제일 중요하므로 올바른 샴푸를 해야 하며 영양의 균형도 중요하다.

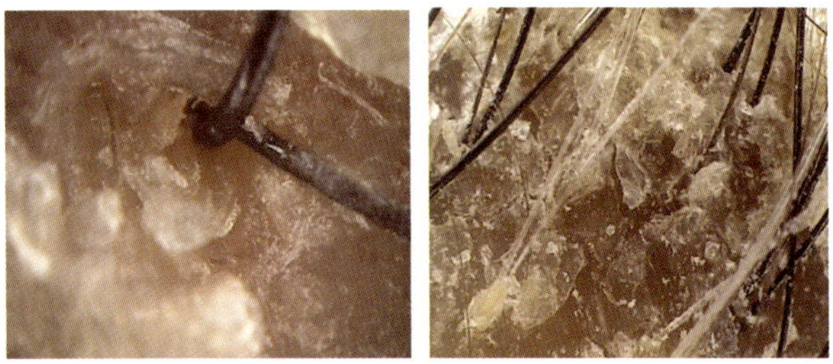

그림 4-6 비듬성 두피

Tip 비듬의 원인

비듬균(말라세시아균)의 이상 증식, 호르몬의 불균형, 유전적 요인, 신경이완제 복용, 피지선의 과다분비, 각질 주기의 이상, 스트레스, 불규칙한 생활, 불충분한 수면, 잘못된 식습관, 과도한 땀 분비 등이 원인으로 작용한다.

비듬은 피부병의 일종으로 심하면 가려움증과 따가움, 피부 갈라짐을 느끼고 붉게 부풀어 오르기도 하며 염증을 일으킨다. 심한 악취와 함께 탈모로 이어질 수도 있다.

비듬은 두피의 이상징후이므로 빠른 조치가 이루어짐으로써 다른 두피에 문제를 일으키지 않도록 해야 한다.

두피를 청결히 해주고 수분과 영양분을 원활히 공급하며 비듬전용 샴푸제를 사용한다. 스트레스를 줄이고 아연이 함유된 비타민과 생선류의 섭취를 늘리는 것도 좋은 방법이다.

말라세시아(malassezia)

두피 등의 피부에 존재하는 말라세시아 효모균이 여러 원인의 작용으로 과다하게 증식해 비듬으로 나타난다. 말라세시아는 누구에게나 존재하는 상재균(정상인의 경우, 지루 부위에 상존하는 정상균총의 46% 차지)으로, 특히 피지가 풍부한 모발 주위에 많이 존재하며 가려움증과 비듬을 유발한다. 따라서 피지선이 급격하게 성장하는 사춘기 이후에 주로 많이 나타난다.

기후, 땀, 음식 등의 환경적 요인과 스트레스 등의 생리적 요인에 의해 과다 증식하며, 정상균총의 74%가 넘을 만큼 비정상적으로 높아질 경우에는 비듬이 생기고 83% 이상으로 높아질 경우에는 지루성 피부염이 발병한다.

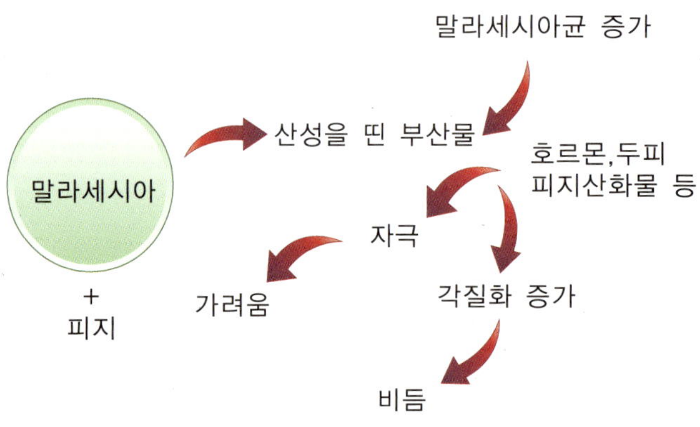

그림 4-7 비듬의 생성

두피의 피지 분비량에 따라 건성 비듬과 지성 비듬으로 나눌 수 있다.

① 건성 비듬

땀 · 피지가 부족하여 두피가 건조해지면서 각질세포가 하얗게 떨어지는 현상이다. 피지가 부족하기 때문에 각질 표면의 각질세포를 상호간에 밀착시키는 힘이 약해지며 긁으면 건조한 회백색의 비듬이 떨어진다. 비타민 A 결핍, 각화증, 영양실조, 단백질 결핍, 부신피질의 기능 저하 등이 원인이다. 머릿결을 타고 떨어지는 비듬으로 약산성 샴푸나 항진균제 비듬 샴푸로 관리한다.

② 지성 비듬

과도한 피지 분비로 인한 두피의 지방화로, 각질세포와 기름이 뭉쳐 떨어지는 현상이다. 일부는 머리밑에서 좀처럼 떨어지지 않으나 오랫동안 남아있다가 건조하여 떨어진다. 기름기가 느껴지는 비듬으로 약알칼리성 샴푸나 항진균제 비듬 샴푸를 사용해야 한다.

Tip

비듬에 대한 이해

- 스트레스가 비듬의 직접적인 원인이라고 할 수는 없지만 정신적 스트레스, 과로, 수면 부족 등에 의해 비듬이 악화될 수 있다. 그러므로 스트레스 해소를 위한 적절한 휴식과 충분한 수면을 취하는 것이 비듬을 줄이는 데 도움이 될 수 있다.
- 비듬이 반드시 가려움증을 동반하지는 않지만 대부분 비듬이 심한 경우에는 가려움증이 동반된다.
- 비듬은 남성호르몬에 의한 피지와 관련이 있기 때문에 남성호르몬에 의한 피지선의 활동이 활발해지는 사춘기 이후에 흔히 나타난다.
- 비듬은 대개 만성적인 경과를 취하기 때문에 일시적인 처치보다는 지속적인 관리가 필요하다.
- 비듬방지용 샴푸는 대부분 비듬에 효과가 있으나 증상이 심할 경우 샴푸만으로 조절되지 않을 수 있으며 이때는 전문의의 도움을 받도록 한다.

비듬성 두피는 과도한 비듬이 두피에 이상을 나타내는 징후이므로 균을 억제하는 특수 관리와 제품 사용이 이루어져야 하며, 적절한 스케일링과 제품 사용이 필요하다. 건성 비듬은 피지가 부족하여 생기므로 과도한 세정은 피해주고 유 · 수분의 적절한 공급 및 항균 제품 사용과 혈액순환 촉진을 위해 마사지를 병행하는 것이 좋다. 지성 비듬은 과도한 피지가 원인이므로 피지 조절과 균에 감염되지 않도록 살균해 주는 것이 효과적이다.

비듬성 두피의 경우는 비듬의 근본적인 원인이 체내의 문제이므로 자극적인 음식, 고지방, 당분, 술 등의 섭취를 줄이고 야채나 해조류 등을 많이 섭취한다. 또, 숙면과 정신적인 안정을 취하고 스트레스를 받지 않아야 한다.

과도한 비듬은 두피 이상을 나타내는 징후이므로 균을 억제하는 특수관리와 제품의 사용이 이루어져야 하며, 두피의 살균 · 소독에 맞추어 관리하고 두피의 정상기능을 회복해야 한다. 식물성 성분의 기능성 샴푸를 이용하여 저녁에 깨끗하게 샴푸하고, 두피의 정상기능 회복제품을 사용하여 관리한다.

Tip 파마 후 두피에 비듬이 생기는 이유

퍼머제는 본래 머리카락에만 바르는 것이나 실제로 시술 시에 주의해도 머리카락을 타고 내려가 두피에 묻는다. 1액은 머리카락의 케라틴을 연화 · 팽윤시키는 작용이 있으므로 두피의 각질에도 작용하는 것이다.

그 때문에 두피의 최외층인 각질층이 부풀어 오르는 상태가 될 수 있다. 머리카락은 2액을 바르거나 산성 린스를 사용해 처음 상태로 회복되나 두피는 그렇지 못한 경우가 있다. 더욱 심하면 알칼리 상태가 지속되어 건조해지며 각질이 하얗게 일어난다.

파마 시술 후 비듬이 생기는 것을 방지하기 위해서는 우선 주의사항을 지키는 시술자의 자세가 필요하고 두 번에 나누어서 조금씩 바르면서 두피에 1액이 흐르는 것을 최소화하는 것이 중요하다. 세정 시에는 충분히 헹궈주고 산성린스를 섬세하게 사용해 준다.

표 4-1 두피 유형의 진단 기준

유형	판 독
중성 두피	• 두피 위에 적절한 피지막이 있다. • 두피가 골고루 촉촉하며 맑고 투명감이 있다. • 모공은 불순물이 적고 윤곽선이 뚜렷하며 오목한 상태이다. • 한 개의 모공에는 2~3개의 모발이 있다. • 모발이 윤기있고 굵기의 배율이 거의 규칙적이다.
건성 두피	• 2~3일 정도 세정하지 않은 경우에도 기름지지 않다. • 건조한 계절이면 당기고 가려운 현상이 있다. • 건조하게 갈라진 피지막 형상이 보인다. • 각질의 형성이 빠르고 마른 각질로 모공이 막혀 있다.
지성 두피	• 하루만 세정을 하지 않아도 기름지다. • 과도한 피지 분비로 모공 안과 밖으로 피지가 차 있어 번들거린다. • 모발에 끈적임이 있고 힘이 없이 가라앉는 현상이 있다. • 특유의 피지 산화 냄새를 유발한다. • 기름진 피지막에 먼지 등 이물질이 흡착되어 있다.
민감성 두피	• 두피에 가느다란 실핏줄이 많고 긁으면 쉽게 빨개진다. • 따가움과 자극을 자주 동반한다. • 가늘어진 모발이 많다.
비듬성 두피	• 건성 비듬은 미세하고 건조한 가벼운 하얀 가루조각으로 나타난다. • 지성 비듬은 기름기 있고 땀과 먼지 등이 엉켜 붙은 조각들로 나타난다. • 비듬성 두피의 모발은 푸석거리며 윤기가 없다.
탈모성 두피	• 일반적으로 두피의 경화 현상과 모발 연모가 나타난다. • 빈 모공 또는 한 개의 모공에 1개의 모발이 보인다. • **원형 탈모** : 탈모 부위가 원형이고 경계가 뚜렷하다. 한 군데 혹은 여러 군데서 발생하며 탈모 부위가 반질반질한 상태로 나타난다. • **신경성 탈모** : 경계가 불분명하고 전체적으로 듬성듬성 탈모가 된다. 모구 상태도 꼬리가 길게 늘어져 있기 때문에 볼 수 있다. • **장년성 탈모** : 빈모 부분의 두피가 매끄럽고 광택이 있으며 지루성 탈모를 일으킬 수 있다. • **비강성 탈모** : 비듬을 동반하는 탈모로 모발의 성장이 느려지며 건조하고 광택이 없다.

3. 두피질환

두피에 발생하는 피부 질환으로서 대부분이 진균류의 이상 증식 및 감염, 그리고 화학약품에 의한 접촉성 피부염으로 의학적 시술을 필요로 한다.

1. 두부 백선(tinea capitis)

백선(白癬)에는 족부 백선, 조갑 백선, 두부 백선, 완선, 체부 백선, 안면 백선 등이 있다.

두부 백선이란 피부사상균에 의한 피부감염에 의해 발생하는 것으로 두부 부위에 나타나는 것을 말한다. 회백색의 인설로 존재하며 봄·여름에 주로 소아에게서 발생한다.

원인에는 *microsporum canis*, *microsporum ferrugineum*, 신체 접촉(개·고양이)이 있으며, 50원 동전 크기의 원형 형태의 버짐으로 경계가 명확하고 모발이 잘 끊어지며 윤기가 없어진다.

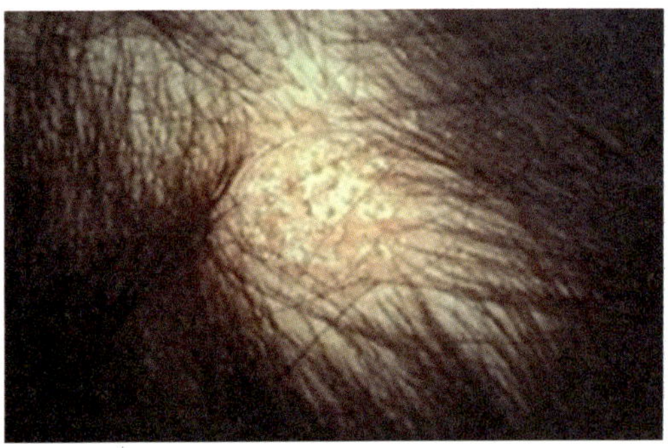

그림 4-8 두부 백선

2. 두부 건선 (Psoriasis)

건선(乾癬)은 각질 탈락의 문제로 두피에 흔하지만 팔꿈치와 무릎같이 전신에 나타난다. 연령에 무관해 어린이와 성인 모두가 영향을 받는다. 만성 피부 질환으로 감염성은 없으나 연쇄구균감염(streptococeal infection)과 스트레스에 의해 촉발되며, 피부의 유전 장애로 나타난다. 반점 또는 광범위한 은빛 흰색 비늘층으로 밝은 분홍색반이며 가려움은 없다.

비늘층을 제거하고 나면 반점은 더욱 뚜렷해지며 긁어낼 때 쉽게 출혈이 일어나기도 한다. 건선과 관련하여 탈모가 일어날 수 있으며 때로는 원반형 홍반성 낭창과 관련된 탈모반과 비슷하게 보이는 탈모반이 생기기도 한다.

정확한 원인은 밝혀지지 않았으나 유전적 요인, 면역학적 요인(면역체계 이상), 개인 생활 및 환경적 요인 등 다양한 이유로 추측된다.

건선의 관리는 조절이 목적이지 이를 통해 완전히 치료할 수는 없다. 로션이나 크림을 바르거나 자외선 요법 및 전신성과 외용 요법으로 치료한다. 코르티코스테로이드, 살리실산과 타르 함유 샴푸제를 사용한다.

Tip 두부 건선의 판독

- 두피 톤 – 은백색 인설
- 모공 상태 – 막힘
- 모발 탄력도 – 낮음
- 예민도 – 예민함
- 각질 두께 – 두꺼움
- 두부 발생 부위 – 전체

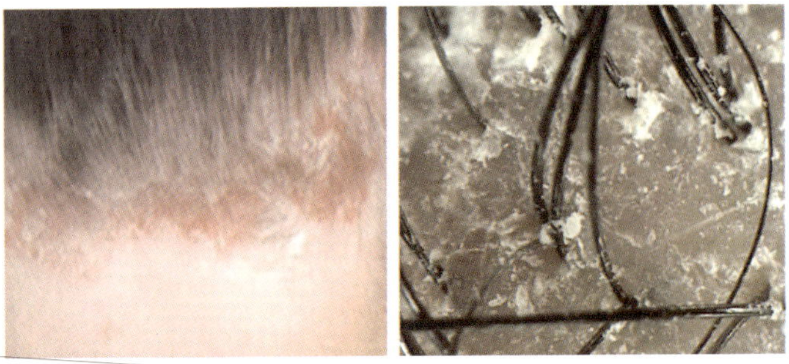

그림 4-9 두부 건선

3. 지루성 피부염(seborrheic dermatitis)

지루성 피부염은 16~40세 사이의 남녀에게 발생하며 인구의 3% 내외에서 발병하기 쉬운 '흔한 질병'으로 주기적으로 재발할 수 있다. 피지선과 관련하여 과다 피지를 유발하고 홍반과 각질을 동반하여 두꺼운 황색 각질과 염증이 나타난다. 주로 얼굴, 목, 가슴, 등, 두피, 특히 헤어라인과 이마 부위에 발생하며 가려움을 동반한다. 외관상 예민성 두피와 지성 두피의 혼합형이며, 염증을 방치하면 모낭에도 나쁜 영향을 주어 탈모를 유발할 수 있다.

원인은 분명하지 않지만 유전적 요인과 밀접해 보이며 식생활 · 호르몬의 영향이 클 수 있다. 자주 샴푸하는 것이 지루성 피부염의 개선에 도움이 되며 항염증 · 항진균 성분의 샴푸제(징크피리티온, 케토코나졸 등)를 사용하며 연고나 항생제로 치료한다.

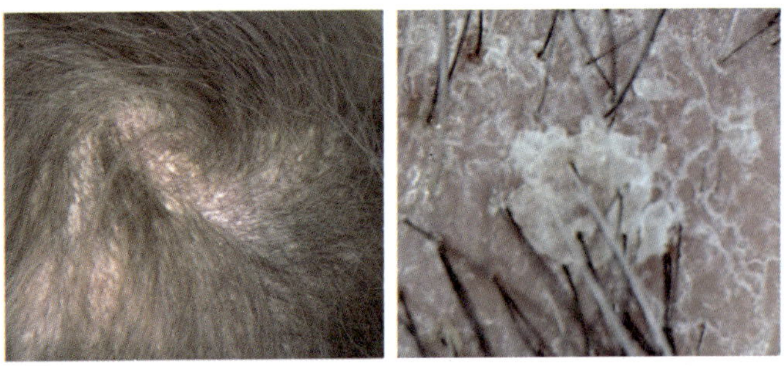

그림 4-10 지루성 피부염

지루성 피부염의 판독

- 두피 톤 – 황색, 적색
- 모공 상태 – 막힘
- 모발 탄력도 – 낮음
- 피지 분비량 – 많음
- 예민도 – 균에 의한 염증
- 탈모량 – 증가
- 각질 두께 – 두꺼움
- 가려움, 염증 – 심함

4. 아토피성 피부염(atopic dermatitis)

아토피 피부염은 유아기 · 소아기 · 사춘기 및 성인기에 걸쳐서 습진성 병변이 일어나 병원균이나 바이러스 감염이 잘 되는 경향이 있다. 보통 흰색피부묘기증(white dermographism)이라 하여 피부 표면을 손톱으로 살짝 긁었을 때 긁은 자국이 창백한 흰 선으로 보일 수 있다.

찬 곳에 있을 때에는 다른 사람보다 쉽게 손끝이 차가워지고 더운 곳에 노출되면 서서히 더워지며, 감기에 잘 걸리고 물사마귀(전염성 연속종)가 잘 생기고 오래 간다.

아토피성 피부염의 치료로는 스테로이드제(부신피질호르몬제), 항히스타민제, 항생제 등을 사용한다.

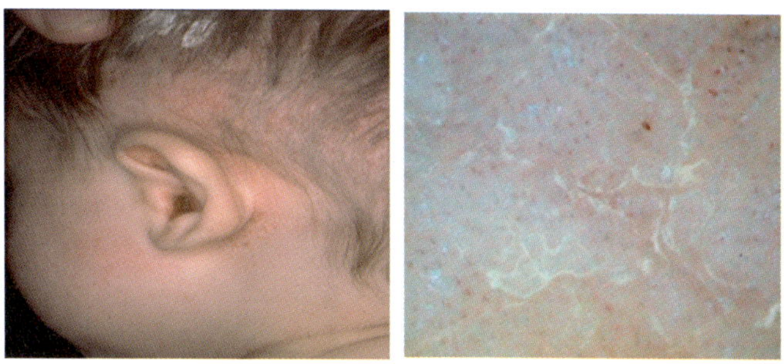

그림 4–11
아토피성 피부염

5. 단순 태선 (lichen simplex)

1차 태선화로 정상피부를 문지르거나 긁음으로써 발생하며 남성보다 여성에게 더 많이 나타난다. 정확한 원인은 밝혀지지 않았으나 사춘기 이후 30~50세에 가장 빈번하게 발생하며 보통 헤어라인과 경계를 이루는 목덜미 부위에 생긴다.

붉은 파편 같은 반점을 형성하는 특징이 있으며 종종 주변의 목과 두피로 번지기도 한다. 처음에는 건선과 비슷해 보이나 극심한 가려움 때문에 반복적으로 긁게 되면 가죽 같은 피부의 태선화(苔癬化, lichenification)를 유발한다. 긁고 난 후 탈모 또는 모발의 끊이짐이 나타날 수 있고 2차 감염이 발생할 수 있다.

치료는 심리적 치료와 함께 내재된 스트레스 또는 긁는 습관을 해소해야 한다. 외용제, 국소 스테로이드 용액 또는 크림, 병변 내 주사, 이차 감염 시에 항생제 등을 사용한다.

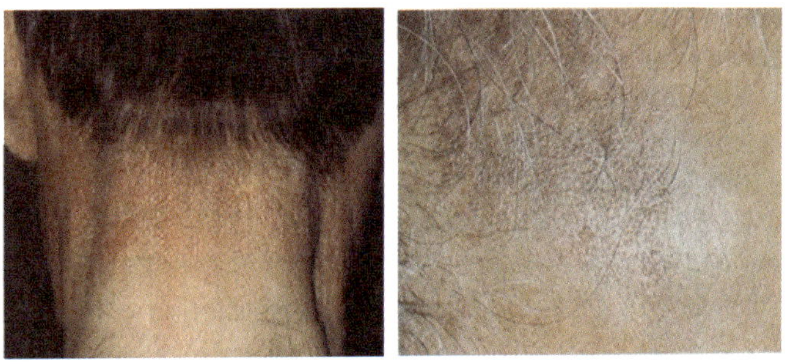

그림 4-12 단순 태선

Tip 피부염

① **알레르기성 피부염**(allergic dermatitis)

- 항체에 저항적 – 두터운 각질층 그리고 급속한 '세포 교체'
- 모발 제품의 알레르기 접촉 피부염
  - 경미한 홍반에서 부종과 삼출에 이르는 만성 습진
  - 두피 가장자리 발진, 후두부 태선화 징후
  - 염모제, 탈색제, 퍼머제, 헤어토닉, 샴푸, 헤어네트, 가발 반응

② **자극성 피부염**(irritant dermatitis)

- 항체의 면역반응이 없이 나타난다.
- 병원 발생원과 직접 접촉한 피부에 영향
- 자극제와 접촉 시 단기간 작열감이나 동통, 꽉 조이는 피부감

4. 두피 · 모발관리 과정

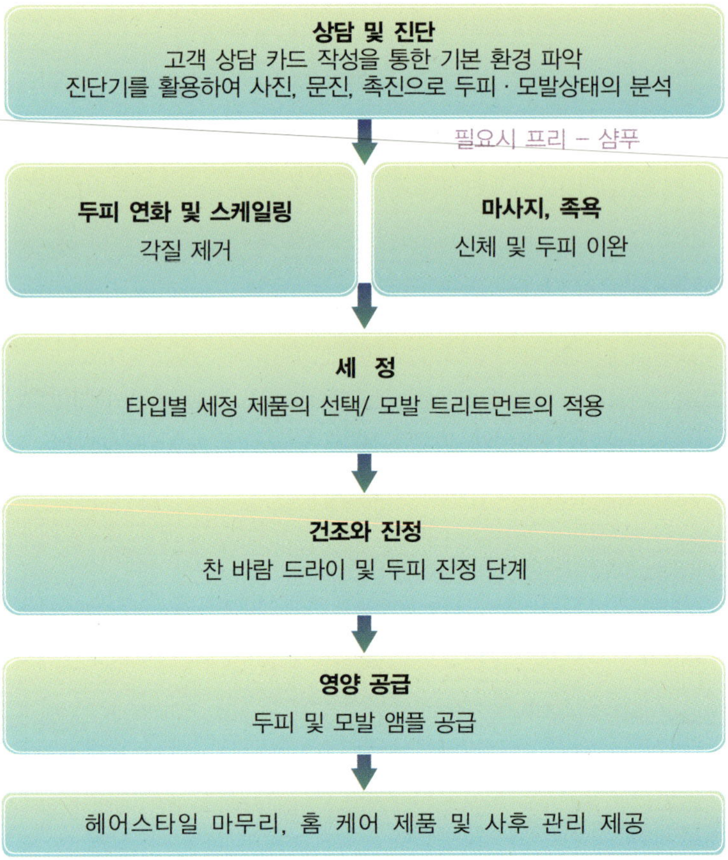

그림 4-13 두피 · 모발관리의 순서

1. 상담(counseling) 및 진단(diagnosis)

고객과의 첫 대면 단계로 두피 · 모발과 관련된 생활 패턴이나 건강 상태 등의 정보를 상담한다. 상담은 고객 두피 · 모발의 가장 큰 문제점을 알아내기 위해 내적 · 외적인 요망사항을 상담으로 표면화하여 분석하고, 과학적인 근거를 바탕으로 진단하여 고객에게 납득시키는 중요한 과정이다.

사람에 따라 원인과 결과도 다르므로 고객 개인의 정확한 탈모 원인을 알기 위해 두피 · 모발 전문가와 1:1 상담을 한다. 두피 진단기를 통해 두피를 분석해 정확한 원인을 제시하고 문제점을 진단한다.

상담 방법은 먼저 문답 기입식으로 고객카드에 고객 스스로 기입하게 한 후, 부족한 부분은 상담자인 트리콜로지스트(Trichologist)가 보충해 기입하는 것이 좋다. 고객카드 작성은 추후 고객을 관리하는 중요한 데이터베이스가 되므로 정확하고 세밀하게 기입하도록 한다.

고객의 식생활이나 생활에서의 행동 반경 등을 알고 있도록 전반적인 라이프사이클은 물론이고 개인 정보 및 행사, 생활 수준, 문제성 두피 · 모발을 개선하려는 의지 등을 파악할 수 있도록 기록하여야 한다. 고객카드는 관리할 때마다 피드백을 기록하고, 고객과 공유할 오픈 내용과 직원들끼리 공유할 내용 등이 구분되도록 한다.

Tip 성공적인 고객 상담

두피 · 모발관리 센터에서 상담은 고객의 두피 상태나 문제점을 진단하여 개선시키는데 도움을 주고 그에 따르는 정보를 제공하는 일련의 활동을 의미한다. 결국 고객 상담이란 고객의 내면 및 외면적인 욕망들을 돌출하여, 그것들을 분석하고 객관적인 근거와 지식에 의거하여 고객에게 납득시키는 일이라 할 수 있다.

특히 탈모에 고민을 갖고 있는 고객들은 이미 자신의 헤어스타일에 대하여 심한 스트레스를 갖고 긴장하거나 의기소침한 경우가 많으므로 상담자는 상담 과정 중 그런 심리적인 상황의 파악과 치유를 포함시켜야 할 것이다. 그러므로 먼저 다른 사람을 원하고 좋아해야 한다. 먼저 호응하고 똑같이 호응해 줄 때 고객의 마음이 열리게 되는 것이다.

상담이란 바로 사람을 얻는 일이요, 사람을 설득하는 일이다. 그러므로 설득하고자 하는 의지가 있어야 목표에 도전할 수 있는 것이다. 즉, 상담업무는 우선 하고자 하는 동기 의식과 애정이 우선적으로 뒷받침되어야 한다는 것을 의미한다. 그런 후, 고객과의 소통에서 본인의 부족한 점을 한 단계 높이는 일이 필요하다.

상담업무는 어떤 과정으로 불리더라도 결국 영업의 일환이며, 영업은 매우 매력적인 작업이다. 사람을 얻는 일, 사람을 설득하는 일은 매우 중요한 것이다. 그러나 설득하고자 하는 의지가 있어야 목표를 향해 도전할 수 있다. 의욕과 열정을 잃은 상담자는 이미 자격 상실이라고 할 수 있다.

고객과의 관계에 어떻게 효과적으로 대응할 것인가?
가장 먼저 고객에게 강렬한 감정을 선사하라. 영업은 매우 다양한 감정을 모두 요구하며 고객을 내편으로 만드는 감성 세일즈를 펼쳐야만 한다. 다음으로 고객에게 선택의 기회를 제공하라. 늦었으니 탈모를 평생의 굴레로 안고 살아가야만 한다는 선택의 여지가 없는 말이 고객을 가장 당황하게 만든다. 상담자는 그 상황에서 줄 수 있는 차선의 선택으로 모발 이식이나 밀착형 가발 등을 추천할 수 있으며, 이후 차세대 탈모 치료에 대한 정보를 제공할 수도 있다.

고객은 자신이 받을 관리의 가치를 묻기 전에 가격을 먼저 흥정하게 된다. 그러나 역으로 가격을 묻는 것은 가치를 묻는 것으로 이해해야 한다. 고객은 전문가가 아니므로 가격대별 다양한 선택과 정보를 제공하라. 가격은 상대적이다. 상품의 특징을 부각시키고 가격을 그에 맞게 설명하고 가격 비교 대신 성능 비교를 이해시켜야만 한다.

그림 4-14 고객상담실

고객카드 작성법

① 기본적인 인적 사항을 기록한다.

- 직업의 경우는 고객의 식생활, 수면 시간, 노출되는 환경 조건과 같은 라이프 스타일을 짐작할 수 있는 항목이므로 세밀히 기록한다.
- 유전적 소인은 매우 중요한 사항이므로 가족력도 부계와 모계 모두 확인한다.

② 과거 두피 · 모발관리 경험을 기록한다.

- 민간요법, 전문센터 시술, 병원치료 시의 약물 사용 등도 기록한다.

③ 병력, 음주와 흡연, 최근 1~2년 내의 식단 다이어트 경험을 확인한다.

④ 여성의 경우에는 출산 여부와 생리 주기 등을 확인한다.

⑤ 운동 여부와 그 종류, 장소, 규칙성 등을 확인한다.

⑥ 주로 생활하는 공간의 환경을 확인한다.

- 실내, 실외로 구분하고 온도, 습도, 냉 · 난방기의 사용 등을 확인한다.

⑦ 최근에 있었던 큰 변화와 스트레스 정도를 확인한다.

- 실직 또는 직업의 변동, 가족 구성원의 변동 및 사망, 경제적 상황 등을 상세히 기록한다.

⑧ 사용 중인 헤어제품을 확인하고 올바른 제품과 사용법에 대한 정보를 제공한다.

⑨ 관리할 제품의 특징과 관리법, 관리 후 나타날 수 있는 일시적 반응 및 부작용 등을 반드시 설명한다.

⑩ 관리 후 전화, 이메일, 문자 등을 통해 고객의 상태를 확인하고 사후 서비스를 기록한다.

상담은 지속적으로 문제를 해결하는 과정이다. 한 번의 상담으로 모든 문제를 해결하기는 어렵다. 사정상 상담을 한 번밖에 실시할 수 없는 경우도 있지만, 이때 고객은 자신의 두피관리 방법을 어떻게 개선해야 하는지를 알 수 없으므로 단순 지도와 교육에 지나지 않는다. 상담은 고객 스스로 문제의 행동을 조절하여 개선하는 것을 목표로 하기 때문에 지속적인 상담이 필요하다.

관리기간에 대한 고객 상담

- 도입 기간 – 3개월 간 매주
- 변화를 촉진시키는 시기 – 6개월 간 격주
- 유지 기간 – 1개월 간 격주

고객에 따라 조금씩 차이는 있으나 상담 횟수는 많을수록, 기간이 길수록 좋다. 하지만 그렇지 못한 경우에는 적어도 월 3회 이상, 6개월 정도는 실시해야 한다. 정확한 원인을 파악하기 위해서 충분히 상담하여 고객 스스로 인지하지 못하는 증상이나 관리 태도를 파악하는 것이 중요하다.

사전 진단을 통해 마지막으로 세정한 시간은 꼭 체크한다. 일반적으로 세정하고 피지 분비가 정상화되어 분비량 정도를 참고할 수 있는 3~4시간 후가 좋다. 1차 진단은 견진 · 문진 · 촉진 등을 활용하며 2차 진단으로 진단기 및 현미경을 활용할 수 있다.

진단이 끝나면 그 결과를 바탕으로 고객카드를 작성하여 원인을 설명하고 관리법과 추후 결과를 예상할 수 있도록 고객에게 단계별로 세밀히 설명해 준다.

DIAGNOSIS AND PERSONALIZED HAIR CARE PROGRAM

르네 휘테르 헤어케어 프로그램 고객카드

담당 관리자: 20 년 월 일 요일

이름(Name): (여/남)

전화번호(Phone number): (직장/자택)

(H.P)

생년월일(Date of birth):

신장: cm 체중: kg

직업: ❑ 직장인 ❑ 주부 ❑ 학생 ❑ 자영업 ❑ 기타

주소(Address):

결혼여부: ❑ 기혼 ❑ 미혼

르네휘테르를 알게된 동기 : ❑ 잡지 ❑ 살롱추천 ❑ 친구 ❑ 기타

생활 패턴 진단(Your general lifestyle)

* 기존 사용 제품:
* 샴푸 횟수:
* 펌 · 염색주기:
* 가려움증:
* 평균 수면시간:
* 식생활 습관:
* 운동:
* 특이사항:
* 약물복용:

두피 진단(Your scalp diagnosis)

* 두피타입: ❑ 정상 ❑ 지성 ❑ 건성 ❑ 비듬 ❑ 탈모 ❑ 민감성 ❑ 건선
* 유전여부: ❑ 유 ❑ 무 (❑ 부계 ❑ 모계)
* 탈모시기:
* 증상:
* 모근의 손상 여부:

진단 결과 및 특이사항

무료 시술시 사용 제품

RENÉ
FURTERER

그림 4-15 고객카드 예) 1

두피모발건강문진표[남성]

해당항목에 ☑을 해주십시오. 년 월 일

성 명		직 업	
생년월일			

과거 치료경험	
예전에 탈모치료를 받은 경험이 있다.	□ 네 □ 아니요
위에서 "네"라고 답하신 분만 대답하세요.	
치료 받은 장소	□ 피부과 □ 모발관리센터 □ 성형외과 □ 한의원 □ 미용실 □ 기타( )
치료(대처) 방법	□ 양약 (ex. 프로페시아, 미녹스등) □한약 □ 모발이식 □ 가발 □ 헤어제품 □ 민간요법 □ 기타 ( )
치 료 기 간	□ 3개월 미만 □ 3개월 이상 □ 6개월 이상 □ 1년 이상 □ 2년 이상
탈모 / 두피 / 모발	
[탈모]	
탈모가 시작된 시기는 ( )부터 이다.	□ 6개월 이전 □ 6개월 ~ 1년 전 □ 1~2년 전 □ 2~4년 전 □ 4년 전 이상
하루에 빠지는 머리카락 수	□ 30가닥 이하 □ 약 40~60가닥 □ 60~80가닥 □ 80~100가닥 □ 약 100가닥 이상
가족 중에 탈모가 있다.	□ 네 □ 아니요
위에서 "네"라고 답하신 분만 대답하세요.	
본인과의 관계	□ 아버지 □ 어머니 □ 할아버지 □ 할머니 □ 형제자매( ) □ 기타( )
[두피]	
두피에 열이 많고 땀이 잘 난다.	□ 매우 그렇다 □ 그런 편이다 □ 보통이다 □ 그렇지 않다 □ 전혀 그렇지 않다
두피가 건조한 편이다.	□ 매우 그렇다 □ 그런 편이다 □ 보통이다 □ 그렇지 않다 □ 전혀 그렇지 않다
두피에 피지가 많은 편이다.	□ 매우 그렇다 □ 그런 편이다 □ 보통이다 □ 그렇지 않다 □ 전혀 그렇지 않다
두피에 뾰루지나 염증이 자주 생긴다.	□ 매우 그렇다 □ 그런 편이다 □ 보통이다 □ 그렇지 않다 □ 전혀 그렇지 않다
두피에 각질이나 비듬이 자주 생긴다.	□ 매우 그렇다 □ 그런 편이다 □ 보통이다 □ 그렇지 않다 □ 전혀 그렇지 않다
두피에 통증이나 가려움을 느낀다.	□ 매우 그렇다 □ 그런 편이다 □ 보통이다 □ 그렇지 않다 □ 전혀 그렇지 않다
[모발]	
펌이나 염색을 자주하는 편이다.	□ 한 달에 2회 이상 □ 한 달에 1회 정도 □ 2달에 1회 정도 □ 3달에 1회 정도 □ 4달 이상에 1번
스타일링제 (ex. 왁스, 에센스, 젤, 스프레이)를 자주 사용한다.	□ 매우 그렇다 □ 그런 편이다 □ 보통이다 □ 그렇지 않다 □ 전혀 그렇지 않다
모발이 푸석거리고 잘 끊어진다.	□ 매우 그렇다 □ 그런 편이다 □ 보통이다 □ 그렇지 않다 □ 전혀 그렇지 않다
몸상태	
알러지나 아토피가 있다.	□ 네 □ 아니요
위에서 "네"라고 답하신 분만 대답하세요.	
알러지 or 아토피의 종류	
목이나 어깨가 자주 뻐근하다.	□ 매우 그렇다 □ 그런 편이다 □ 보통이다 □ 그렇지 않다 □ 전혀 그렇지 않다
팔다리가 자주 저린다.	□ 매우 그렇다 □ 그런 편이다 □ 보통이다 □ 그렇지 않다 □ 전혀 그렇지 않다
몸이 잘 붓는 편이다.	□ 매우 그렇다 □ 그런 편이다 □ 보통이다 □ 그렇지 않다 □ 전혀 그렇지 않다
감기에 자주 걸린다.	□ 매우 그렇다 □ 그런 편이다 □ 보통이다 □ 그렇지 않다 □ 전혀 그렇지 않다
변비가 있다.	□ 매우 그렇다 □ 그런 편이다 □ 보통이다 □ 그렇지 않다 □ 전혀 그렇지 않다
장이 약해 설사를 하곤 한다.	□ 매우 그렇다 □ 그런 편이다 □ 보통이다 □ 그렇지 않다 □ 전혀 그렇지 않다
질병으로 인한 수술경험이 있다.	□ 네 □ 아니요
질병치료를 위해 15일 이상 약물을 복용한 적이 있거나 먹고 있다.	□ 네 □ 아니요
손발이 차가운 편이다.	□ 매우 그렇다 □ 그런 편이다 □ 보통이다 □ 그렇지 않다 □ 전혀 그렇지 않다
성욕이 예전보다 감퇴된 것 같다.	□ 네 □ 아니요
새벽발기가 잘 되지 않는다.	□ 매우 그렇다 □ 그런 편이다 □ 보통이다 □ 그렇지 않다 □ 전혀 그렇지 않다
혈압이 높다.	□ 매우 그렇다 □ 그런 편이다 □ 보통이다 □ 그렇지 않다 □ 전혀 그렇지 않다
몸에 열이 많은 편이다.	□ 매우 그렇다 □ 그런 편이다 □ 보통이다 □ 그렇지 않다 □ 전혀 그렇지 않다
기억력이 떨어지거나 건망증이 있는 듯하다.	□ 매우 그렇다 □ 그런 편이다 □ 보통이다 □ 그렇지 않다 □ 전혀 그렇지 않다

생활습관	
[식습관]	
하루에 세 끼 챙겨먹는 편이다.	□ 매우 그렇다 □ 그런 편이다 □ 보통이다 □ 그렇지 않다 □ 전혀 그렇지 않다
인스턴트 음식을 즐겨 먹는다.	□ 매우 그렇다 □ 그런 편이다 □ 보통이다 □ 그렇지 않다 □ 전혀 그렇지 않다
육류섭취가 많은 편이다.	□ 매우 그렇다 □ 그런 편이다 □ 보통이다 □ 그렇지 않다 □ 전혀 그렇지 않다
물을 하루에 많이 마신다.	□ 매우 그렇다 □ 그런 편이다 □ 보통이다 □ 그렇지 않다 □ 전혀 그렇지 않다
[운동]	
주기적으로 운동을 한다.	□ 네 □ 아니요
위에서 "네"라고 답하신 분만 대답해주세요.	
일주일에 운동하는 평균 횟수	□ 거의매일 □ 5, 6번 □ 3, 4번 □ 1, 2번 □ 1번 미만
최근 다이어트를 한 적이 있다.	□ 네 □ 아니요
위에서 "네"라고 답하신 분만 대답해 주세요.	
다이어트를 시작한 시기	□ 3개월 이내 □ 3~6개월 사이 □ 6~1년 사이 □ 1~2년 사이 □ 2년 이상
감량 무게	□ 2kg미만 □ 2~3kg □ 3~5kg □ 5kg~7kg □ 7~9kg □ 10kg이상
술을 자주 마시는 편이다.	□ 매우 그렇다 □ 그런 편이다 □ 보통이다 □ 그렇지 않다 □ 전혀 그렇지 않다
주량이 많은 편이다.	□ 매우 그렇다 □ 그런 편이다 □ 보통이다 □ 그렇지 않다 □ 전혀 그렇지 않다
담배를 피운다.	□ 네 □ 아니요
하루에 피우는 양	□ 5개비 미만 □ 5~10개비 □ 10~20개비 □ 20~30개비 □ 30개비 이상
일에 대한 스트레스를 자주 받는다.	□ 매우 그렇다 □ 그런 편이다 □ 보통이다 □ 그렇지 않다 □ 전혀 그렇지 않다
[수면]	
평소 수면량은(　　　)이다.	□ 5시간 미만 □ 5시간~6시간 □ 6시간~ 7시간 □ 7시간~8시간 □ 8시간 이상
평소 숙면을 취하는 편이다.	□ 매우 그렇다 □ 그런 편이다 □ 보통이다 □ 그렇지 않다 □ 전혀 그렇지 않다
취침시간이 불규칙한 편이다.	□ 매우 그렇다 □ 그런 편이다 □ 보통이다 □ 그렇지 않다 □ 전혀 그렇지 않다

그림 4-16 고객카드 예) 2

두피모발건강문진표[여성]

해당항목에 ☑을 해주십시오. 년 월 일

성 명		직 업	
생년월일			
과거 치료경험			
예전에 탈모치료를 받은 경험이 있다.	☐ 네 ☐ 아니요		
위에서 "네" 라고 답하신 분만 대답하세요.			
치료 받은 장소	☐ 피부과 ☐ 모발관리센터 ☐ 성형외과 ☐ 한의원 ☐ 미용실 ☐ 기타( )		
치료(대처) 방법	☐ 양약 (ex. 프로페시아, 미녹스등) ☐ 한약 ☐모발이식 ☐가발 ☐ 헤어제품 ☐ 민간요법 ☐ 기타 ( )		
치 료 기 간	☐ 3개월 미만 ☐ 3개월 이상 ☐ 6개월 이상 ☐ 1년 이상 ☐ 2년 이상		
탈모 / 두피 / 모발			
[탈모]			
탈모가 시작 된 시기는( )부터 이다.	☐ 6개월 이전 ☐ 6개월 ~ 1년 전 ☐ 1~2년 전 ☐ 2~4년 전 ☐ 4년 전 이상		
하루에 빠지는 머리카락 수	☐ 30가닥 이하 ☐ 약 40~60가닥 ☐ 60~80가닥 ☐ 80~100가닥 ☐ 약 100가닥 이상		
가족 중에 탈모가 있다.	☐ 네 ☐ 아니요		
위에서 "네" 라고 답하신 분만 대답하세요.			
본인과의 관계	☐ 아버지 ☐ 어머니 ☐ 할아버지 ☐ 할머니 ☐ 형제자매( ) ☐ 기타( )		
[두피]			
두피에 열이 많고 땀이 잘 난다.	☐ 매우 그렇다 ☐ 그런 편이다 ☐ 보통이다 ☐ 그렇지 않다 ☐ 전혀 그렇지 않다		
두피가 건조한 편이다.	☐ 매우 그렇다 ☐ 그런 편이다 ☐ 보통이다 ☐ 그렇지 않다 ☐ 전혀 그렇지 않다		
두피에 피지가 많은 편이다.	☐ 매우 그렇다 ☐ 그런 편이다 ☐ 보통이다 ☐ 그렇지 않다 ☐ 전혀 그렇지 않다		
두피에 뾰루지나 염증이 자주 생긴다.	☐ 매우 그렇다 ☐ 그런 편이다 ☐ 보통이다 ☐ 그렇지 않다 ☐ 전혀 그렇지 않다		
두피에 각질이나 비듬이 자주 생긴다.	☐ 매우 그렇다 ☐ 그런 편이다 ☐ 보통이다 ☐ 그렇지 않다 ☐ 전혀 그렇지 않다		
두피에 통증이나 가려움을 느낀다.	☐ 매우 그렇다 ☐ 그런 편이다 ☐ 보통이다 ☐ 그렇지 않다 ☐ 전혀 그렇지 않다		
[모발]			
펌이나 염색을 자주하는 편이다.	☐ 매우 그렇다(한 달에 2회 이상) ☐그런 편이다(한 달에 1회 정도) ☐ 보통이다(2달에 1회 정도) ☐ 그렇지 않다(3달에 1회 정도) ☐ 전혀 그렇지 않다(4달 이상에 1번)		
스타일링제 (ex. 왁스, 에센스, 젤, 스프레이)를 자주 사용한다.	☐ 매우 그렇다 ☐ 그런 편이다 ☐ 보통이다 ☐ 그렇지 않다 ☐ 전혀 그렇지 않다		
모발이 푸석거리고 잘 끊어진다.	☐ 매우 그렇다 ☐ 그런 편이다 ☐ 보통이다 ☐ 그렇지 않다 ☐ 전혀 그렇지 않다		
몸상태			
알러지나 아토피가 있다.	☐ 네 ☐ 아니요		
위에서 "네" 라고 답하신 분만 대답하세요.			
알러지 or 아토피의 종류			
목이나 어깨가 자주 뻐근하다.	☐ 매우 그렇다 ☐ 그런 편이다 ☐ 보통이다 ☐ 그렇지 않다 ☐ 전혀 그렇지 않다		
팔다리가 자주 저린다.	☐ 매우 그렇다 ☐ 그런 편이다 ☐ 보통이다 ☐ 그렇지 않다 ☐ 전혀 그렇지 않다		
몸이 잘 붓는 편이다.	☐ 매우 그렇다 ☐ 그런 편이다 ☐ 보통이다 ☐ 그렇지 않다 ☐ 전혀 그렇지 않다		
감기에 자주 걸린다.	☐ 매우 그렇다 ☐ 그런 편이다 ☐ 보통이다 ☐ 그렇지 않다 ☐ 전혀 그렇지 않다		
변비가 있다.	☐ 매우 그렇다 ☐ 그런 편이다 ☐ 보통이다 ☐ 그렇지 않다 ☐ 전혀 그렇지 않다		
장이 약해 설사를 하곤 한다.	☐ 매우 그렇다 ☐ 그런 편이다 ☐ 보통이다 ☐ 그렇지 않다 ☐ 전혀 그렇지 않다		
질병으로 인한 수술경험이 있다.	☐ 네 ☐ 아니요		
질병치료를 위해 15일 이상 약물을 복용한 적이 있거나 먹고 있다.	☐ 네 ☐ 아니요		
손발이 차가운 편이다.	☐ 매우 그렇다 ☐ 그런 편이다 ☐ 보통이다 ☐ 그렇지 않다 ☐ 전혀 그렇지 않다		
생리통이 심한 편이다.	☐ 매우 그렇다 ☐ 그런 편이다 ☐ 보통이다 ☐ 그렇지 않다 ☐ 전혀 그렇지 않다		
생리주기가 불규칙하다.	☐ 매우 그렇다 ☐ 그런 편이다 ☐ 보통이다 ☐ 그렇지 않다 ☐ 전혀 그렇지 않다		
난소 또는 자궁에 질환이 있다.	☐ 네 ☐ 아니요		
현재 피임약 또는 피임기구를 사용하고 있다.	☐ 네 ☐ 아니요		

생활습관	
[식습관]	
하루에 세 끼 챙겨먹는 편이다.	□ 매우 그렇다 □ 그런 편이다 □ 보통이다 □ 그렇지 않다 □ 전혀 그렇지 않다
인스턴트 음식을 즐겨 먹는다.	□ 매우 그렇다 □ 그런 편이다 □ 보통이다 □ 그렇지 않다 □ 전혀 그렇지 않다
육류섭취가 많은 편이다.	□ 매우 그렇다 □ 그런 편이다 □ 보통이다 □ 그렇지 않다 □ 전혀 그렇지 않다
물을 하루에 많이 마쉬다.	□ 매우 그렇다 □ 그런 편이다 □ 보통이다 □ 그렇지 않다 □ 전혀 그렇지 않다
[운동]	
주기적으로 운동을 한다.	□ 네 □ 아니요
위에서 "네" 라고 답하신 분만 대답해주세요.	
일주일에 운동하는 평균 횟수	□ 거의매일 □ 5, 6번 □ 3, 4번 □ 1, 2번 □ 1번 미만
최근 다이어트를 한 적이 있다.	□ 네 □ 아니요
위에서 "네" 라고 답하신 분만 대답해 주세요.	
다이어트를 시작한 시기	□ 3개월 이내 □ 3~6개월 사이 □ 6~1년 사이 □ 1~2년 사이 □ 2년 이상
감량 무게	□ 2kg미만 □ 2~3kg □ 3~5kg □ 5kg~7kg □ 7~9kg □ 10kg이상
술을 자주 마시는 편이다.	□ 매우 그렇다 □ 그런 편이다 □ 보통이다 □ 그렇지 않다 □ 전혀 그렇지 않다
주량이 많은 편이다.	□ 매우 그렇다 □ 그런 편이다 □ 보통이다 □ 그렇지 않다 □ 전혀 그렇지 않다
담배를 피운다.	□ 네 □ 아니요
하루에 피우는 양	□ 5개비 미만 □ 5~10개비 □ 10~20개비 □ 20~30개비 □ 30개비 이상
일에 대한 스트레스를 자주 받는다.	□ 매우 그렇다 □ 그런 편이다 □ 보통이다 □ 그렇지 않다 □ 전혀 그렇지 않다
[수면]	
평소 수면량은( )이다.	□ 5시간 미만 □ 5시간~6시간 □ 6시간~ 7시간 □ 7시간~8시간 □ 8시간 이상
평소 숙면을 취하는 편이다.	□ 매우 그렇다 □ 그런 편이다 □ 보통이다 □ 그렇지 않다 □ 전혀 그렇지 않다
취침시간이 불규칙한 편이다.	□ 매우 그렇다 □ 그런 편이다 □ 보통이다 □ 그렇지 않다 □ 전혀 그렇지 않다

그림 4-17 고객카드 예) 3

Consultation Card

Date. 20 . .

고객정보

고객이름		생년월일(양)		성별	□ 남 □ 여
직업		결혼	□ 미혼 □ 기혼	E-mail	
주소				연락처	
방문동기	□ 인터넷(검색포털) □ 카페 □ 블로그 □ SNS(페이스북, 인스타그램) □ 간판 □ 소개 □ 기타 ( )				

탈모&두피정보 및 이벤트, 예약상황 전달에 동의하십니까? □예 □아니오

체크사항1

두피 또는 모발 탈모고민					
질병유무	□없음 □ 있음 (있을시 :)		복용중인 약 또는 영양제		
관리목적	□ 개선 □ 유지		희망 관리 기간	□ 단기(3개월 이하) □ 장기 (3개월 이상)	
여성체크사항	생리주기	□ 규칙 □ 불규칙	출산경험	□ 유 □ 무	피임여부 □ 유 □무
관리(치료) 경험	□ 병원 □ 한의원 □ 전문 클리닉 센터 □ 미용실 □ 전문제품 □ 없음 □ 기타 ( )				

체크사항2

유/수분 (D/O)		예민, 트러블성 (S/N)	
두피냄새	□ 많다 □ 보통 □ 적다	가려움	□ 많다 □ 보통 □ 적다
유분량	□ 많다 □ 보통 □ 적다	염증	□ 많다 □ 보통 □ 없다
음주 흡연	□ (주/ 회) □ (월/ 회) □ 안함 □ 흡연 (하루양) □ 안함	얼굴&신체트러블	□ 있다or있었다(여드름,아토피,알러지등) □ 없다
주생활공간	□ 실내 □ 실외	당김,통증	□ 많다 □ 보통 □ 없다
탈모 체크(L/K)		모발건강 (E/F)	
유전	□ 있다 □ 모른다 □ 없다	식사(영양)	□ 나쁨 □보통 □좋음
스트레스	□ 많다 □ 보통 □ 적다	다이어트	□ 유 (□ 자주/□ 가끔) □ 무
모발빠짐	□ 많다 □ 보통 □ 적다	스타일링	□ 많다 □ 보통 □ 적다
취침시간/숙면	하루( )시간 □ 밤낮바뀜	펌 및 염색	□ 유 (일년 총: 회) □ 무

그림 4-18 고객카드 예) 4

고객의 징후 · 증상 · 병력으로부터 문제를 파악하기 위한 검사를 진단이라고 한다. 진단은 건강한 모발에 어떠한 변화가 생겼는지를 판독하기 위한 것으로 문진, 시진, 촉진, 진단기 판독 등으로 이루어지는 것이 보통이다.

① 문 진

고객카드를 이용하여 고객과 직접 면담을 통해 여러 가지 질문이나 대화를 하면서 고객의 현재 상태를 관찰하는 방법으로, 과거 병력과 받아왔던 치료법 또는 가족력, 직업 등을 자세히 기록한다.

② 시 진

두피와 모발의 상태를 직접 육안으로 검사하는 방법으로 비듬, 홍반, 발진 유무, 피지 분비 상태 등을 알 수 있다.

③ 촉 진

손으로 만져서 관찰하는 방법으로 각질 상태, 피지량, 두피의 탄력 등을 알 수 있다. 끝이 둥근 스패츌러(spatula)나 면봉으로 가볍게 긁어 각질의 축적 정도를 관찰한다. 예민한 경우 붉어지거나 심하면 두드러기가 생기기도 한다. 건조한 경우에는 가려움을 동반한 하얀 선이 생긴다.

④ 진단기 판독

진단기를 이용해 고객의 현재 두피와 모발 상태를 관찰하는 방법이다. 모니터를 통한 측정 · 분석 · 파악이 가능하고 탈모의 원인 및 두피 문제점을 체크할 수 있어 진단 결과를 분석하고 고객의 이해를 돕기에 좋다. 시각적인 효과가 크며, 컴퓨터와 연결하여 고객의 상태 변화를 저장하여 고객관리의 좋은 자료로 활용할 수 있다.

두피 진단의 목적은 문제성 두피의 생리적 · 병리적 원인을 파악하고 여러 가지 원인에 의한 문제성 두피를 관리 · 치료하는 데 도움을 주며, 더 나아가 건강한 두피와 아름다운 헤어스타일을 만들고 관리하기 위함이다.

또한, 진단의 결과를 기본으로 고객의 모질과 두피에 맞는 제품을 선택하여 각 개인에게 가장 적절한 관리방법, 관리기간, 유지효과를 제시해 줌으로써 관리의 전문화를 꾀할 수 있다.

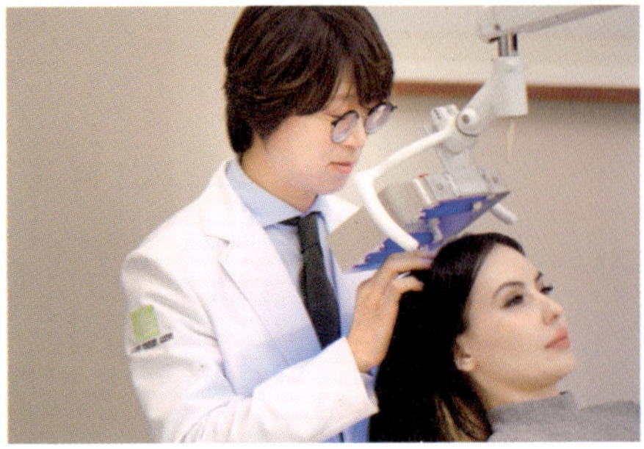

가장 효과적인 진단 시기는 샴푸 세정 후 피지 분비량이 정상으로 돌아오는 3~6시간 이후이며, 이때 사용되는 진단기의 배율은 사용 목적 및 부위에 따라 1배, 60배, 200배, 1,000배 등으로 구분된다.

Tip 진단기의 렌즈 배율

- 1배 : 전체적인 탈모의 유형과 진행 정도 측정 및 실물 고객 사진 촬영
- 60배 : 일정 면적에 존재하는 모발의 밀집도 파악이나 두피 상태를 측정
- 200배 : 두피 및 모공의 상태, 모발의 굵기 등을 정확히 측정
- 1,000배 : 모발 상태, 손상 정도, 모근 상태를 측정
- 전자 현미경 : 모낭충 및 모발 큐티클의 상태를 측정

기본적으로 고객의 탈모 형태나 탈모 진행정도를 촬영하고 판단해야 하한다. 현재 두피 상태를 샘플과 비교하면서 1cm²당 모발의 수를 측정하고 모공의 상태나 모발의 굵기를 측정한다.

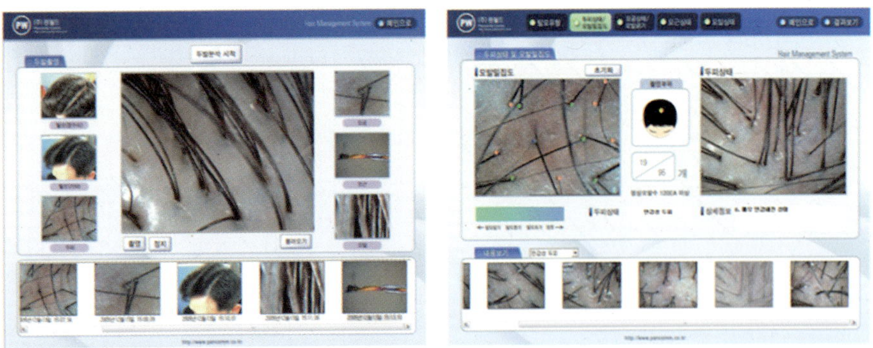

그림 4-19 진단기 분석

진단기의 촬영

- 현미경이 관찰면에 직각이 되도록 초점을 맞춘다
- 진단 부위 : 전두부 → 두정부 → 좌우 측두부 → 후두부 순서로 촬영한다.
- 두피와 모발의 상태를 관찰하여 진단 카드에 기록한다.

탈모 진행 고객이나 손상모 고객의 경우는 모발 미네랄테스트(mineral test)를 통한 모발 분석과 가수분해 후 아미노산 분석에 의한 측정, 알칼리 용해도 측정 등을 통해 원인 분석에 도움을 줄 수 있다.

두피 · 모발 전문센터마다 사용하는 제품이나 기기들이 다르고 특징이 있기 때문에 관리 프로그램은 약간의 차이가 있을 수 있다. 다만, 정확한 상담과 진단을 통해 고객의 문제점을 개선할 수 있는 맞춤 플랜(plan)으로 관리를 시작해야 한다.

2. 브러싱 (brushing)

브러싱은 모든 두피관리의 가장 기본적인 단계다. 샴푸 전 모발과 두피에 부착된 먼지나 비듬 등을 제거하면 샴푸를 용이하게 하고, 두피를 자극하여 피지 분비를 촉진해 모발 끝까지 고르게 피지가 분포되어 건조함을 막고 윤기를 주는 역할을 한다. 가급적 빗살이 굵고 끝이 둥근 브러시가 적합하며, 두피에서 시작하여 모발 끝으로 빗어야 모발 손상을 예방할 수 있다.

일반적으로 머리를 빗을 때 정수리를 중심으로 위에서 아래 방향으로만 빗게 되는데, 이는 모발의 큐티클 층의 방향에 역행하지 않는 무난한 빗질로 스타일을 목적으로 하는 빗질이라고 할 수 있다.

그러나 머리를 숙이고 목 부분에서 정수리 방향으로 거꾸로 빗질하면 두피 곳곳의 경혈을 자극하고, 또 탈모나 노화를 유발하는 활성효소의 작용을 억제하면서 탈모를 예방하는 효과를 동시에 볼 수 있다.

따라서 두피 · 모발관리에서의 브러싱은 전두부에서 후두부 방향으로 진행하며 모발 전체를 역으로 빗어 끌어올리는 방법을 병행하여 실시한다.

브러싱도 그 자체만으로 두피에 쌓인 먼지와 노폐물 및 비듬을 제거해 주고 적절한 두피 자극을 통해 혈액의 흐름을 촉진시켜 피지 분비를 원활하게 함으로써 윤기 있는 머릿결을 가꿔주는 효과가 있다. 또 엉킨 모발을 정리해 주고 자극에 의한 모발의 갈라짐과 끊어짐을 예방한다. 브러시의 모질은 부드럽고 끝이 둥근 것을 사용하고 빗질을 자극없이 부드럽게 실시한다.

두피에 쌓인 먼지와 노폐물을 없애기 위해 빗질을 하여 1차적으로 털어낸다.

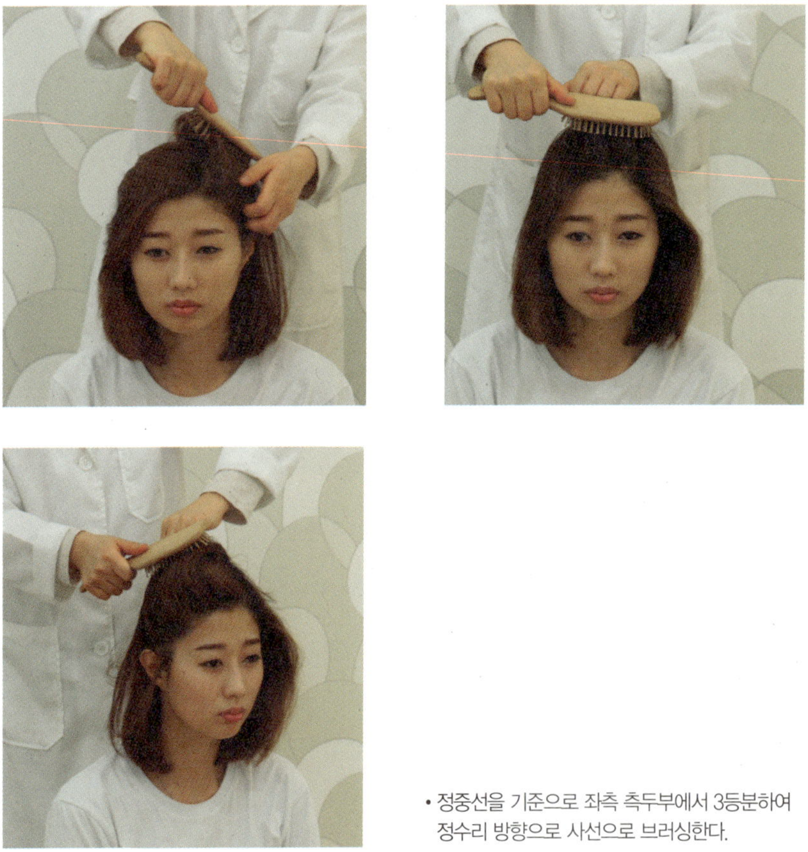

• 정중선을 기준으로 좌측 측두부에서 3등분하여 정수리 방향으로 사선으로 브러싱한다.

그림 4-20 브러싱 (1)

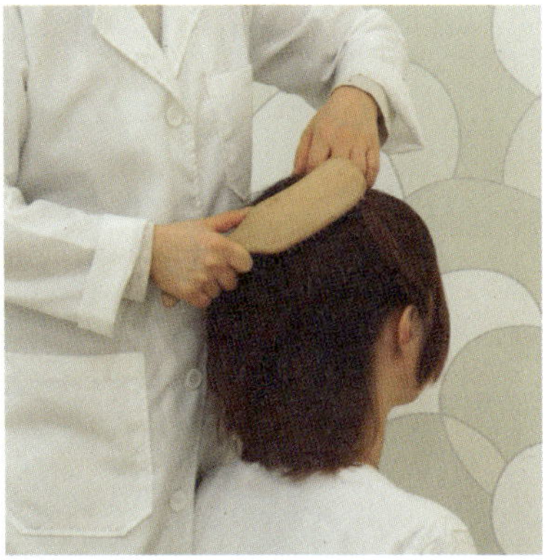

• 좌측 3등분(사선) ▶ 중앙 3등분(정중선, 좌, 우)▶ 우측 3등분(사선)

그림 4-20 브러싱 (2)

Tip 두피 마사지를 위한 빗질

모발이 건조한 상태에서 빗질을 해야 하므로 가장 좋은 빗질 시기는 머리를 감기 전이다. 일단 위에서 아래 방향으로 빗질을 하여 헝클어지고 꼬인 머리카락을 잘 정리한 다음, 고개를 숙이고 목에서 정수리 방향으로 하는 거꾸로 빗질을 약 5분 내외로 하는 것이 좋다.

이때 빗살이 두피를 너무 자극하지 않도록 주의하면서 두피 마사지 효과를 낼 수 있도록 한다. 두피 마사지에 적합한 빗은 너무 뾰족하지 않고 빗살이 부드럽게 마무리 처리가 잘 된 것으로, 정전기를 유발하지 않는 나무 등의 천연재료로 만든 것이 좋다.

3. 스케일링(scaling) 및 두피 연화

두피의 진정, 묵은 각질 및 그 밖의 노폐물 등을 제거하기 위해 두피 스케일링을 실시한다. 제품에 따라 딥 클렌징의 역할, 두피 각질 제거, 굳어진 피지 제거, 두피 · 근육 이완, 충혈 제거 등을 하며 두피관리의 첫 단계로 다음 단계의 관리효과를 높인다. 모발의 영양 및 성장, 두피의 호흡과 체액 순환을 원활하게 하여 모발이 건강하게 자랄 수 있는 환경을 조성해 준다.

스케일링 시술 전후에 수분 공급과 두피 연화를 위해 헤어 스티머(hair steamer)를 사용할 수 있다. 스케일링 단계에서는 두피 상태에 따른 스케일링 제품의 유형을 선택한 후 사용 주기와 사용량을 결정해 세심하게 시행한다.

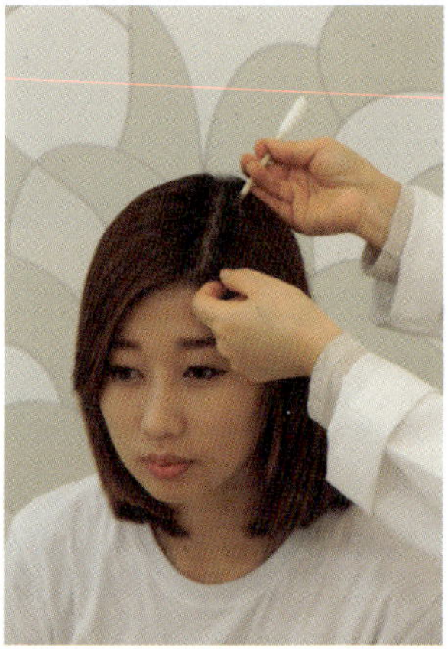

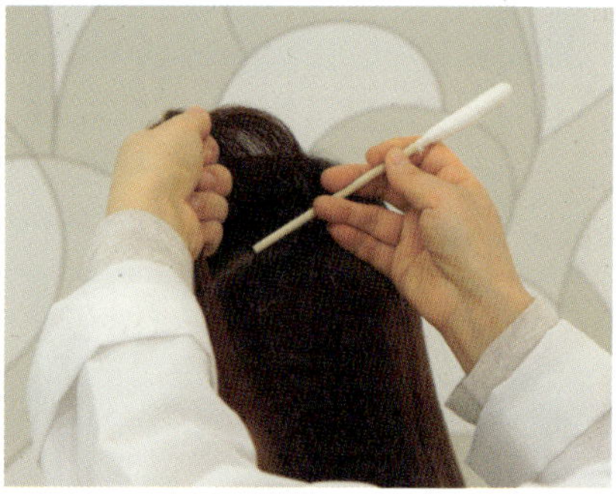

• 섹셔닝 5등분 나누기 (전두 2등분, 후두 3등분)

그림 4-21 스케일링 순서 (1)

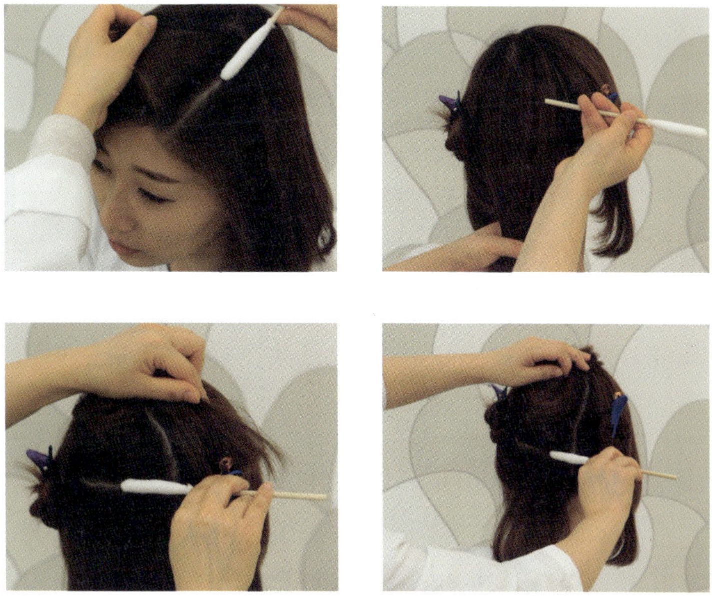

- 스틱의 방향성은 두피 안쪽에서 헤어라인 방향으로 한다. 예를 들어 T.P에서 C.P 방향으로 한다. 좌측 전두부 ▶ 좌측 측두부 ▶ 후두부 ▶우측 측두부 ▶우측 전두부 ▶헤어라인
- 0.5~1cm 간격으로 섹션 길이만큼 2회 왕복한다.
- 2섹션 시술 후 제품 스틱을 다시 적신다.

그림 4-21 스케일링 순서 (2)

헤어 스티머의 사용

모발의 흡수율은 같은 습도에서는 온도가 높아지는 만큼 감소하고, 같은 온도에서 습도가 높아지는 만큼 증가한다. 또한 온도의 고저에 의한 흡수율의 증감보다 습도의 고저에 의한 흡수율의 증감이 더 크다. 즉 흡수율은 온도보다 습도의 영향을 더 크게 받는다.

고온의 수증기는 모발에 흡착되는 양이 적고 체온 40℃ 정도의 저온 수증기에 흡수되기 쉽기 때문에 헤어 스티머의 경우 온도가 높은 것은 모발에 적당한 효과를 주지 못하며 36~40℃ 정도의 온도가 적당하다.

헤어 트리트먼트(hair treatment)를 시술할 경우 스티머에서 분출되는 수증기의 입자가 크고 무거우면 모발 표면에 응축해 버리는 성향이 크므로 수증기의 입자가 작고 가벼운, 낮은 습도가 트리트먼트제를 침투시키기에 효과적이다.

반대로 미안술로서 피부 표면에 수분을 줄 경우는 수증기의 입자가 크고 무거운, 높은 습도가 피부 표면에서 응축되어 물방울이 되기 쉽고 곧 피부를 부드럽게 해주므로 효과적이다.

두피관리는 노폐물을 제거하고 혈액순환과 분비 기능을 활발하게 하며 영양을 공급함으로써 촉촉한 두피와 심신의 안정을 돕는 것이 목적이다. 두피 스케일링은 두피 진정과 노폐물 제거, 묵은 각질의 제거를 위한 과정이다. 두피 상태에 따라 스케일링의 정도와 제품을 선택하고, 스케일링 제품 사용 후에도 스티머와 같은 기기를 이용하여 일정한 수분을 공급한 후 세정하는 것이 좋다.

헤어스티머는 미립자의 수증기를 이용하여 두피 각질 및 이물질 등을 부드럽게 연화하거나 모발과 두피에 부족한 수분 공급을 해주는 기기로, 최근 헤어 스티머의 복합적 기능이 추가되어 두피 · 모발관리에서 헤어 스티머의 사용이 더욱 편리해지고 효율적으로 되었다.

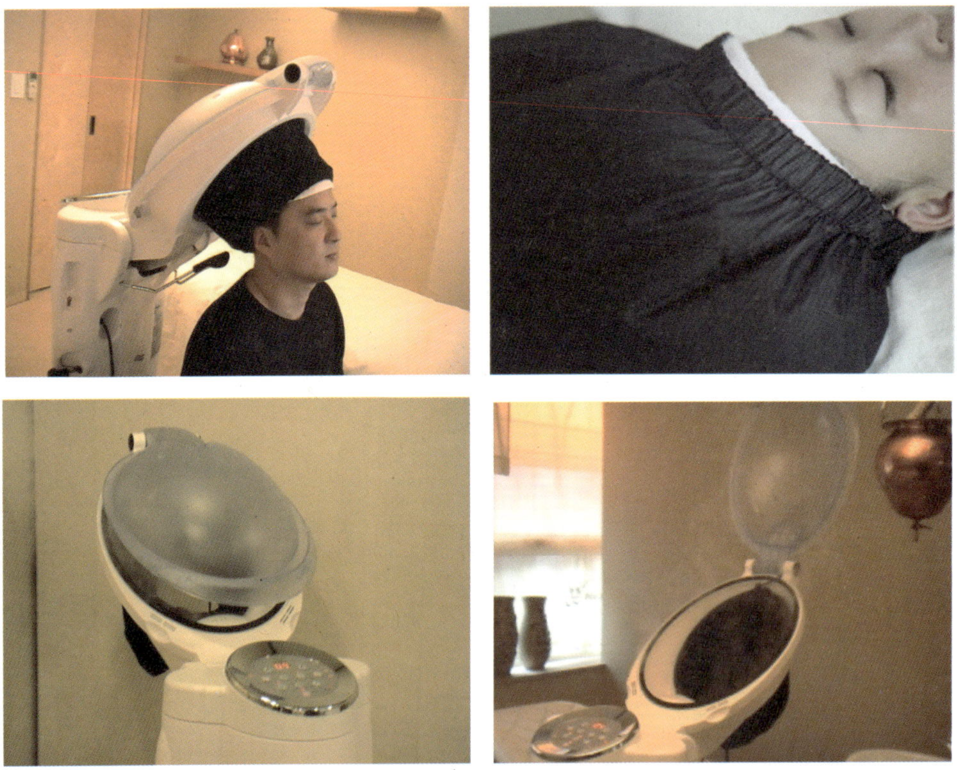

그림 4-22 헤어 스티머

4. 아로마 테라피를 활용한 고객 이완 과정

고객에게 적합한 아로마 향을 선택하여 시술자의 손바닥에 2~3 방울 떨어뜨린 후 손바닥을 비빈다.

고객이 향을 흡입할 수 있도록 주변으로 향을 발산한 후 고객의 어깨를 감싸면서 마사지 전 심신의 이완을 유도한다.

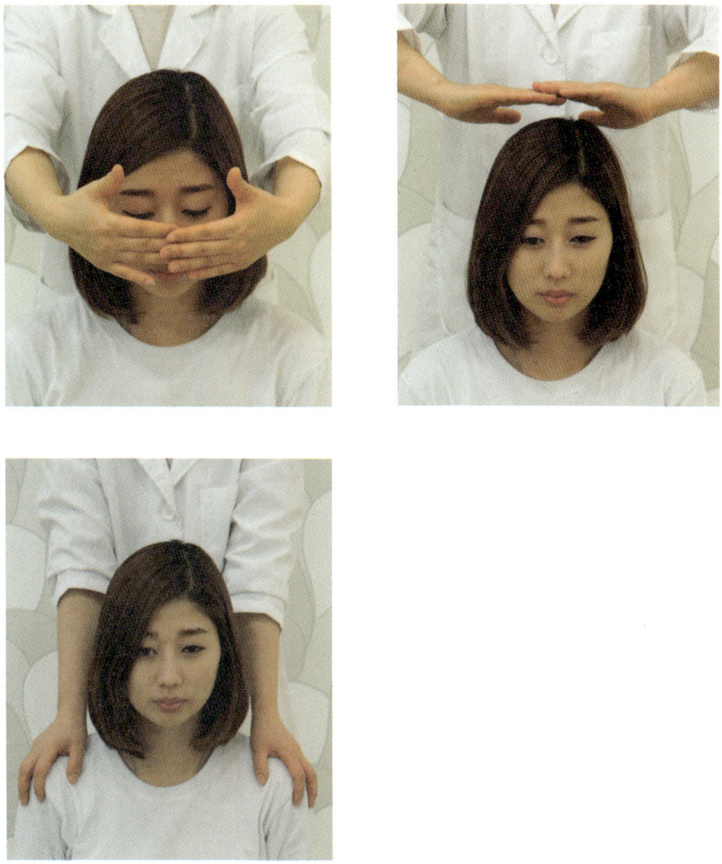

그림 4-23 아로마 테라피를 활용한 고객 이완 과정

5. 마사지 단계 (scalp massage)

탈모를 예방하기 위해서는 두피와 모발의 혈액순환을 촉진해 주는 것이 중요하므로 두피 마사지를 효율적으로 활용해야 한다. 이때 두피에 직접 마사지를 하는 것도 중요하지만 두피로 가는 혈행을 원활히 해주는 것 역시 중요하다. 스트레스성 고객의 경우 어깨와 목 근육이 경직되어 있는 경우가 대부분으로 이런 근육을 이완시키지 않은 상태에서 두피 마사지만을 진행하면 오히려 두통이 발생할 수 있다.

긴장된 어깨와 목, 상박의 근육을 이완시켜 궁극적으로 두피 근육으로 가는 혈행을 도와주는 단계나. 관리를 시작하기 전 원활한 인체의 순환을 위해 벨트, 신발, 액세서리 등 조이는 부분을 풀어준다. 마사지 방법은 직접 손으로 하는 경우와 여러 기기를 이용하는 방법이 있으며 둘의 장단점을 보완하여 함께 시행하면 더욱 효과적이다.

탈모가 있는 사람들은 보통 사람들보다 어깨 근육이나 목 뒤의 근육 등이 더 뻣뻣하고 결리는 증상을 자주 겪으며 안면 근육이나 턱 관절을 무겁게 느끼는 경우도 있다. 이것은 단순히 증상에서만 끝나는 것이 아니라 어떤 이유에 의해 혈액순환이 저해받고 있다는 것을 뜻하며, 이는 탈모의 간접적 요인이 될 수 있다.

특히 스트레스를 받으면 이러한 현상이 자주 발생하는데, 이는 두피로의 혈액순환을 방해할 뿐만 아니라 자율신경계에 영향을 주어 탈모를 촉진하는 또 다른 요인이 되기 때문에 스트레스를 피하는 것도 매우 중요하다.

두피모발시술 장면

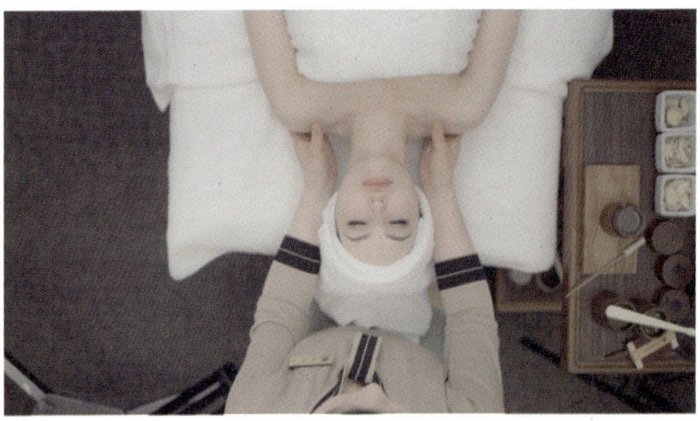

Tip 등 마사지와 어깨 마사지

① 두피 마사지 전 긴장된 어깨와 목, 상박의 근육을 이완시켜 두피 근육으로 가는 혈행을 도와주는 단계이다. 첫 단계에서 발 마사지나 족욕 등으로 발의 혈행을 풀어주면 두피 관리에 더 효과적이다. 스트레스성 탈모 고객의 경우 어깨와 목 근육이 경직되어 있는 경우가 대부분이다.

② 뭉친 근육과 막힌 혈을 풀어주고 릴렉싱(relaxing) 마사지를 한다.

③ 두피 자극으로 혈관이 확장되며 그로 인해 혈류량이 증가하고 증가된 혈류량으로 대사가 활발해져 결국 두피의 영양 공급이나 노폐물 배출에 도움이 된다.

④ 고개를 앞으로 약간 숙인 상태에서 목 뒤쪽의 뭉친 근육을 손으로 풀어준다.

⑤ 고개를 뒤로 젖힌 상태에서 목 뒤쪽의 뭉친 근육을 손으로 풀어준다.

⑥ 어깨 승모근의 뭉친 부분을 주물러 뭉친 근육을 풀어준다.

⑦ 견갑골 부근을 돌아가며 손으로 눌러준다.

⑧ 상박 근육을 손으로 주물러 풀어준다.

⑨ 목부터 어깨, 상박, 견갑골 아래 위치까지 두 손의 손날로 가볍게 때리면서 마사지를 마무리한다.

마사지 기법

① **경찰법** (effeurage)
손바닥 전체로 가볍게 문지르는 방법

② **강찰법** (friction)
피부를 강하게 누르면서 문지르는 방법

③ **유연법** (kneading)
다섯 손가락을 이용하여 근육을 주무르는 방법

④ **진동법** (vibration)
손바닥 전체를 이용해서 근육을 흔들리게 하는 방법

⑤ **고타법** (percussion)
손바닥을 이용하여 두드리는 방법

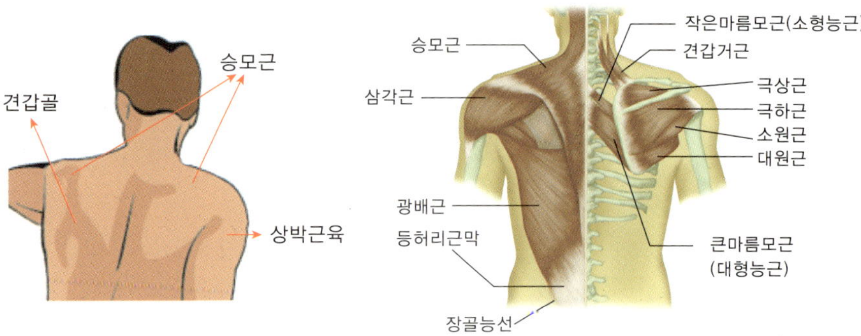

그림 4-24 등과 어깨 주요 마사지 근육

마사지의 경혈점(Face)

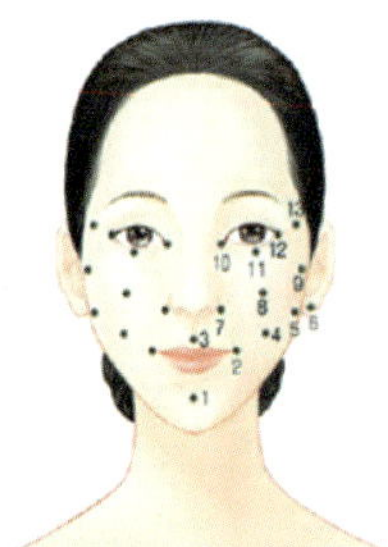

① 승 장
아랫입술 가운데 들어간 곳
② 지 창
입술 바로 옆
③ 수 구(인중)
윗입술 가운데 들어간 곳
④ 권 료
입술과 눈동자가 만나는 곳
⑤ 청 회
귀와 턱이 만나는 점
⑥ 예 풍
귀의 아래쪽 부분
⑦ 영 향
콧 방울 바로 옆
⑧ 거 료
코와 눈동자 만나는 곳
⑨ 청 궁
귀 옆 위
⑩ 정 명
눈앞머리
⑪ 사 백
눈 아래 가운데
⑫ 동자료
눈꼬리 부분
⑬ 관자놀이
눈썹과 눈 사이에서
2cm 정도 나간 지점

마사지의 경혈점(Scalp)

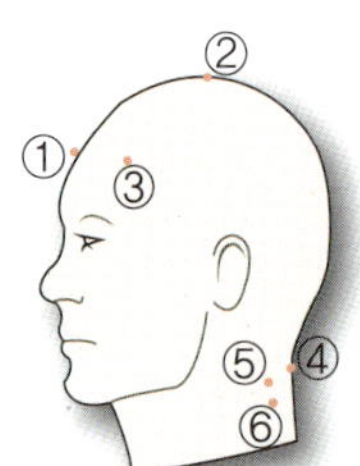

① 신 정
이마의 중앙 머리가 나기 시작한 정 중앙점
② 백 회
머리의 정수리
③ 두 유
머리 양가 모서리 각진 부위에서 1.5cm 올라간 곳
④ 아 문
뒷머리 중앙의 머리가 나기 시작하는 부위의 오목한 곳
⑤ 풍 지
목뼈의 좌우 양쪽 근육의 바깥 움푹 패인 곳
⑥ 천 주
뒷머리 아문과 풍지 중간에 위치

그림 4-25 마사지 경혈점

[두피 마사지 순서]

모든 스트레칭(stretching)은 반드시 천천히 움직여 원하는 마지막 지점에서 잠시 누르는 듯 머물러야 효과가 있으며, 처음부터 무리하게 행하지 말고 차츰 그 각도를 넓혀가면서 진행한다. 모든 마사지 동작은 고객의 근육 상태에 따라서 2~3회 반복한다.

고객이 마사지를 받을 준비를 하는 동안 시술자는 스스로 간단한 스트레칭을 하며 먼저 몸을 푼 후에 고객 마사지를 한다.

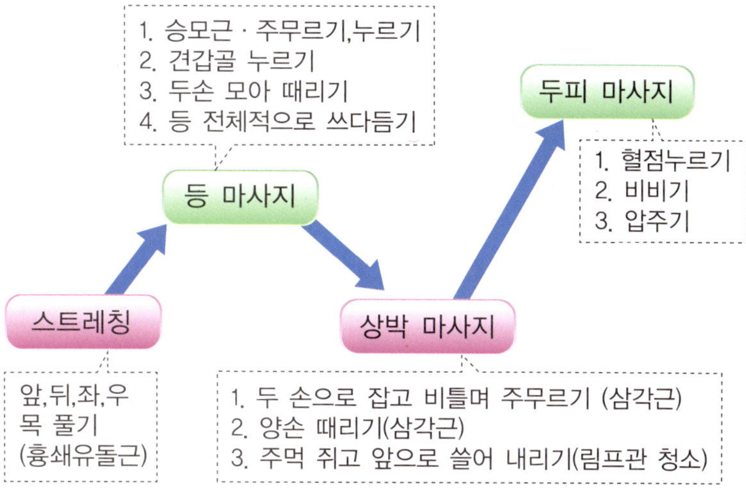

그림 4-26 두피 마사지 순서

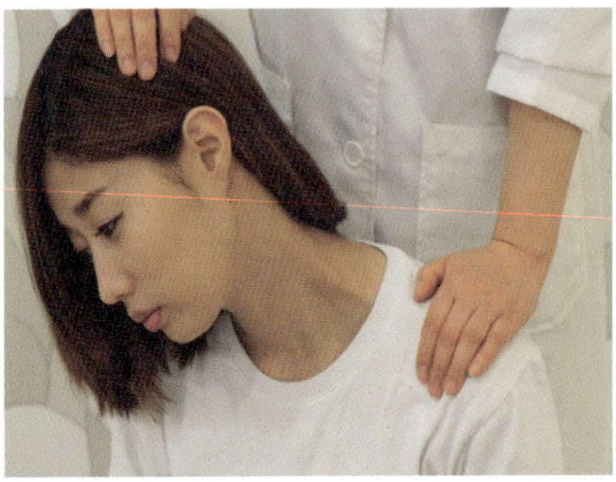

(1) 목 주변 근육 스트레칭

① 좌 · 우로 스트레칭: 고객의 두상을 두 손으로 조심스럽게 잡고 얼굴을 45° 방향을 틀어 좌측으로 지그시 누른 후 스트레칭한다. 같은 방법으로 우측으로 스트레칭한다.

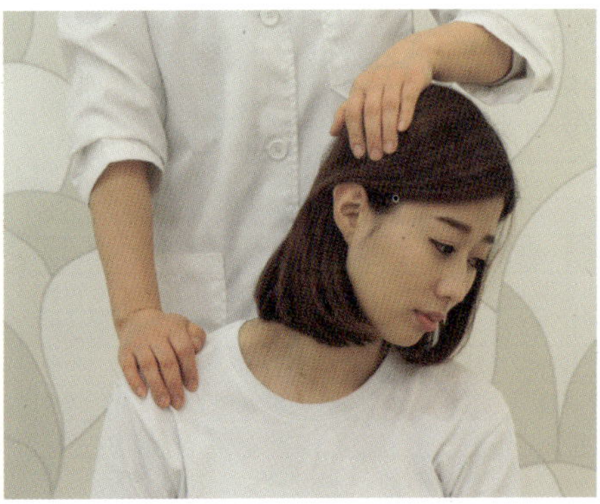

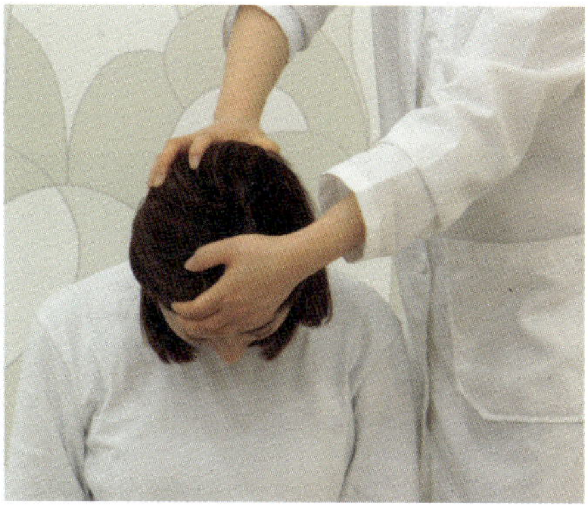

(정면)

(측면)

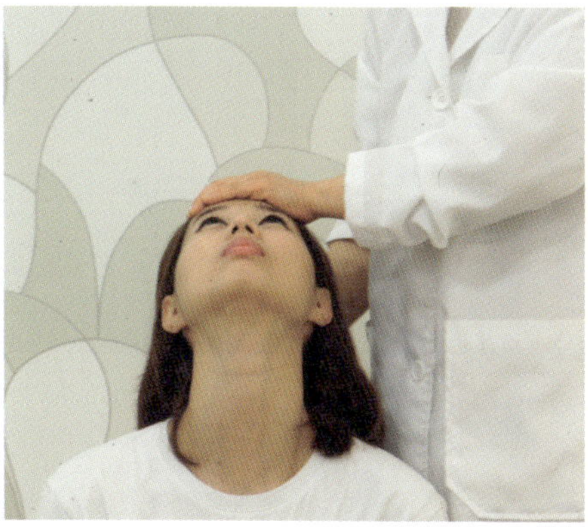

(정면)

(측면)

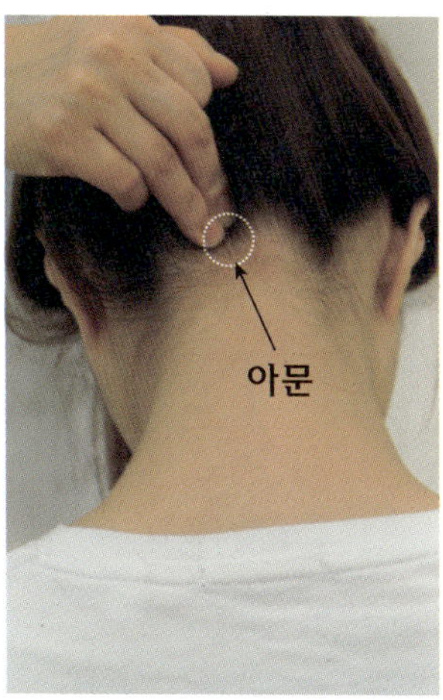

② **앞 · 뒤로 스트레칭**: 고객의 두상을 한 손으로는 방향성에 따라 밀고 다른 한 손으로는 고객의 머리가 갑자기 떨어지지 않도록 받친 후 앞으로 고개를 숙여 스트레칭한다.

같은 방법으로 고객의 고개를 뒤로 천천히 젖히며 뒷목을 받치는 손가락을 이용하여 자연스럽게 아문 혈점에 자극을 준다.

(2) 승모근 마사지

① 주무르기

승모근을 가볍게 주무른 후 중심에서부터 좌 · 우측으로 각각 3등분하여 누른다(견중유, 견정, 견료).

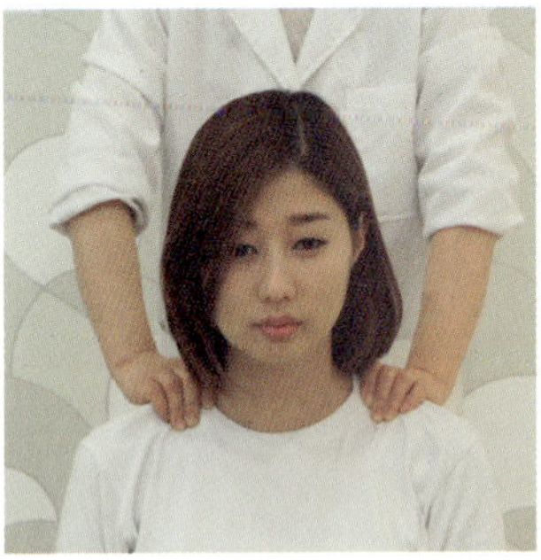

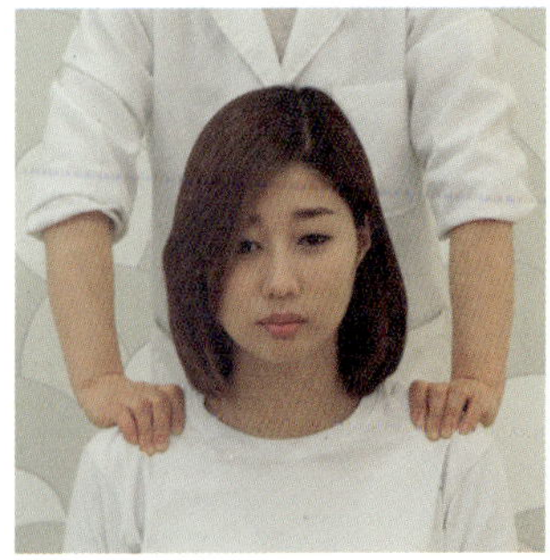

② 당기기

어깨를 잡고 엄지손가락을 승모근에 고정한 후 승모근을 중심에서부터 좌 · 우측으로 각각 3등분하여 뒤쪽, 즉 시술자의 방향으로 끌듯이 잡아당긴다.

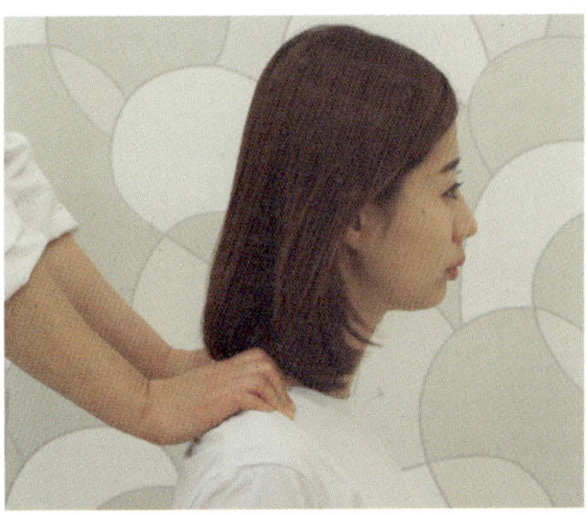

③ 혈점누르기

견중유, 견정, 견료를 누른다.

(견중유)

(견정)

(견료)

(3) 기립근 및 견갑골 마사지

① 기립근 따라 눌러주기

엄지손자락을 이용해 기립근을 따라가며 자극을 준다.

(기립근)

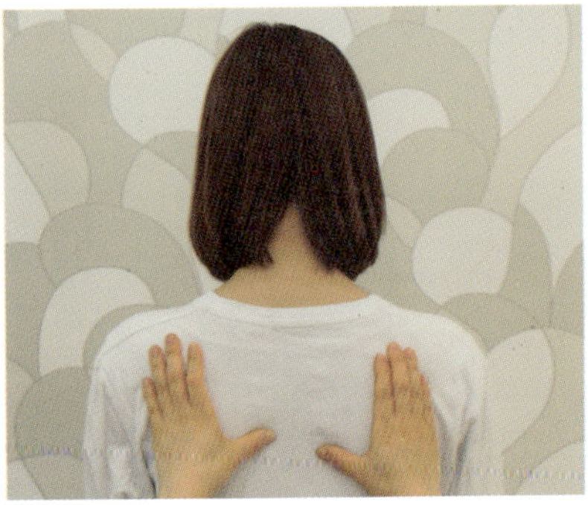

② 견갑골 주변 눌러주기

견갑골 주변을 2, 3, 4, 5지를 모아 눌러서 자극을 준다.

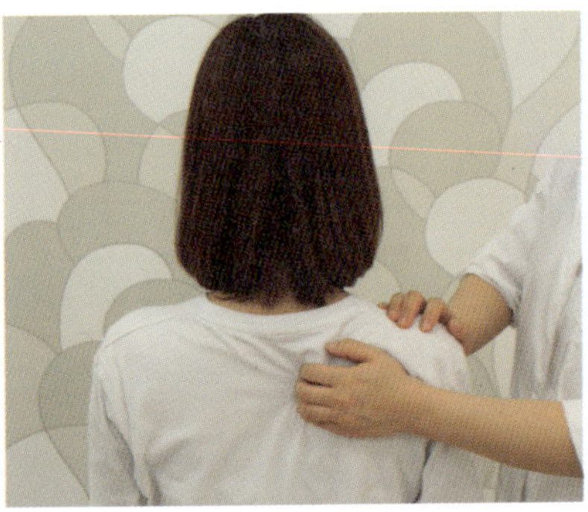

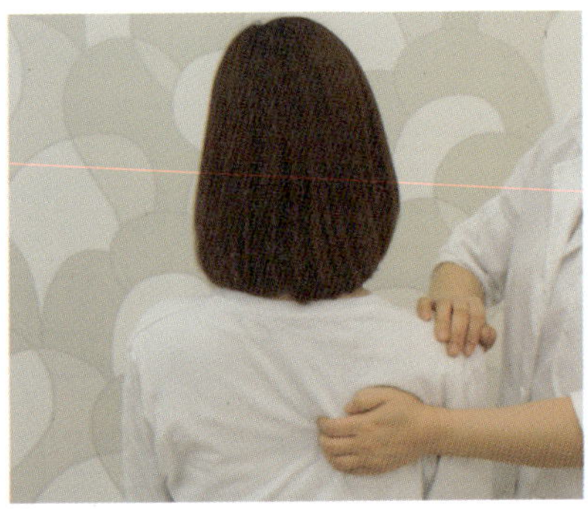

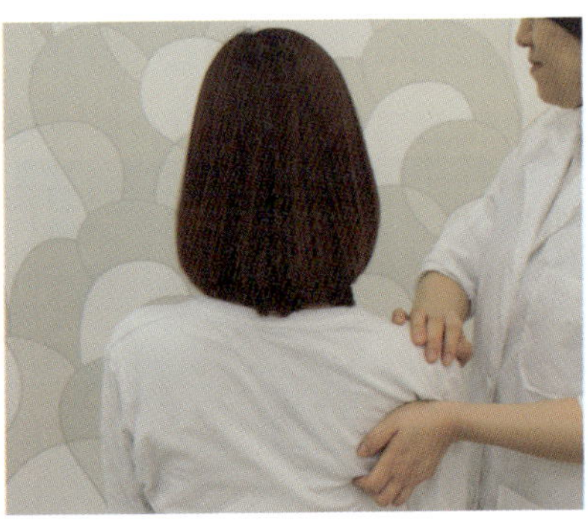

③ 두드리기

두 손을 모아 손 옆면의 날과 손등을 이용하여 골고루 두들겨 준다.

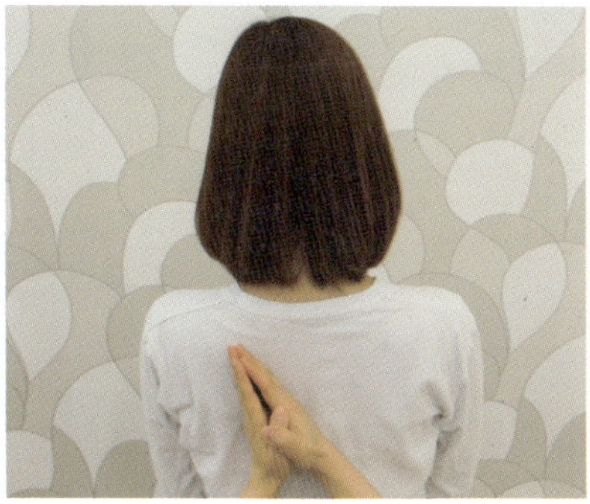

④ 쓰다듬기

양손을 이용하여 등 전체를 쓸어내리듯 쓰다듬는다.

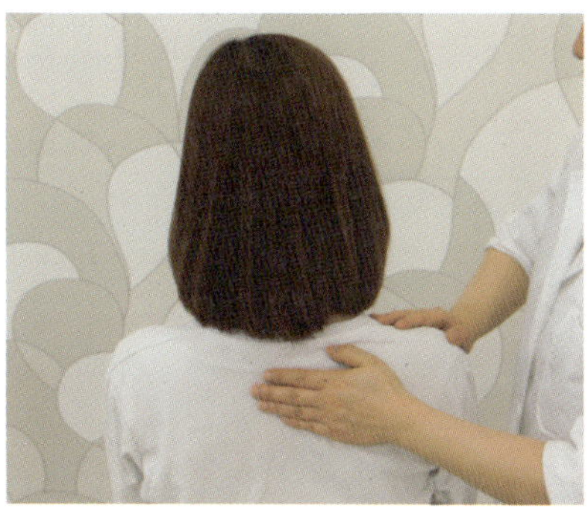

(4) 상박 마사지

① 고객 앞으로 밀기

한 손으로 각각 좌 · 우측 삼각근을 잡고 천천히 고객 앞으로 밀어준다.

② 비틀기

양손으로 각각 좌 · 우측 삼각근을 잡고 천천히 살짝 비틀어 준다.

③ 두드리기

한 손으로 각각 좌 · 우측의 삼각근의 측면을 소지측면으로 두들겨 준다.

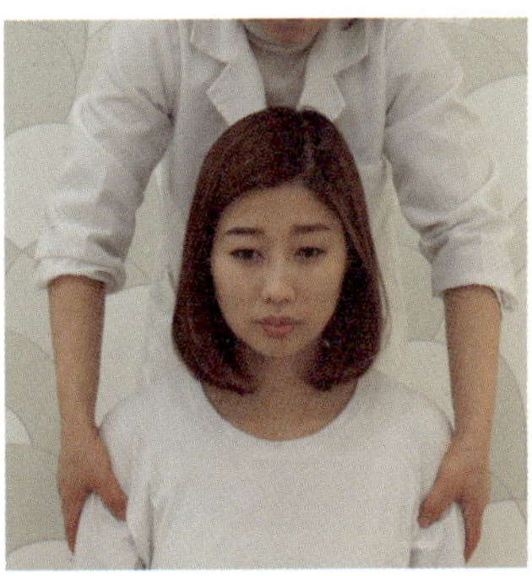

④ 가볍게 쓸어내리기

한 손으로 각각 좌 · 우측 삼각근의 측면을 골고루 쓸어 내린다.

⑸ 두피 마사지

① 혈점 누르기

아문에서 좌우측 각손까지, 신정에서 백회까지, 곡차에서 백회까지, 두유에서 백회까지, 아문에서 백회까지 혈점을 골고루 자극한다. 자세에 따라 엄지손가락이나 그 밖에 편리한 손가락을 이용하여 천천히 압을 주면서 누르고 압점에서 5초 동안 머무른 후에 다음 지점으로 이동한다.

• 아문에서 좌우측 각손까지

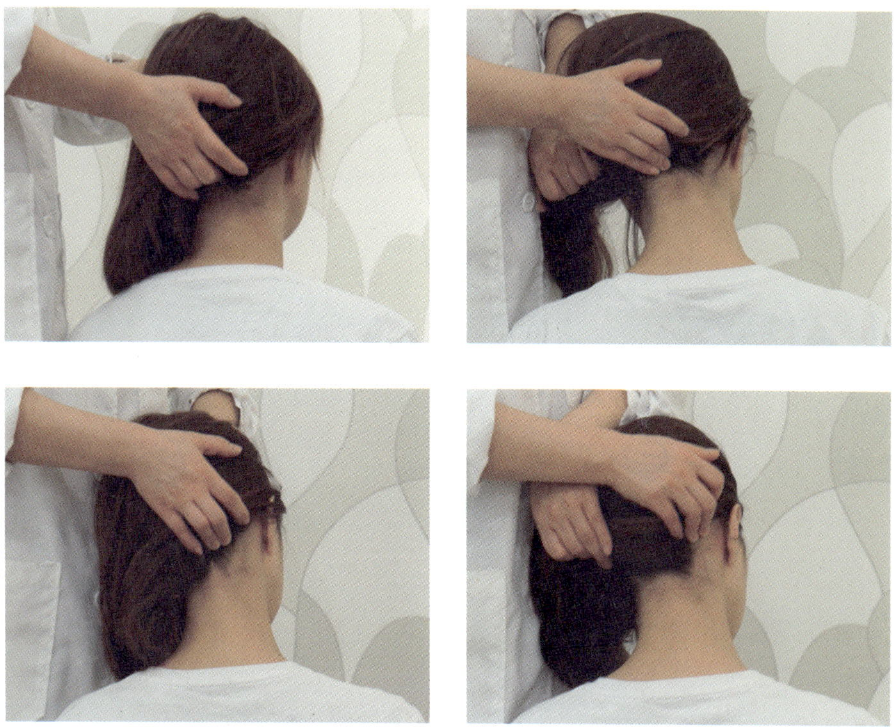

• 신정에서 백회까지

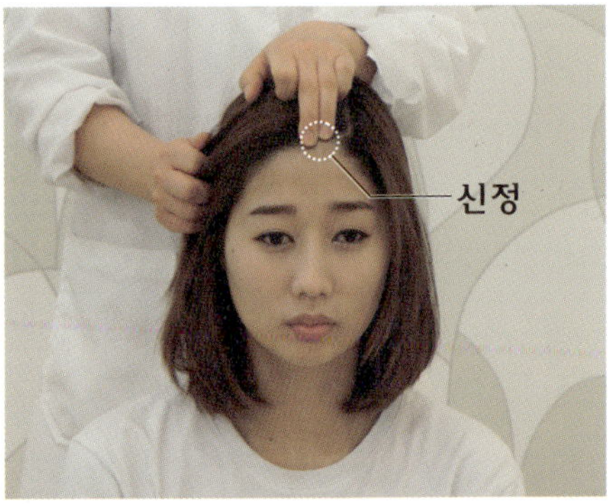

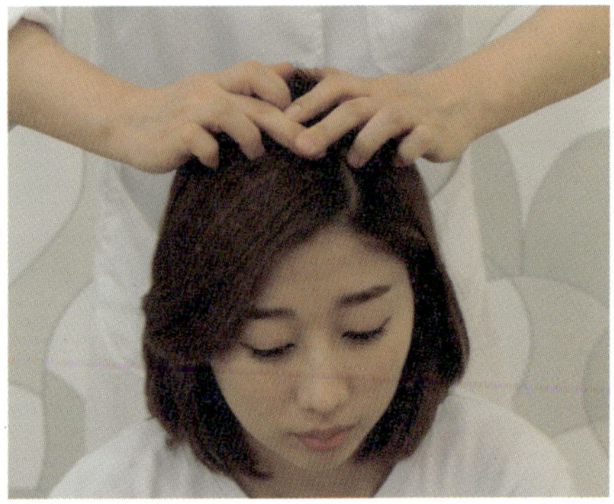

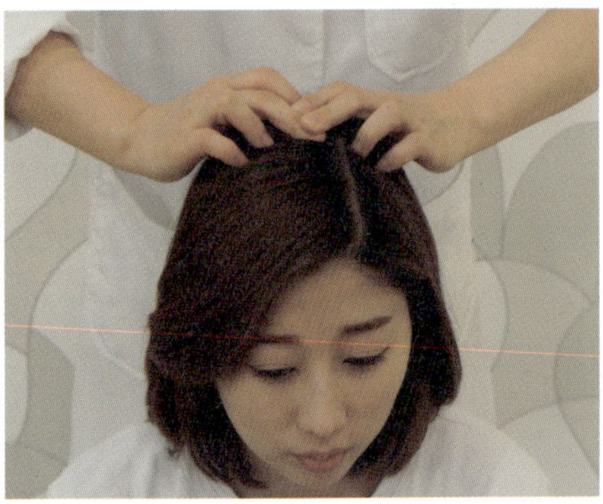

• 곡차에서 백회까지

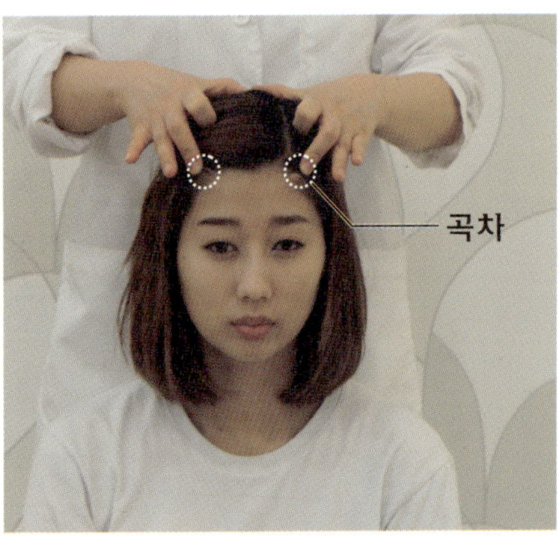

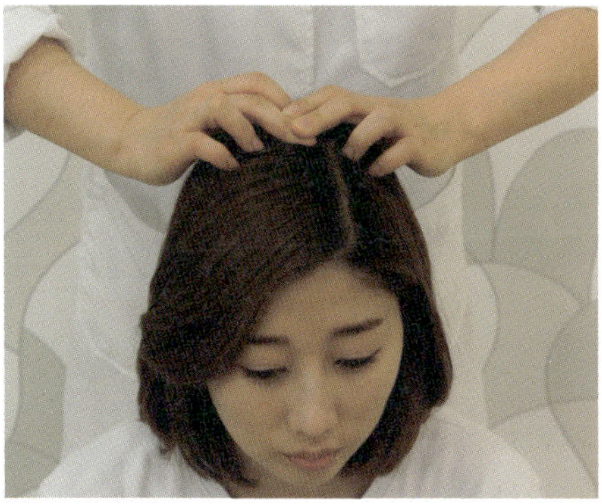

• 두유에서 백회까지

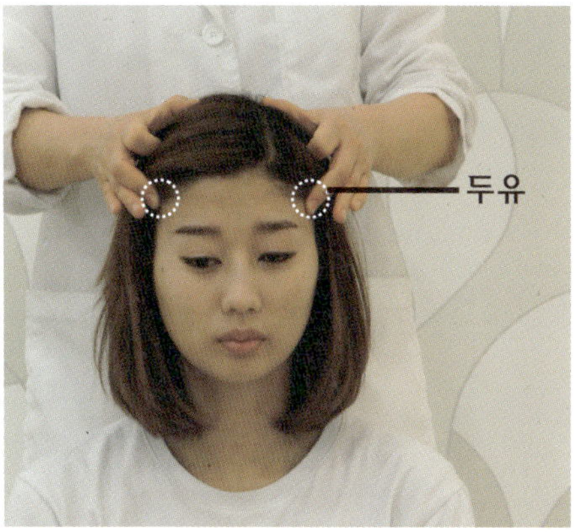

• 아문에서 백회까지

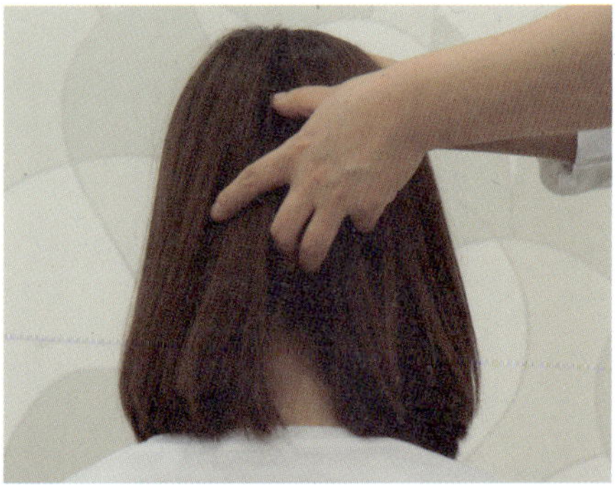

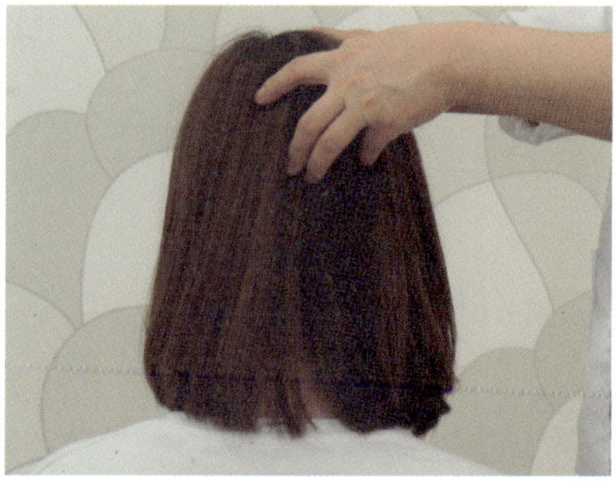

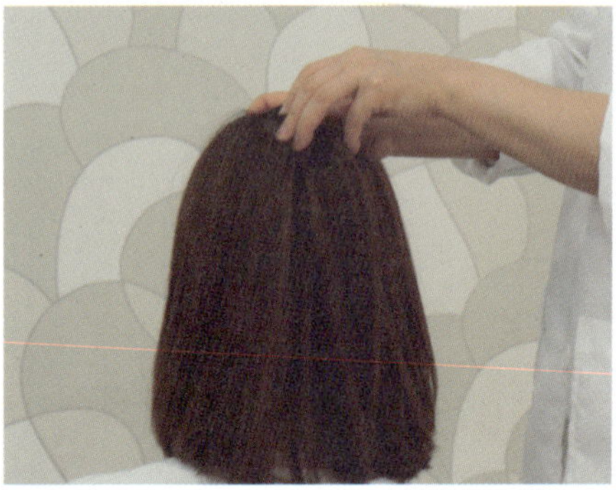

② 전체 감싸며 압주기

고객의 두상 전체를 3~4등분하여 양손으로 감싸듯 천천히 압을 주고 풀면서 모발을 털어 준다. 이때 모발이 긴 고객의 경우에는 모발이 당겨지지 않도록 주의한다.

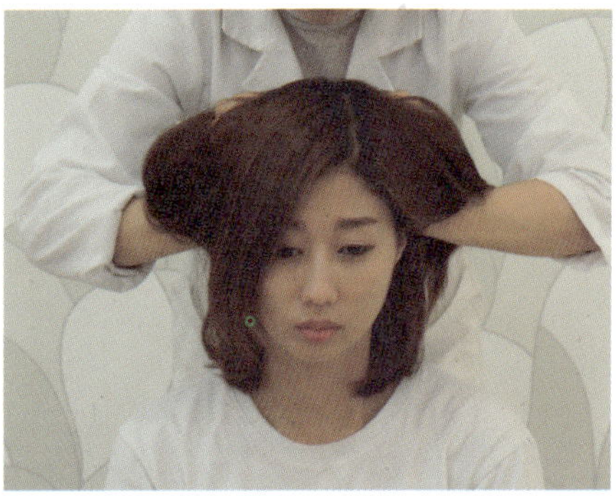

③ 지그재그 마사지

소지측면으로 압을 주어 백회 방향으로 모상건막을 들어올린다.

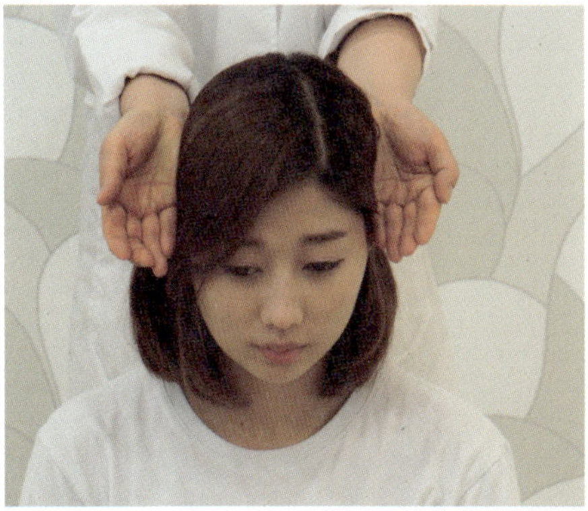

④ 모발 당기기

모발을 주먹으로 움켜잡고 최대한 두피에서 가까이하여 90° 각도로 천천히 주먹을 쥐면서 당기고 놓아주기를 반복한다.

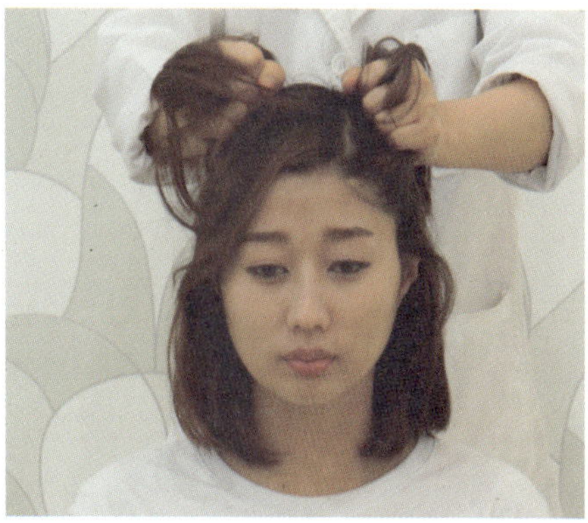

⑤ 핀칭

손끝으로 두피 전체를 지그시 잡고 골고루 양손으로 집었다가 놓으며 튕겨준다. 핀칭이 끝난 후에 모발을 정리해 준다.

(6) 귀 마사지

① 혈점 누르기

이문에서 청궁, 청회, 예풍까지 손가락 3지와 4지로 압을 주어 혈점을 골고루 자극한다.

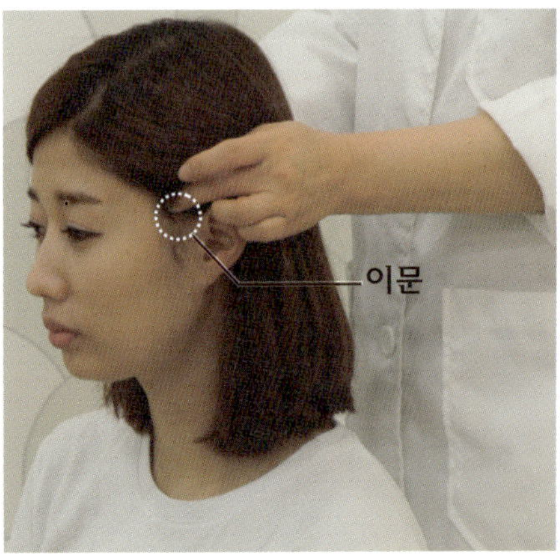

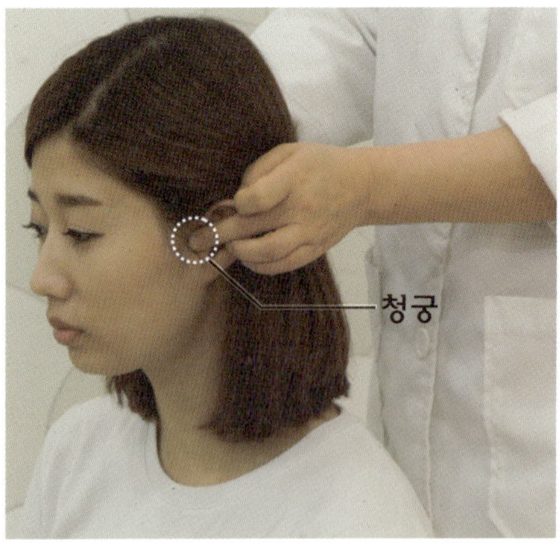

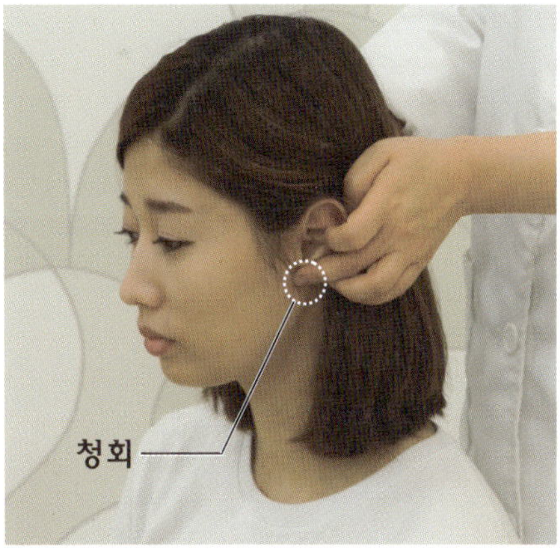

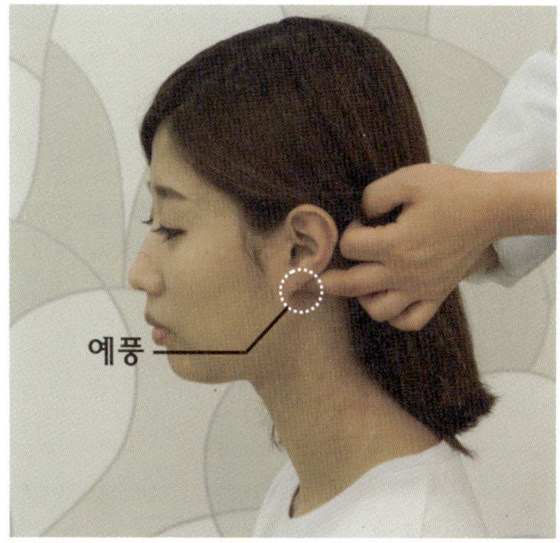

② 펼치기

귀 전체를 안쪽에서 바깥쪽으로 주름을 펴듯이 주무른다.

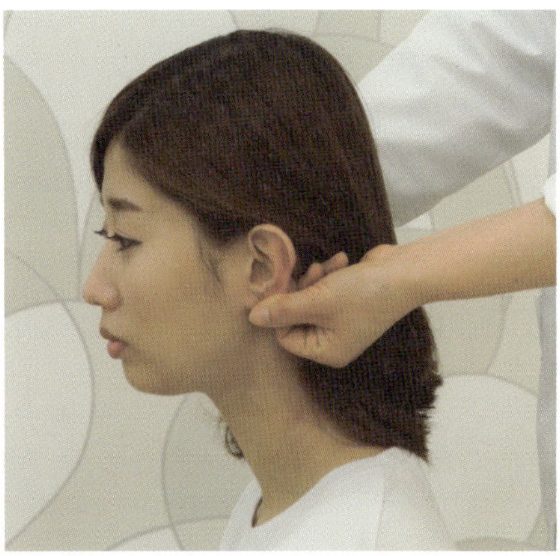

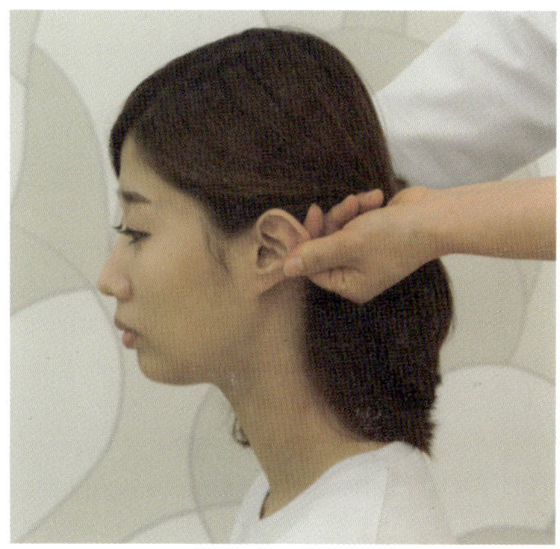

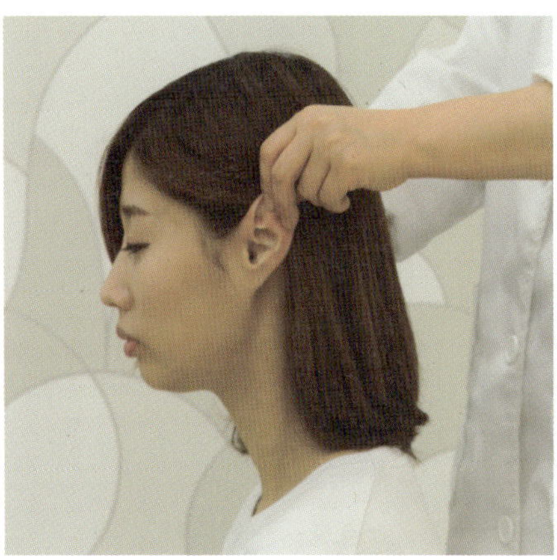

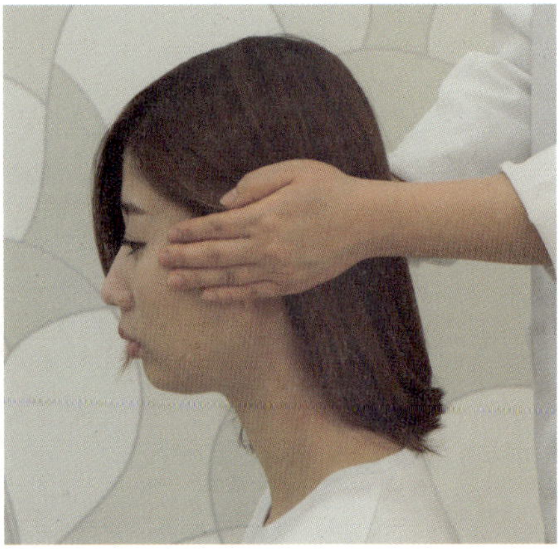

③ 접어 두드리기

귀를 안쪽으로 천천히 접어 손등으로 지그시 누른 상태에서 다른 손으로 두드려 준다.

⑺ 기 정리 : 시술자의 손바닥을 비벼서 온기를 만든다.

① 눈 감싸기

시술자의 손을 펼쳐서 양손 끝은 마주하는 자세로 고객의 눈앞에 3초 정도 머무른다.

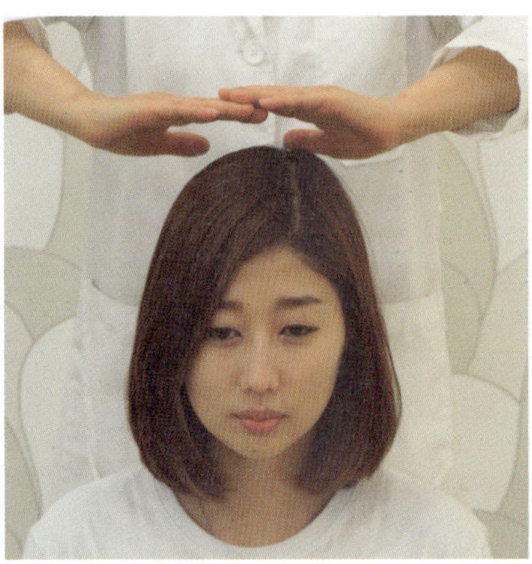

② 백회 감싸기

손바닥을 펼쳐 백회 위에서 3초 머무른다.

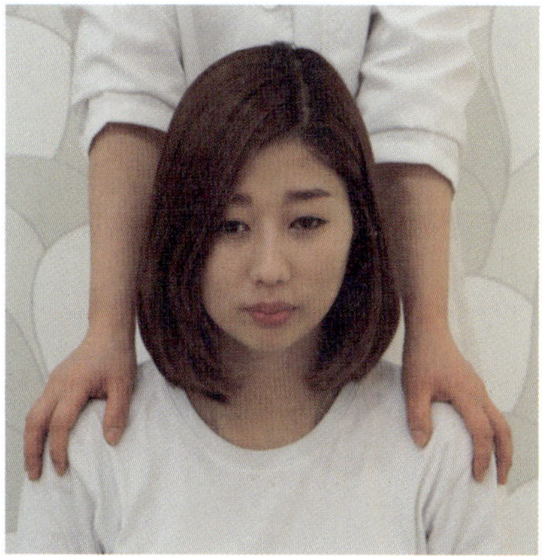

③ 어깨 쓸어내리기

손바닥을 펼쳐 양쪽 어깨를 가볍게 쓸어내리며 마무리한다.

혈액순환을 위한 관리법

현대인의 잘못된 자세는 근육 뭉침과 혈액순환 장애로 이어지는 경우가 많다. 바른 자세는 어깨와 목의 긴장감을 풀어주고 머리로의 혈액순환을 원활히 한다. 따라서 어깨와 허리를 펴고 척추 본연의 S라인을 살려주면서 올바른 자세를 취하는 것이 좋다. 반면 한쪽으로만 잠을 잔다든지, 고개를 지나치게 숙이거나 허리를 구부정하게 하는 것, 어깨를 움츠리는 것 등은 좋지 않은 자세이다.

책상에서 일을 하는 경우에는 자주 가슴을 펴거나, 기지개를 켜면서 몸의 긴장도를 풀어주고 스트레칭을 해주는 것이 좋다. 한 자세로 오래 있으면 혈액순환이 어려워지므로 자주 자세를 바꿔주거나 움직이는 등 운동을 하는 것이 중요하다.

반신욕이나 족욕으로 혈액순환을 촉진하는 것도 좋은 방법이다.

특히 족욕을 하면 스트레스로 인해 뭉친 목 뒤와 어깨를 풀어주기 때문에 탈모환자에게는 매우 도움이 되는 방법이다. 그 뿐만 아니라 족욕은 긴장을 풀어주고 스트레스를 해소하며 몸을 이완시켜 주기 때문에 통증을 덜고 체내 노폐물 배출에 도움을 준다. 족욕을 할 때에는 물의 온도는 약 15~38℃ 정도로 10~20분 동안 시행하는 것이 좋다.

6. 세정

(1) 세정과정

두피 및 모발의 상태를 고려하여 샴푸와 린스 제품을 선택한다. 가급적 미지근한 온도의 물을 사용하며 적절한 지압으로 마사지를 한 후에 제품이 두피와 모발에 남지 않도록 충분히 헹군다.

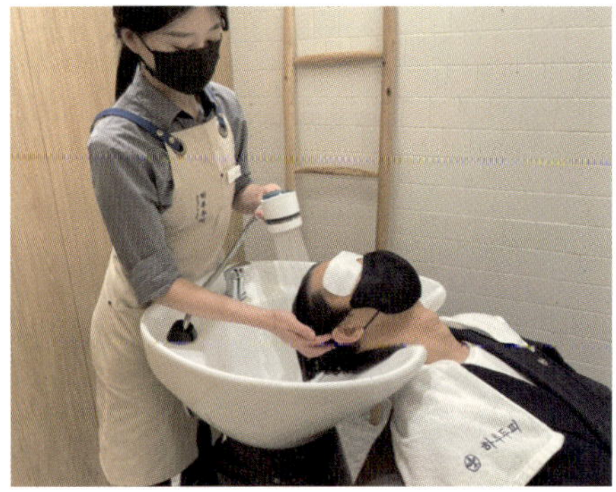

세징 단계에서 스캘프 펀치(scalpunch, 수압을 이용한 두피 마사지 세정기)와 같은 기구를 사용하여 세정과 동시에 두피의 혈액순환을 돕기도 한다. 샴푸는 두피와 모발의 더러움을 제거해 주고 피지 분비를 촉진시켜 모발을 건강한 상태로 유지시켜 준다.

샴푸나 린스의 잔여물은 두피의 모공을 막아 두피 · 모발에 손상을 주고, 끈적거리고 때가 더 잘 타는 원인이 되므로 충분히 헹구는 것이 중요하다. 두피 상태에 따라 기능성 샴푸를 선택하여 두피의 노폐물 제거 · 영양 공급 · 두피질환 관리를 위해 깨끗하게 샴푸한다.

Tip **샴푸하는 방법**

① 머리를 미지근한 물로 충분히 적신다.
② 적당량의 샴푸를 두피에 바른 후에 거품을 낸다.
③ 손가락의 지문을 이용하여 두피를 비비며 마사지해 준다.
④ 혈점을 지그시 누른다.
⑤ 3분 정도 방치하여 두피를 문지르며 깨끗하게 헹군다.
⑥ 린스는 두피에서 5cm 떨어진 부분부터 바른 후에 손가락으로 쓸어준다.
⑦ 마지막에 찬물로 헹구어 주면 모공 수축에도 도움이 된다.
⑧ 샴푸 후 두피 주변부터 가볍게 말린다.

Tip 샴푸대

두피 · 모발관리에서 샴푸 단계는 두피 마사지와 세정을 겸하는 중요한 단계이지만 샴푸대에서 특히 고객의 목 부분이 불편하여 가급적 빠른 시간 내에 세정을 마칠 수 있도록 구성되어 있었다. 그러나 최근 들어 샴푸대의 기능이 좋아져 고객이 샴푸대를 사용하는 자세가 편안해지면서부터 샴푸대에서 충분한 두피 마사지는 물론 하이드로테라피와 관련된 여러 가지 테라피의 적용이 가능해졌다.

현재 자동 샴푸대는 고급 살롱을 중심으로 마사지 테라피와 하이드로테라피의 병행을 가능하게 함으로써 두피 · 모발관리 고객에게 호응을 얻고 있다.

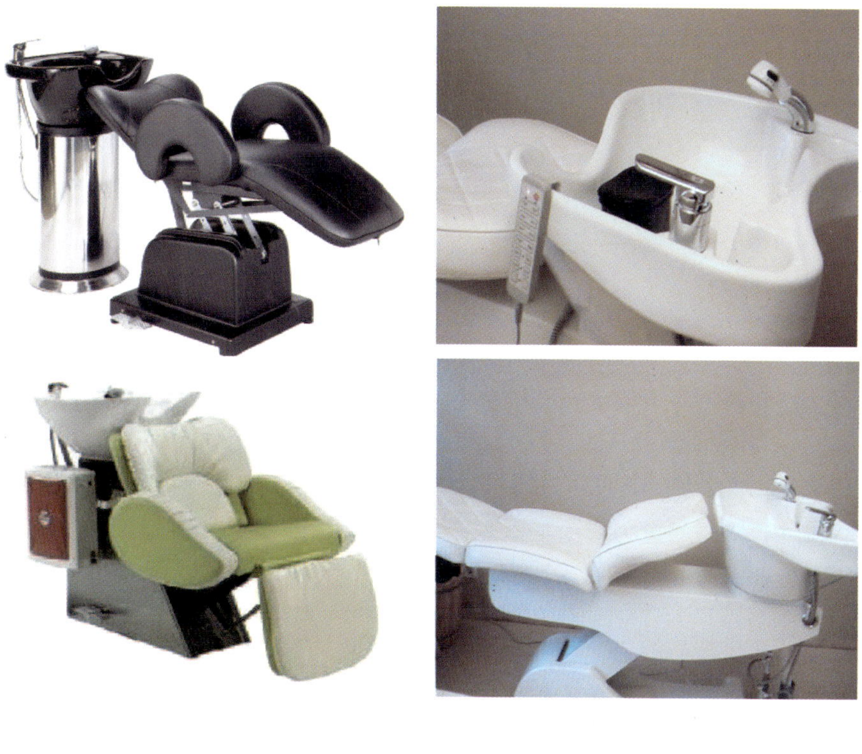

그림 4-27 자동 샴푸대

[샴푸 순서 및 방법]

(1) 고객 안내

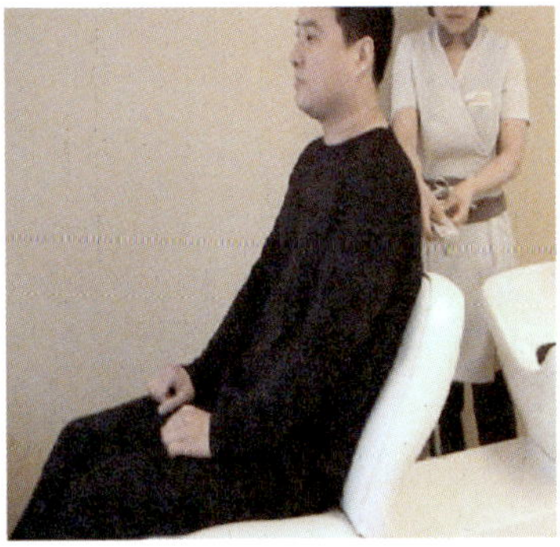

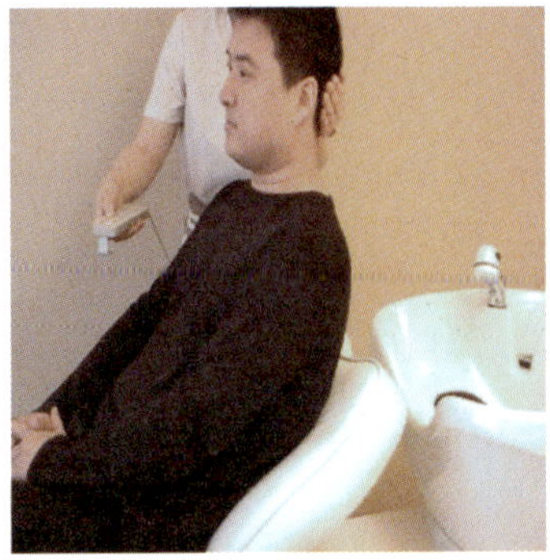

고객에 따라 신장 조건이 다르므로 샴푸대에 눕기까지 위치 및 자세를 편안하게 받쳐주고 맞춘다.

(2) 세정 준비하기

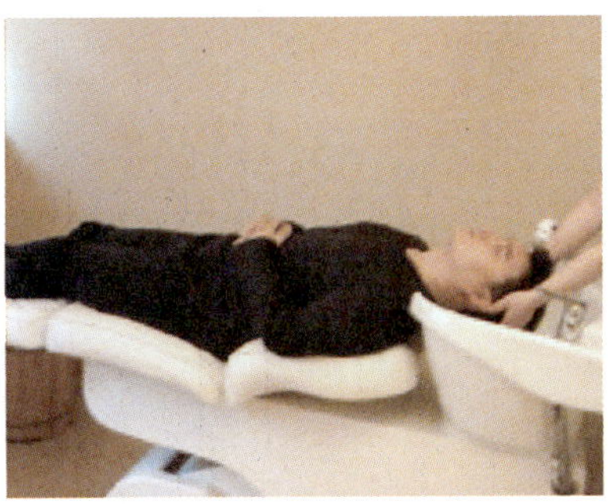

① 위치 고정하기

장시간 누워 있어야 하기 때문에 특히 목 부분의 편안한 고정이 중요하므로 고객의 느낌을 물어 위치를 고정한다.

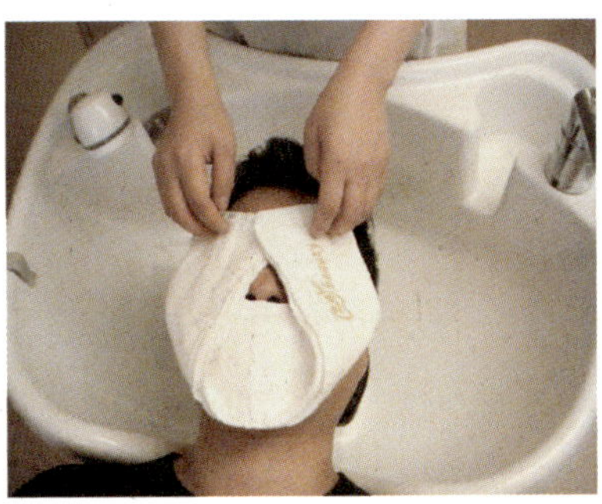

② 얼굴 가리기

세정 시에 물이 튀거나 조명에 불편감을 느낄 수 있으므로 수건을 활용하여 코를 뺀 나머지를 가려 준다.

(3) 온도 맞추기

먼저 시술자의 손등에 물살을 대고 적당한 온도와 수압을 맞춘다.

(4) 골고루 적시기

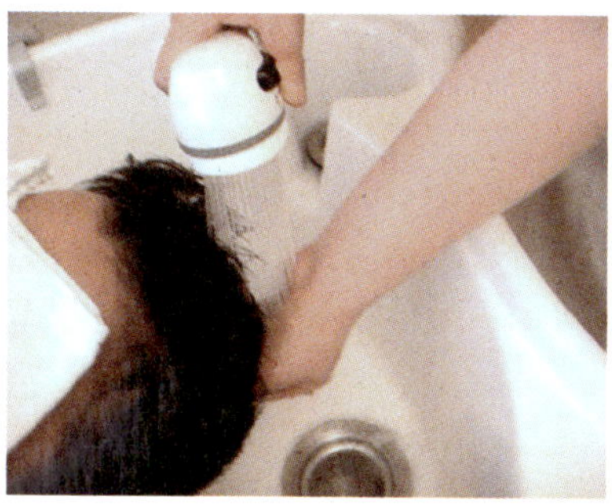

고객 두발을 물로 골고루 적신다. 이때 물이 튀지 않도록 다른 손으로 물살을 잘 막아준다.

(5) 샴푸 마사지

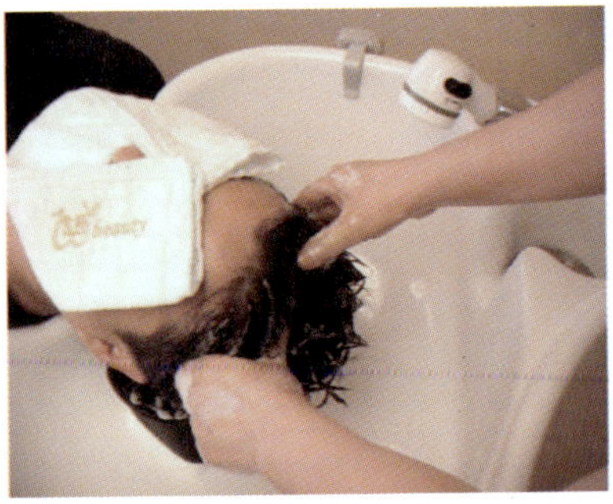

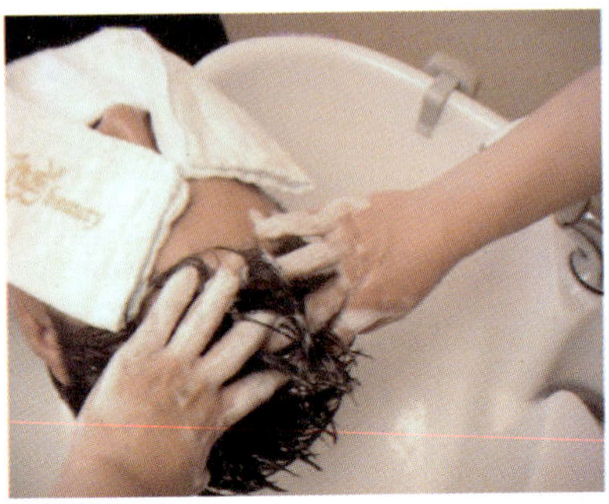

① 두정부 지그재그 마사지

제품에 충분히 거품을 내고 두정부에 지그재그 마사지를 하여 샴푸한다. 엄지손가락을 이용하여 지그재그를 하거나 나머지 네 손가락을 활용하여 지그재그를 한다. 손의 압력은 약하게 시작해 점점 강하게 마사지한다.

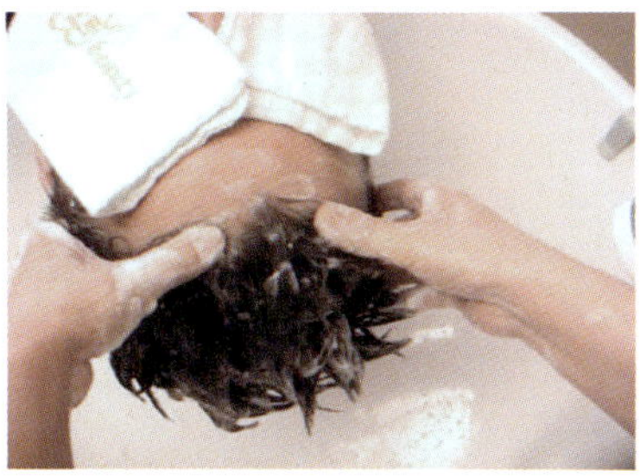

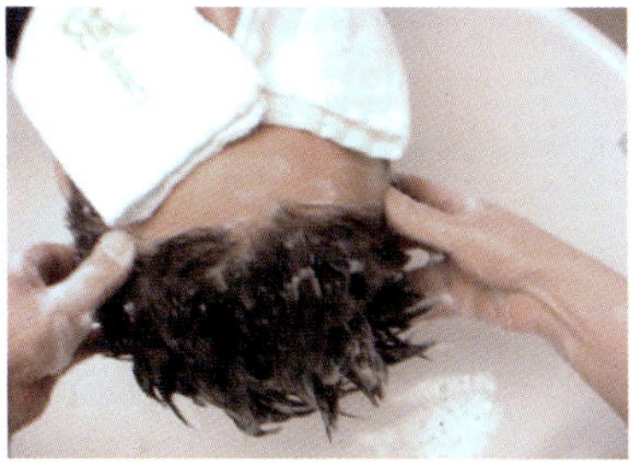

② 헤어라인 따라 누르기

엄지손가락을 이용하여 헤어라인을 따라 귓선까지 천천히 내려가면서 신정이나 두유 등 혈점 부분에서 한 번씩 압을 준다.

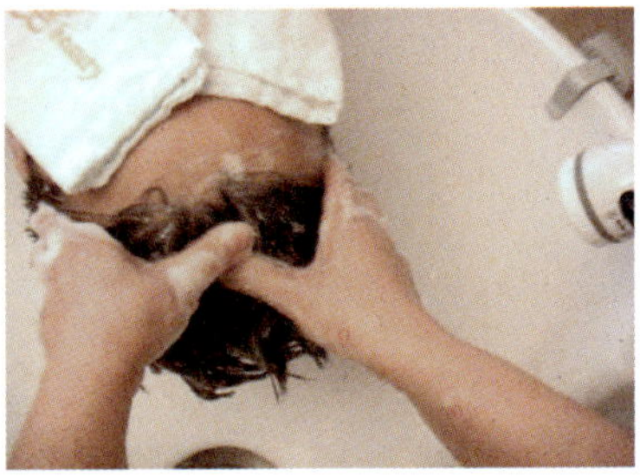

③ 두정부 혈점 누르기

엄지손가락을 모아 신정에서 백회까지 천천히 내려가면서 혈점을 누른다.

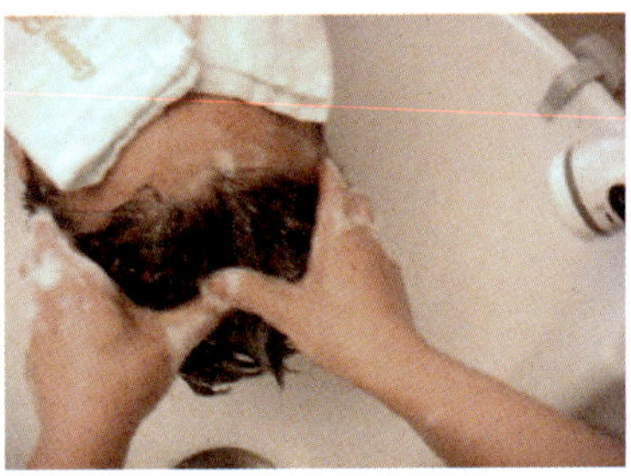

④ 두정부에서 측두부 마사지

엄지손가락으로 백회에서 귓선까지 천천히 내려가면서 혈점을 누른다.

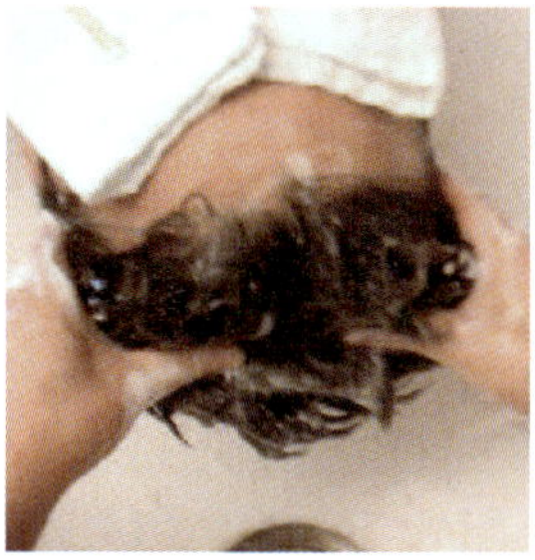

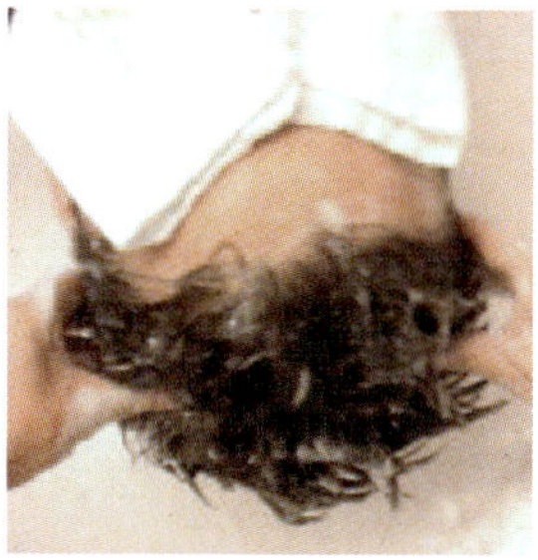

⑤ 측두부 마사지

네 손가락을 이용하여 양쪽 측두부를 둥글게 굴리며 마사지한다.

⑥ 후두부 마사지

고객의 고개를 헤드 홀더를 중심으로 한편으로 돌린 뒤에 후두부 부위를 끌어올리듯 마사지한다.

⑦ 뒷목 마사지

고객의 뒷목을 끌어올리듯 마사지한다.

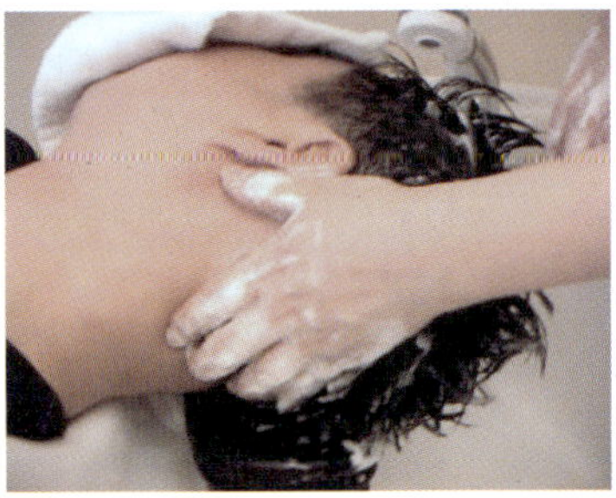

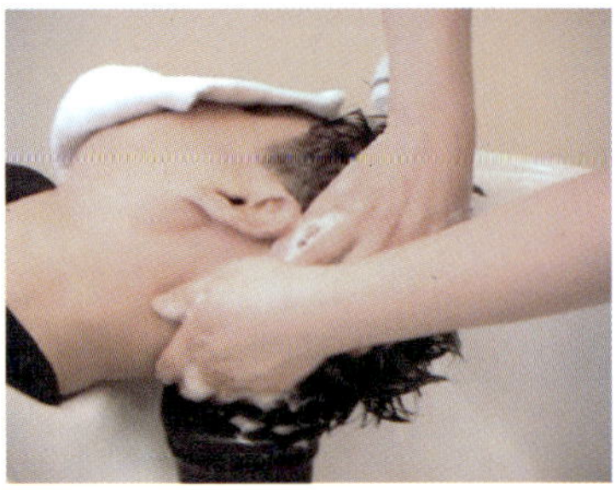

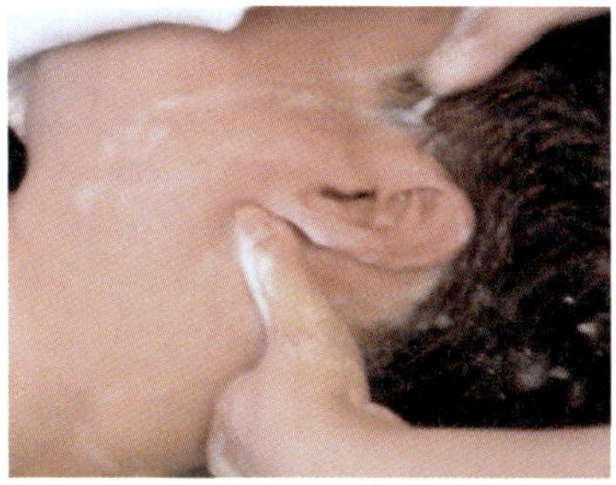

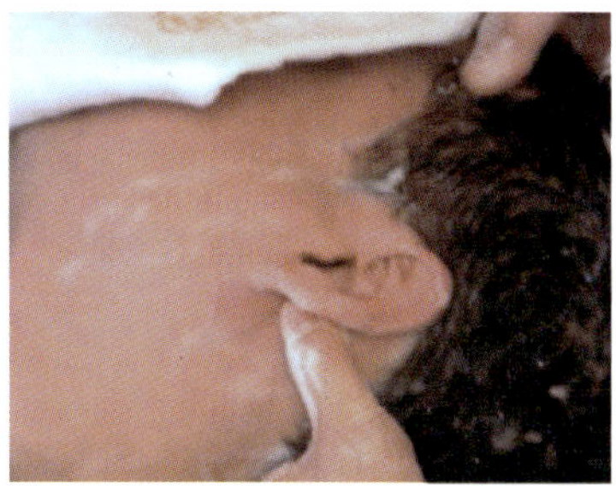

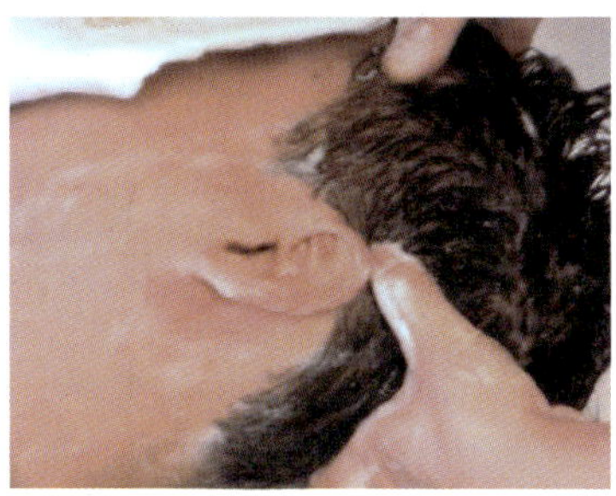

⑧ 귀 주변 마사지

귀 주변의 혈점들을 골고루 자극해 마사지한다.

(6) 세정하기

물이 튀지 않도록 주의하면서 골고루 세정한다.

(7) 타월 드라이

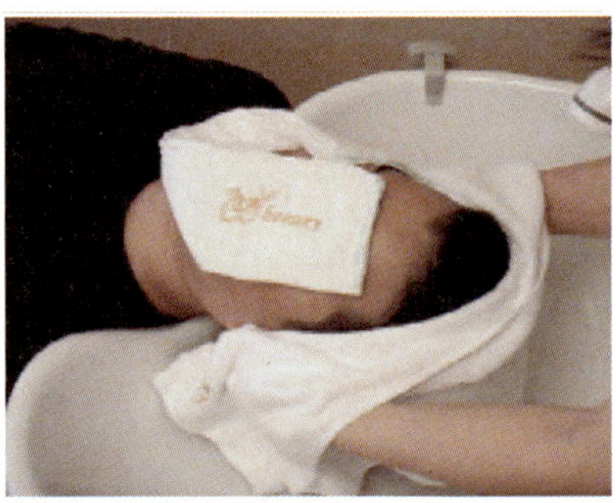

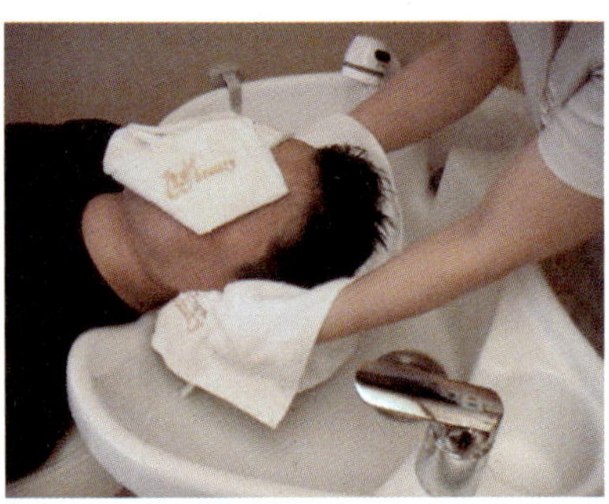

타월로 고객의 헤어라인 부분을 먼저 닦은 후에 전체를 감싸며 물기를 닦는다.

(2) 샴푸와 린스

① **샴푸**(shampoo)

샴푸는 모발과 두피를 깨끗이 세정하는 모발 화장품으로 주성분은 계면활성제이다. 계면활성제는 종류에 따라 양이온성, 음이온성, 양쪽성, 비이온성 화합물로 분류할 수 있다.

근래에 들어 석유 화학계 계면활성제의 문제가 대두되면서 그 대안으로 제시되고 있는 코코넛이나 팜 등에서 추출한 천연 성분의 계면활성제가 긍정적인 평가를 받고 있다. 천연 성분의 계면활성제는 가격이 기존에 흔하게 사용하던 석유 화학계 원료보다 5~10배나 비싼 것이 단점이지만 민감하고 손상된 두피에 자극없이 세정이 가능하므로 지루성 두피 및 탈모에는 화학 계면활성제 샴푸를 사용하지 말고 천연 계면활성제 샴푸를 사용하는 것이 가장 좋다.

대부분의 샴푸에는 또 다른 주요 성분으로서 소금이 함유된다. 특히 미용실에서 전문적으로 쓰이는 제품을 비롯해서 어떤 제품에는 계면활성제보다 소금이 약 10~12% 정도 더 들어 있는데 사용 시 농도가 묽어지므로 인체에 해롭지 않으며 그 사용 목적은 주로 점도 조절이다.

샴푸제는 세정력이 가장 중요한 요소이나 세정력이 지나치게 강하면 머리털의 기름기를 너무 빼앗아 좋지 않으므로 조절제를 따로 첨가하는 것이 보통이다. 샴푸제로는 석유 · 세틸알코올을 원료로 한 중성세제와, 건조하거나 영양부족인 머리털에 맞도록 라놀린(양모의 유지) 또는 난황의 성분인 레시틴을 첨가한 세제, 식물유를 첨가한 세제, 살균작용이 있는 세제, 비듬 제거용 세제, 유아용 세제 등이 있다.

최근에는 비누를 주원료로 한 세제 대신 합성세제를 주원료로 한 소플리스(soapless) 샴푸가 나오고 있는데, 이들 중에는 피지를 지나치게 제거하지 않기 위해서 콜레스테롤 · 라놀린 · 글리세롤 등 억압제를 첨가한 것이 있다.

샴푸의 종류는 내용물의 상태에 따라 액상, 겔상, 크림상, 파우더, 에어로졸 등이 있으며, 액상 샴푸가 대부분을 차지한다.

액상에는 투명한 것, 유화된 것, 점성이 있는 것과 없는 것이 있다. 기능에 따라서는 건강한 모발에 사용하는 일반적인 샴푸, 건성 모발용 샴푸, 지성 모발용 샴푸 등이 있다. 건성 모발용 샴푸는 모발이 푸석거리고 가루 형태의 비듬이 많은 사람이 사용하면 정전기를 줄이고 컨디셔너 성분에 의해 보습 효과를 볼 수 있다.

샴푸

지성 모발용 샴푸는 강한 세정력으로 피지 제거에 초점을 맞춘 것이다. 그 외 어린이용 샴푸는 과도한 피지 제거를 막고 연약한 피부와 눈의 자극을 낮추기 위해 저자극 활성제를 사용한 것이다.

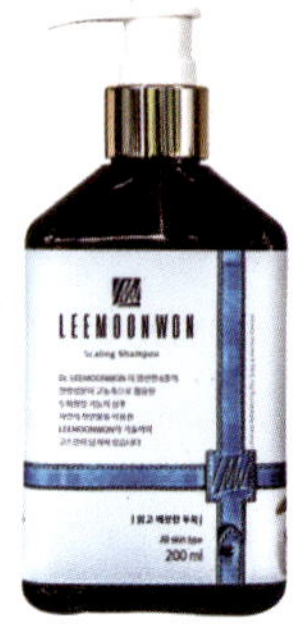

스캘링 샴푸

최근 널리 사용되고 있는 약용 샴푸, 흔히 비듬 샴푸로 알려진 것은 타르, 살리실산, 셀레늄, 아연 등이 함유되어 항진균 효과로 비듬 형성을 억제한다. 일반적인 샴푸에 두피 염증을 완화시키는 성분을 고농도로 첨가시키거나 염증 치료약을 샴푸에 직접 희석한 치료용 샴푸로서 약국에서 구할 수 있는 기능성 샴푸도 있는데, 보통 1주일에 2회씩 사용하게 되어 있으며 샴푸를 칠한 후 3~5분 이상 경과한 후에 씻어내야 효과가 있다.

지성 샴푸

최근 탈모방지에 효과가 있다는 성분들이나 천연성분들을 첨가해 만든 탈모 전용 샴푸들도 많지만 모든 탈모 환자에게 효과적이지는 않다. 탈모는 너무 다양한 원인들로 생기며 샴푸 자체는 약이 아니므로 일률적으로 모든 탈모방지에 도움이 되는 샴푸는 찾기 어렵다.

> **Tip** **계면활성제(界面活性劑, surface active agent)**
>
> 계면활성제는 물과 기름, 피부와 노폐물 사이에서 활성을 도와 물과 기름이 서로 섞이게 하거나 피부에 있는 노폐물을 쉽게 제거하는 것을 통칭한다고 할 수 있다. 계면활성제에는 수용액에서 이온화하는 것과 하지 않는 것이 있다. 이온화하는 것은 계면활성을 나타내는 부분의 이온의 종류에 따라 음이온 계면활성제와 양이온 계면활성제로 나뉜다.

또 용액의 pH가 높으면 계면활성을 나타내는 부분이 음이온이 되고, pH가 낮으면 양이온이 되는 양쪽성 계면활성제가 있다. 수용액에서 이온화하지 않는 것은 비(非)이온 계면활성제라고 한다

계면활성제는 습윤 · 침투 · 유화(에멀전화) · 분산 · 흡착 · 기포화 · 가용화 등의 성질이 있으며, 이들의 용도는 다양하다. 그 중 계면활성제의 중요한 성질로 섬유나 금속표면의 더러움을 세척하는 작용이다. 세척작용에는 흡착 · 젖음 · 가용화 · 분산 등 여러 성질이 관계한다.

세제는 계면활성제의 세척작용을 효과적으로 높인 상품인데, 가정용 세제에는 세척력 이외에 양호한 용해성, 적당한 거품, 습윤성, 무취 · 무색, 피부에 무자극이고 미생물에 의해 분해되며 어류에 대한 무독성 등의 특성이 필요하다. 세척력을 증가시키기 위해 인산염 · 구산염 등의 무기염을 첨가한다.

계면활성제인 알킬황산염인 SLS(Sodium Lauryl Sulfate)와 알킬에테르황산염인 SLES(Sodium Laureth Sulfate)는 샴푸의 주성분(원료)으로 대부분의 화장품 제조에서 그 기능과 원료가격이 저렴한 석유계 계면활성제를 샴푸의 주성분으로 사용하고 있다. SLS는 액체샴푸에 널리 사용되는 석유계 합성물로 풍부한 기포 발생력과 탈지력이 우수한 반면, 피부 자극이 있고 알코올 냄새가 나며, 색상이 불투명하다. 또한 상태가 불안정하여 일광에 노출되면 쉽게 반응하여 변색하므로 산화방지제를 첨가하거나 자외선이 차단되는 불투명한 용기를 사용한다.

SLES는 주로 액상샴푸에 사용되며 색상은 담색이며 SLS에 비해 피부 자극이 적은 장점이 있지만, 거품 생성과 세정력이 떨어지고 세정 시 뻑뻑한 감이 있어 이를 개량할 목적으로 또 다른 물질인 알키놀아미드류 화합물을 첨가하기도 한다. 현대인들은 거의 매일같이 샴푸나 바디샴푸, 치약 등을 사용하여 합성 계면활성제를 사용하고 있으며 이러한 합성 계면활성제는 단백변성작용이라고 하는 성질이 있어 체내의 단백질을 파괴하는 역할을 하고 있다.

합성 계면활성제는 놀라울 정도로 침투력이 강하기 때문에 체내 여러 곳의 단백질을 파괴하여 트러블을 일으키며 두피도 마찬가지로 매일 사용하는 화학 계면활성제가 들어있는 샴푸로 인해 강한 피부자극과 단백변성작용으로 비듬, 가려움뿐 아니라 심하면 탈모에 이르기까지 각종 트러블을 일으킬 가능성이 크다고 볼 수 있다. 기존 연구에서는 '합성 세제에 포함되어 있는 석유화학계 계면활성제(Sulfate)를 장기간 사용할 경우, 신체 신경기능 장애 및 면역력 저하로 인한 아토피, 천식, 비염을 유발할 수 있다.' 라며, 우리가 매일 사용하는 비누나 샴푸 등에 포함된 SLS를 '유해한 환경 호르몬' 으로 규정짓고 있다.

이러한 석유 화학계 계면활성제가 사용되는 대표적인 상품으로는 샴푸와 바디샴푸, 목욕용품 등이 있는데 시중에 나와 있는 유명 브랜드 저가의 대용량 제품은 모두 이 성분을 함유하고 있다고 봐도 될 정도로 널리 사용되고 있다. 이는 최근 현대인들에게 급증하고 있는 지루성 두피, 피부염, 탈모와 무관하지 않다.

② **컨디셔너**(conditioner)

컨디셔너는 과도한 빗질, 헤어드라이어의 뜨거운 바람, 잦은 퍼머, 염색 등에 의한 모발 손상을 회복시킨다. 초기의 헤어 샴푸는 탈지력이 강한 반면 알칼리성을 띠고 있어 모발에 칼슘염이 침착되기 쉬워 모발이 거칠어지고 정전기가 쉽게 발생하는 단점이 있었다. 헤어 컨디셔너는 이런 현상을 줄이기 위해 샴푸 후 사용하였던 우유, 달걀, 레몬즙이나 양이온 계면활성제에서 착안한 상품이었다.

현재 우리가 흔히 사용하는 컨디셔너에는 린스(rinse)와 트리트먼트(treatment)가 있는데 린스는 모발을 코팅하여 보호하는 역할을 하고, 트리트먼트는 모발을 보호하는 동시에 영양을 공급하여 탄력있는 모발로 만들어준다. 린스를 사용할 때는 두피에 닿지 않게 모발에만 바르고 헹궈내는 것이 좋으며 트리트먼트는 모발에 발랐다가 헹궈내는 타입과 헹궈내지 않고 지속시키는 타입인 헤어로션이나 헤어크림이 있다.

컨디셔너는 세정력을 약화시키고 글리세린이나 여러 가지 오일을 포함하여 모발 보호 성분을 강화시킨 것으로 세정 후에도 부드러운 느낌이 들게 된다. 두피가 지성이거나 염증이 있는 경우에는 린스가 두피에 닿으면 두피에 오일 성분이 남아 증상이 악화되는 경우가 발생할 수 있다.

홈케어 시 샴푸에 대한 조언

샴푸 세정 시 거품만 내고 급히 샴푸를 끝내는 사람들이 많다. 하지만 실제로는 충분한 시간을 두고 샴푸하는 습관이 탈모 예방에 있어 매우 중요하다. 두피의 청결함은 아무리 강조해도 지나치지 않은데 충분히 샴푸하는 것과 거품이 난 이후에 물로 세정할 시간을 충분히 주는 것이 매우 중요하기 때문이다.

샴푸 시간을 충분히 갖는다는 것은 샴푸 내 활성 성분이 두피와 접촉할 시간을 충분히 준다는 것을 의미하며 구석구석 두피를 마사지하면서 감으면 두피 자극 효과도 있고 세정에도 도움이 된다. 즉, 샴푸의 종류 선택에 앞서 중요한 것이 샴푸를 잘 하고 충분히 헹궈내는 것이란 점을 반드시 고객에게 주지시켜야 한다.

일반 샴푸의 경우 2~3분, 탈모방지나 지루성 피부염에 효과가 있는 약용샴푸의 경우 5분 이상 충분히 두피와 접촉할 시간을 두는 것이 바람직하다. 비듬치료 목적 등의 기능성 샴푸도 3분 이상 충분히 샴푸를 해야 효과를 얻을 수 있으며 치료 목적으로 사용하는 샴푸의 경우 특히 설명서를 주의 깊게 살펴보고 사용법에 맞도록 사용해야 한다. 또한 머리를 감고 두피를 잘 말리지 않을 경우 두피에 각질이나 염증이 발생하기 쉬워 주의가 필요하다.

다음으로 중요한 점은 샴푸의 종류는 자신의 두피 타입에 맞게 선택해야 한다는 점이다. 두피가 건조한 사람은 보습성이 좋은 샴푸를 사용해야 하고 지성인 경우 기름기를 제거해주는 샴푸, 염증이 있는 경우엔 균을 진정시킬 수 있는 약용 샴푸가 도움이 될 수 있다. 샴푸로 충분히 감고 헹구어도 샴푸 후 푸석거림이 있거나 탈모가 생긴다면 자신의 두피 타입에 적합하지 않은 샴푸일 수 있다.

7. 건조와 진정

영양 앰플이 두피 속으로 잘 흡수되게 하기 위한 준비 단계로, 두피의 건조는 타월로 잘 닦은 후 찬바람으로 드라이를 하여 물기를 적당히 제거한다.

8. 영양 공급 트리트먼트

두피와 모발을 약한 열이나 냉풍으로 건조하고 두피 및 모발의 생리기능을 활성화하기 위한 육모제나 앰플을 공급하여 모모세포의 분열을 촉진할 수 있도록 한다. 더욱 빠른 흡수를 돕기 위해 적외선기나 고주파기 및 갈바닉기기(이온기기) 등을 사용하면 효과적이다.

기능성 앰플이나 용액은 식물성 추출물로 두피의 생물학적 균형을 유지 또는 형성하면서 탈모의 원인이 되는 노폐물, 비듬, 과다 지방, 박테리아 등을 제거하는 각 두피의 문제 개선을 위한 고농축 제품이다.

모발과 두피 제품을 구분하며, 모근을 강화하기 위해 증상별로 알맞게 선택된 영양 앰플을 두피에 도포한 다음, 영양분이 잘 침투될 수 있도록 원적외선이나 헬륨레이저와 같은 보조기기를 사용하며 관리한다.

그림 4-28 영양 앰플

기기의 활용

- **원적외선 :** 적외선의 온열 효과와 적외선 빛을 이용하여 두피의 활성화를 도와주고 혈액순환 촉진 및 제품의 영양 흡수를 도와준다.
- **갈바닉(+/-)이온 :** 세포의 활성화와 두피의 분비물 배출을 유도하고, 모발 성장 · 혈액순환 · 림프액 배출을 촉진한다.
- **헬륨레이저 :** 두피 진정 및 영양액 침투를 도와준다.

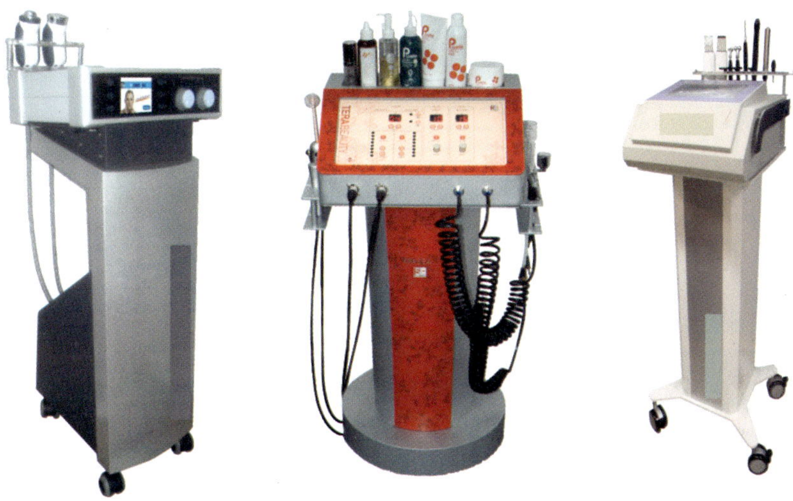

그림 4-29 원적외선, 갈바닉(+)이온, 헬륨레이저

9. 홈케어 및 사후관리

고객이 일상적으로 관리할 수 있도록 제품과 보조기구를 추천하여 두피 · 모발의 상태를 유지할 수 있도록 한다. 두피관리 후 정돈되지 않는 모발을 스타일링한 뒤에 마무리해 고객의 만족도를 높인다.

이때 홈케어의 중요성과 샴푸 방법 등을 지도한다.

고객 스스로 관리방법을 인지하도록 하며, 집에서 손쉽게 사용할 수 있는 제품 및 보조기구 등을 추천해 준다. 또한 고객의 라이프스타일이나 주변 환경 및 식생활 등도 사후 관리한다.

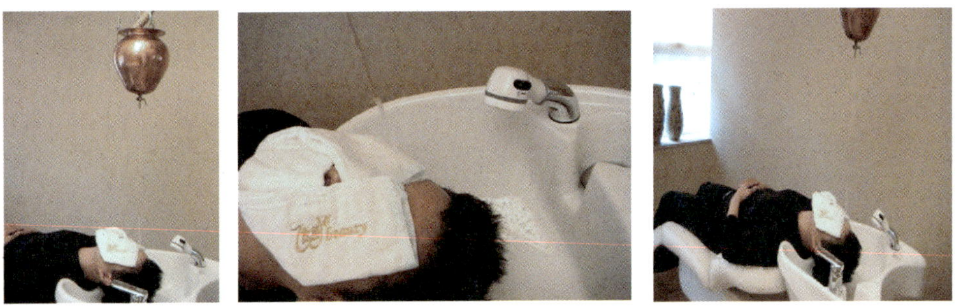

그림 4-30 시로다라의 응용

5. 테라피(therapy)의 활용

1. 아로마 테라피 (aroma therapy)

(1) 아로마 테라피의 개념

향을 의미하는 아로마(aroma)는 인간의 감정 센서에 영향을 미치는데, 아로마 테라피는 각종 식물의 꽃 · 줄기 · 잎 · 뿌리 · 열매 등에서 추출한 아로마향을 흡수함으로서 우리의 몸과 마음에 안정과 편안함을 준다. 이는 각종 스트레스에 시달리고 있는 현대인들에게 자기 체질에 맞는 아로마 테라피를 적용함으로써 몸과 마음의 긴장을 풀고 피로를 회복하는 데 큰 도움을 줄 수 있다.

에센셜 오일(essential oil)에는 두피와 모발 건강에 영향을 미치는 여러 가지 효능 작용들이 있다. 에센셜 오일은 피지를 조절하여 규칙적으로 피지를 분비하도록 도움을 준다. 두피 · 모발 타입은 일반적으로 건성 · 보통 · 지성 타입으로 구분하는데 이는 피지선 분비 정도에 따라 구별된다.

고객 관리 과정의 필요단계에서 아로마 테라피를 적용하면 관리의 효과는 물론 고객으로부터 안정과 휴식의 긍정적인 반응을 얻을 수 있다. 아로마 테라피는 독립적인 프로그램과 가격대의 적용이 가능하며, 관리 비용이 고가인 프로그램에는 필수로 적용되어야 할 아이템 중의 하나이다.

Tip 아로마 테라피의 두피 · 모발관리 목적

- 두피의 혈액순환을 원활하게 하고 모발의 성장을 촉진한다.
- 항박테리아 성질이 있어 두피의 염증을 방지한다.
- 비듬 제거 및 비듬 생성을 방지한다.
- 림프액에 영향을 주어 독성 물질의 응집을 보다 효과적으로 제거해 주므로 두피의 피로를 방지해 준다.
- 우울, 스트레스와 같은 정신적 문제를 해소시켜 마음을 안정시킨다.

(2) 두피 · 모발관리에 활용하는 에센셜 오일

에센셜 오일은 향이 있으며 고농축 상태이므로 원액을 사용하면 피부에 자극을 주게 되므로 캐리어 오일(carrier oil)에 희석하여 사용한다.

① **라벤더** (lavender)

살균, 살진균, 세포 성장, 소독, 소염, 탈취, 해독, 항바이러스 작용으로 머리의 종기 개선에 효과적인 헤어토닉이며 원형 탈모증에 치료 효과가 있다.

② **샌달우드** (sandalwood)

백단향(白檀香)이라고도 불리며, 은은하고 달콤한 향이 오래 지속되어 진정 · 이완 작용을 해서 불안, 긴장, 우울증을 해소시켜주며 특히 두피 가려움증에 효과가 있다.

③ **티트리** (teatree)

여드름, 피로 회복, 향균, 면역력 증진 등의 기능이 있으며, 라벤더처럼 원액 사용이 가능하나 자극성이 있으므로 원액을 피부에 바를 시 민감한 피부는 유의하여야 한다. 특히 두피 염증이나 비듬에 효과가 있다.

④ **쟈스민** (jasmin)

생식기 관련 문제에 탁월한 효과를 보이므로 여성의 출산 시에 효과적으로 사용할 수 있는 오일로 호르몬의 균형 유지, 자궁 경련, 생리통, 질 감염에도 효과가 있으며 불감증, 무력증 등의 남성 성기능 장애 치유와 최음 효과도 있다.

⑤ **로즈마리** (rosemary)

강장, 진정, 소화, 수렴 등의 효과가 있으며 구풍작용, 항균작용이 있어 두피 가려움증에 효과적이다.

⑥ **카모마일** (chamomile)

차로 즐기거나 목욕, 미용, 습포 등 다양한 방법으로 이용된다. 방충, 진정, 진경, 진통, 발한, 소화촉진, 피로회복 등에 효과가 있다.

⑦ **페퍼민트**(peppermint)

강하고 시원한 향으로 캄파, 멘톨과 함께 비듬예방, 노폐물 제거, pH 밸런스를 유지해 준다. 건조한 모발에 아미노산과 수분을 보급하며 청량감을 부여한다.

(3) 두피 · 모발관리에 활용하는 캐리어 오일(carrier oil)

주로 식물의 씨앗에서 추출되는 캐리어 오일은 에센셜 오일을 피부 깊숙이 쉽게 운반해 주는 역할을 하며 풍부한 영양분을 가지고 있어 그 자체로도 다양한 효과를 발휘한다.

① **호호바** (jojoba) **오일**

모든 피부 타입에 사용이 가능하며 특히 여드름, 습진, 모발 관리에 유용하다. 다른 캐리어 오일에 비해 잘 산화되지 않아 장기보존 가능하며 다른 캐리어 오일과 혼합 사용하거나 단독 사용도 가능하다.

② **아보카도** (avocado)**오일**

필수지방산, 비타민, 레시틴, 칼륨, 단백질이 함유되어 있으며 각질이나 두꺼운 피부에 침투성이 뛰어나 건성피부 및 노화피부에 촉촉함을 준다. 주로 20% 정도의 양으로 다른 캐리어 오일과 혼합하여 사용한다.

③ **아몬드** (almond) **오일**

비타민과 미네랄, 단백질이 풍부하게 함유되어 있으며 전신 케어에 많이 사용하고 피부 가려움이나 건성피부, 기저귀 발진에 많이 쓰인다.

④ **올리브** (olive) **오일**

비타민, 단백질, 미네랄이 함유되어 있으며 염증이나 피부 가려움을 완화시키는 데 유용하여 건성 피부에 좋다.

(4) 두피 · 모발관리에서 아로마 오일의 블렌딩 (blending)

주로 식물의 씨앗에서 추출되는 캐리어 오일은 에센셜 오일을 피부 깊숙이 쉽게 운반해 주는 역할을 하며 풍부한 영양분을 가지고 있어 그 자체로도 다양한 효과를 발휘한다.

① 탈모 예방

탈모 부위에 몇 방울 떨어뜨린 후 2분 간 부드럽게 마사지하면 스트레스 해소까지 이중 효과를 볼 수 있다.

- 블렌딩
  로즈마리나 라벤더 또는 샌달우드 3방울 + 일랑일랑 3방울 + 시더우드 2방울 + 보드카 1/2 티스푼 + 네롤리 워터 30mL

② 비듬 치료

비듬에 가장 좋은 에센셜 오일은 티트리로 항균, 항진균 특성이 있어 지루증상을 치유시킴과 동시에 2차 감염 예방효과가 있다. 베이스 오일은 피부질환 치료에 좋은 올리브 오일이나 호호바 오일과 섞어 만든다. 블렌딩 오일을 손가락 끝을 이용하여 두피에 잘 흡수될 수 있도록 마사지를 하면서 충분히 골고루 도포한 다음 30분 이상 방치 후 깨끗이 샴푸한다.

- 블렌딩
  티트리 25방울 + 호호바 오일 또는 올리브 오일 50mL

Tip 녹차를 활용한 비듬 제거

녹차에는 세정력이 우수한 플라보노이드 성분과 모공을 좁혀 주는 탄닌산이 있어 두피를 손상시키지 않으면서 비듬을 없애준다. 더운물에 우려낸 녹차물로 두피를 문지르면 머릿결이 부드러워지고 윤기가 생긴다. 초기에 비듬을 제거하기 위해서 1주일에 2~3회 정도 해주면 좋다.

③ 민감성 완화

민감성 두피는 얇고 모세혈관이 확장되어 두피가 붉은색을 띠며 스트레스 및 피로로 인한 두피의 긴장과 혈액순환 장애로 두피에 홍반 및 충혈이 보인다. 세균의 감염으로 염증이 발생하거나 두피가 민감하여 퍼머, 염색약 등을 통해 염증이 유발되기도 하며 감염으로 인한 염증이 심할 경우 탈모로 진행된다.

- 블렌딩

  카모마일 5방울 +제라늄 5방울 + 사이프러스 2방울 + 아몬드 오일 50mL

④ 건성 두피의 보습

두피가 건조하고 노화 각질이 두텁게 쌓여 두피의 색상이 맑은 청색이 아니고 탁하다. 혈액순환이 원활하지 못해 영양 공급이 제대로 이루어지지 않아 모발이 가늘어지면서 건조하고 푸석거리며 탈모로 진행될 가능성이 있다.

- 블렌딩

  샌들우드 10방울 + 로즈우드 10방울 + 팔마로사 5방울 + 호호바 오일 또는 아보카도 오일 50mL

⑤ 지성 두피의 피지 정상화

피지 분비의 과잉으로 과산화지질 등이 생성되어 털의 성장이나 발모에 지장을 주어 탈모로 진행될 가능성이 높다. 세정이 잘 이루어지지 않을 경우 가렵고 비듬이 생길 수 있으며 세균이 번식하면 냄새가 나고 지루성 염증으로 발전하기 쉽다.

- 블렌딩

  레몬 8방울 + 일랑일랑 9방울 + 로즈마리 8방울 + 호호바오일 30mL

⑥ 손상 모발의 윤기 강화

손상 모발의 경우 블렌딩 오일을 듬뿍 적신 화장솜을 두피 부분에 도포한 후 모선 단까지 쓸어내린다. 모발에 오일이 충분히 배어들면 모발을 모아 타월로 감싸고 2시간 이상 방치한 후 샴푸한다.

- 블렌딩

  로즈우드 2방울 + 제라늄 1방울 + 샌달우드 1방울 + 라벤더 1방울 + 호호바 오일 5mL + 아몬드 오일 15mL

2. 명상요법 (meditation therapy)

마음의 고통으로부터 인간을 해방시켜 아무런 왜곡이 없는 순수한 마음 상태로 되돌아가려고 실천하는 것이 명상이다. 사람의 마음은 여러 가지 조건들에 얽매여 있어 생각과 행동, 지식과 감정 등은 지극히 편향적이고 주관적이며, 상황에 의존되어 있다. 따라서 사람의 마음은 자유롭지 못하고 객관적이지 못하며, 평화롭지 않다. 이러한 상황이 스트레스를 유발하게 된다.

명상을 하게 되면 기운 · 감정의 출렁거림이 가라앉아 잡념이 없어지며 마음이 밝게 깨어 맑아지고 창의성이 개발된다. 마음이 깨어나 자신을 알게 되므로 능동적인 삶이 되고 매사에 즐거움이 생겨 맑은 정신으로 살아가게 된다.

본격적인 명상단계가 몇 분 지나면 몇 가지의 변화가 나타나는데, 처음에는 호흡이 느려지고 조용해지다가 곧이어 뇌와 신체에 영향을 미친다. 뇌의 활동이 낮아짐과 동시에 집중을 일으키도록 하는 특정 뇌 부위의 기능이 활성화되며, 혈압 · 심장박동 등 자율신경활동을 조절하는 뇌 부위인 변연계와 뇌간 부위의 혈액흐름은 유의미하게 증가된다.

이러한 안정 동요현상은 서로 모순되어 보이는 것 같으나 건강과 안녕을 유지하는 데 중요한 요건이 되며, 명상을 통해 이러한 경지를 경험하는 사람은 고혈압, 불면증, 우울증, 월경 전 증후군, 암, 또는 AIDS 증후가 경감된다는 임상보고가 있다고 한다.

뇌는 전기적 활동에 의해 작동되며 매순간마다 뇌 속에 있는 신경원들은 전기적 임펄스(impulse)를 나타낸다. 이러한 개별적인 임펄스는 규칙적인 형태로 조직되는데 이것을 뇌파라고 한다. 뇌파에는 베타파, 알파파, 델타파와 세타파가 있는데, 세타파는 뇌의 인지능력을 상승시켜 줄 뿐만 아니라, 신체적 실행 능력도 증진시켜 준다.

예를 들면 스포츠 경기에서 대기록을 수립한 사람들은 운동 경기 도중 명상적 상태에 이른다고 한다. 이 상태에 이르면 고통, 피로감, 실패에 따른 공포감 등은 사라지고 최정상 상태의 쾌감이 수반된다고 한다.

Tip 4가지 뇌파유형

뇌는 전기적 활동에 의해 작동되며 매순간마다 뇌 속에 있는 신경원들은 전기적 임펄스(impulse)를 나타낸다. 이러한 개별적인 임펄스는 규칙적인 형태로 조직되는데 이것을 뇌파(Brain wave)라고 한다.

- **베타파** (beta wave)
  빠른 주파수를 가지며, 대체로 눈을 뜨고 생각하고 활동하는 동안 나타나는 뇌파로 정상적인 인지기능이나 불안과 관련있는 정서상태의 뇌파이다.
- **알파파** (alpha wave)
  느린 주파수를 가지며, 이완상태에서 나타나는 뇌파로 일반적으로 알파파가 나타나지 않으면 불안과 스트레스를 경험하고 있다고 추측한다. 알파파의 출현은 쾌적하고 편안한 기분상태와 관련이 있다.
- **세타파** (theta wave)
  베타파보다 2~4배 정도 더 느리며 각성과 수면 사이에 있는 명상상태를 반영한다. 흔히 세타파를 경험할 때 사람들은 선의식(subconscious)상태에서 정보에 접근하며, 이때 흔히 과거 속에 있는 영상을 보기도 하고, 백일몽을 꾼다. 또한 이때 깊은 개인적 통찰을 경험하기도 하며, 창의적인 생각이나 창의적인 문제해결력이 솟아오른다. 세타파는 유쾌하고 이완된 기분과 극단적인 각성과도 결합된 뇌파이다.
- **델타파** (delta wave)
  매우 느린 뇌파로 불규칙적이며, 수면에 들었을 때 나타나는 뇌파이다.

세타파는 명상동안 나타나는 특정한 뇌파인데, 명상 중에서 뿐만 아니라 여러 순간에 나타날 수 있다. 비록 명상을 하지 않아도 경험할 수 있으나 대체적으로 오랜 명상 수련은 자유자재로 세타파를 파생시킬 수 있다.

이러한 세타파의 출현은 뇌 속의 산화질소(Nitric Oxide; NO)와 밀접한 관련이 있으며, 창의성 · 직관 또는 통찰과 같은 기존 사고 또는 타성적 사고의 틀이 깨어지는 것과 밀접한 관련이 있다는 과학적 증거들이 제시되고 있다. 산화질소는 스트레스와 관련한 질병의 치유와 관련이 있는데 먼저 신경 전달 물질로 작용해 기억과 학습을 증진시킨다.

도파민과 엔돌핀 같은 신경전달물실의 방출을 촉진하고 안징김을 증진시켜 최상의 신체적 쾌감을 경험하게 도와주고 전신의 혈류 이동을 조정하며 중풍발생과 관련있는 뇌 부위의 혈행을 개선하고 산소부족을 치료하는데 도움을 준다. 또한 에스트로겐의 투여 효과를 높여주는데, 특히 폐경 후의 우울증 치료에 매우 효과적이며 혈관을 확장시켜 심장에 대한 혈액흐름을 개선시키고 남성의 성적무력증을 개선, 면역계통을 강화한다.

마지막으로 스트레스 때 분비되는 노르에피네프린(noreepinephrine ;NE)의 활동과 교감신경계의 반응성을 낮춰 이완반응을 유도하는데, 이때 산화질소는 생화학적 기초를 제공해 플라시보(placebo) 효과를 극대화한다.

현대인의 탈모가 스트레스와 깊은 관련이 있음을 감안할 때 명상요법은 탈모고객에게 유용한 테라피로 활용될 수 있다. 명상은 관리 전후에 활용됨은 물론 홈케어로도 적절하게 활용할 수 있는 치유법이므로 고객 상담을 통해 충분한 인지와 교육이 필요한 테라피라 할 수 있다.

Tip

플라시보 효과 (Placebo effect)

약물작용에 의하지 않은 약물의 치료효과, 투약효과에 수반되는 심리효과를 의미한다.

명상법

명상은 정적인 명상과 동적인 명상으로 구분할 수 있는데 정적인 명상은 움직이지 않고 호흡에 더욱 집중하는 것이며 동적인 명상은 움직이면서 동작과 호흡에 모두 집중하는 것이다.

동적명상에는 걷기명상, 단전치기 등이 있는데 동적인 명상을 할 때는 아주 짧고 가볍게 몸을 풀고 하면 된다. 정적인 명상은 호흡명상, 즉 단전호흡법이 있는데 이는 사회생활을 하면서 각종 스트레스를 받는 현대인들이 하기에 알맞은 명상법이다.

정적명상은 잘 되려면 기본적으로 몸과 마음을 유연하게 하고 이완하는 체조를 하고 하는 것이 좋다. 명상은 명상의 대상에 대해 집중하고 사랑하는 마음을 가지고 바라보는 것이라고도 할 수 있다.

명상의 대상은 바로 자기 자신으로부터 출발하므로 자신을 바라보고 자신의 몸과 마음을 구성하는 개체 하나하나를 사랑하는 마음으로 바라보는 자세를 가지는 것이 기본이다.

호흡 명상은 처음엔 내쉬는 호흡을 우선 시작하고, 차츰 단전에 기운을 쌓아서 그것을 운용하게 된다. 운기단법은 5진법으로 구성되어 있는데 각 진법을 간단히 소개하면 다음과 같다.

- 제 1 진법 : 내쉬는 호흡을 통해 손에서부터 시작하여 가슴부위에 마음을 모은다.
- 제 2 진법 : 숨을 내쉴 때 기운을 가슴에서 단전을 따라 내려 보내고, 들이쉴 때 명문으로 숨을 들이마시면서 단전에 감아서 기운을 모은다.
- 제 3 진법 : 정(精)이 자라서 기(氣)로 변한다.
- 제 4 진법 : 서두르지 말고 차분히 중기로 독맥을 유통시킨다.
- 제 5 진법 : 가슴에서 출발한 진기(眞氣)가 다시 돌아온다.

3. 아유르베다

(1) 시로다라 (Shirodhara)

'다라(dhara)' 는 '기름 붓기', '연고 바르기' 요법을 말하는 것으로, 인도에서 보통 '다라' 는 머리에다 약용오일을 붓는 '시로다라(Shirodhara)' 를 말한다. 머리에다 일정한 장치를 설치하고 따뜻한 약용오일을 2L 정도 데워가면서 30분 정도 쏟아 붓는다.

머리쪽 관리만으로 전신의 독소를 제거하고 긴장을 완화하여 탈모 고객에게 전신 치유를 통한 탈모 관리에 효과를 주고 두피 각질의 연화작용을 도와 윤기있고 건강한 모발을 만들어준다. 또한 뇌질환에 우수한 효과가 있으며 특히 편두통에는 탁월한 효과를 나타낸다.

현재 국내에서도 시로다라 프로그램을 활용하는 치유 테라피가 행해지는 곳이 늘어나고 있다. 그러나 각 살롱의 여건상 시로다라의 사용이 어려운 경우, 각 살롱의 여건에 맞는 응용을 통해 치유 효과를 볼 수도 있다.

가장 힘든 여건이 오일을 사용하는 것이므로 샴푸대에 누운 상태에서 하이드로테라피의 효과를 이용하여 물에 아로마 오일을 약간 떨어뜨린 후 시로다라와 같은 시술을 함으로써 릴렉스(relax)와 하이드로테라피의 효과를 얻을 수 있다.

(2) 시로바스티(Shirovasti)

시로바스티는 머리의 모든 질병, 즉 두통, 백내장, 콧병, 턱뼈의 경련, 정신적 스트레스와 긴장, 두뇌 마비, 두피의 질병 등에 근거를 둔 질병에 효과가 있는 치료법이다. 이것은 가장 중요한 오일 이용법 중 한 가지이며, 머리 위에 따뜻한 약용 오일을 담고 있는 방법이다.

그 효과에 대해서는 '모자 속의 따뜻한 오일은 탈모, 새치, 그리고 변색과 머리카락이 갈라지는 것을 낫게 하고 머리의 질병을 치료한다. 그것은 또한 신체 기관에 생기를 주며 목소리가 맑아지고 턱이 안정되고 머리 전체가 건강해진다.' 고 하였다.

고객에게 가죽 모자를 머리에서 귀까지 씌우고 모자의 내측과 머리 틈, 모자의 외측이나 이마와 모자의 경계를 밀가루 반죽으로 메운다. 환자를 안락한 의자에 똑바로 앉힌 후 따뜻한 약용 오일을 가죽 모자 안에 절반 이상이 될 때까지 조금씩 부어 두피가 오일에 잠길 정도로 채운다. 머리 안의 오일이 식으면 천으로 적셔 제거해내고 따뜻한 오일을 다시 부어주며 체질에 따라 30~50분간 행한다.

약용 오일이 식으면 다시 따뜻한 것으로 채웠다는 점에서 온열 요법의 효과를 기대할 수 있으므로 따뜻한 오일로 두피의 혈행 촉진과 근육의 이완, 피부의 보습 및 각질 제거와 함께 사용한 오일 성분의 효과가 함께 이용된 요법이라 할 수 있다.

4. 하이드로테라피(hydrotherapy)

하이드로테라피란 수천 년을 이어 내려온 물을 이용한 건강증진 및 질병 치료법으로, 단순히 물에 몸을 담그는 것에서 벗어나 다양한 수압 및 수류를 만드는 각종 장비를 사용한 건강증진, 의료적 처치의 병행요법, 비만완화 및 스트레스 해소에 이르기까지 광범위한 분야에 적용되고 있다.

하이드로테라피는 우선 혈액순환을 촉진시킨다. 일상 생활에서 일어나는 피로감이나 스트레스, 가벼운 근육통, 순환 장애 등은 스파로 상당한 효과를 볼 수 있다. 더불어 일어나는 효과가 바로 체내 독소 배출이다. 즉, 정체된 림프액을 순환・배출시켜 피로 물질을 근본적으로 없애준다.

이렇게 혈액 순환이 원활해지고 피로 물질이 해소되면서 자연히 스트레스가 풀리는 효과가 있다. 그러므로 스트레스로 생긴 성분이 노화를 촉진시키고, 성장 호르몬 분비에 영향을 주며 다양한 질병을 일으키기도 하는 현대인에게 스파는 부작용이 거의 없는 좋은 치료법이다.

하이드로테라피는 전신욕에서 족욕에 이르기까지 다양하게 접근할 수 있다. 하이드로테라피의 효과를 정리하여 고객이 집에서도 활용할 수 있도록 상담한다. 특히 탈모 고객 중 불면증이 있는 고객이라면, 38~39℃의 물에 10~20분간 몸을 담그는 것을 추천한다.

이때 라벤더, 베르가모트, 오렌지, 마조람, 샌달우드, 마다린 등의 아로마 오일과 청주 등을 입욕제로 첨가하면 더욱 효과적이다. 탈모 고객은 승모근 관리가 중요한데, 근육이 뭉치거나 근육통이 있다면 39~40℃ 정도의 따뜻한 물에 20~30분 몸을 담그면 효과적이다.

두피・모발 센터에서 하이드로테라피 관리 후에 따뜻한 허브차를 제공하면 전신 이완과 혈액순환에 더욱 좋다.

5. 스톤 테라피(stone therapy)

스톤 테라피는 물, 불, 공기, 흙 등의 자연의 에너지가 응축된 돌을 이용한 관리법으로, 육체적 · 정신적 균형을 창조한다는 치료로 돌이 품고 있는 원적외선 열 요법이라 할 수 있다.

따뜻한 현무암과 차가운 대리석을 다양한 마사지 테크닉과 함께 아로마 에션셜 오일과 결합하여, 몸의 릴렉싱을 가장 깊은 단계에 이르게 하고, 긍정적인 기의 흐름과 근육의 딥 티슈를 통한 근육이완에 탁월한 효과가 있다. 특별한 설비나 기술없이 센터에 적용할 수 있는 매뉴얼로 아로마 테라피와 함께 적용하여 평온과 안정의 깊은 명상상태를 누릴 수 있게 한다.

탈모 고객 중 특히 만성적인 스트레스로 인한 불면증과 우울증으로 고생하는 고객이나 승모근과 어깨 통증 등 근육통증에 시달리는 고객에게 추천하면 좋다. 또한 혈액순환이나 노폐물 배설이 원활하지 못해 몸이 무거운 고객에게도 효과가 있어 탈모 관리에 시너지 효과를 준다.

Tip 헤드 스파(Head-Spa)

최근 들어 스파 열풍이 불면서, 고급 리조트나 호텔에서 스파 프로그램의 운영이 필수가 되고 있다. 스파의 모든 요소를 갖추기 위해서는 시설과 투자에 제약이 있으므로 두피 전문 센터에서는 헤드 스파 프로그램을 통해 스파의 효과를 볼 수 있다.

헤드 스파에서는 족욕이나 워터펀치 등을 활용한 하이드로테라피와, 전신 마사지 프로그램이 아니더라도 등 마사지를 통해 승모근과 흉쇄 유돌근을 관리해 줌으로써 두피 개선은 물론 전반적인 고객 건강과 만족을 이끌어 낼 수 있다.

이외에 와식 마사지가 가능한 환경이라면 스톤 테라피를 통해 고급 매뉴얼을 추가할 수도 있다. 명상 프로그램은 헤드 스파 준비 단계에서 5분 내외의 짧은 시간을 통해서도 안정을 줄 수 있는데, 자연 음악을 통한 뮤직 테라피와 아로마 테라피의 적용으로 가능하다. 이러한 부가 서비스는 관리 가격에 대한 고객 만족도를 높이는 동시에, 탈모 고객의 전반적인 치유에 효과적으로 사용될 수 있다.

6. 탈모예방을 위한 고객 상담

두피 · 모발 전문가는 늘 고객에게 올바른 정보를 제공하고 교육하여야 할 의무가 있다. 탈모 예방을 위한 보편적인 수칙을 이해하고 고객이 부족한 부분을 잘 살피어 생활 교정이 되도록 노력한다.

(1) 올바른 식습관

기본으로 균형잡힌 식사를 규칙적으로 해주면 모발에 영양이 생겨 머리숱이 많아지고 머리카락도 굵어진다. 하루 2리터 이상 물을 마셔 신진대사를 원활하게 하고 부족한 수분을 보충해주고 탈모에 좋은 섬유질, 단백질, 미네랄의 섭취를 충분히 한다.

탈모에 좋은 음식들 중 콩, 검은깨, 찹쌀, 녹황색채소, 두부, 우유, 달걀노른자, 비타민이 풍부한 과일, 녹차 등을 섭취하면 모발과 두피의 영양공급에 도움이 되어 탈모를 예방할 수 있다. 반면 인스턴트 식품, 햄버거, 커피, 케이크 등 자극성 있는 음식 또는 기름진 음식, 음주나 흡연은 탈모를 악화시킬 수 있다. 특히 현대인들의 과도한 식품 다이어트는 2~3개월 후 다량의 모발 탈락을 유도할 수 있다.

(2) 금연

담배는 혈관을 수축시키고 혈액순환을 악화시키는데, 담배의 성분 중 가장 많은 부분을 차지하고 있는 '니코틴' 이 폐의 기능을 저하시키고 혈액순환의 장애를 가져온다.

흡연으로 인한 비타민의 부족 현상은 탈모를 가속시킬 수 있다. 담배 1개비를 피웠을 때 1℃의 체온이 내려갈 정도로 혈행의 흐름을 저해하기 때문에 결국 모발의 성장에 나쁜 영향을 미치게 되며 담배 1개비는 25mg의 비타민 C를 파괴시킨다. 사람의 비타민 C의 하루 필요량은 보통 50mg, 20개비를 피우면 500mg이 파괴되는 셈이다.

또한 본인이 피우지 않더라도 다른 사람이 피우는 곳에 같이 있게 되면 그 공기를 마시게 되어 폐기능이 떨어져 모발로부터 윤기가 사라지게 되는 것이다.

따라서 지나친 흡연은 건강을 해칠 뿐만 아니라 모발건강에도 좋지 않다. 또한 최근의 연구보고서에 의하면 흡연은 탈모와 가장 연관이 높은 DHT를 13% 증가시키는 원인이 된다고 하였다.

(3) 두피 · 모발의 청결

대기오염이 심한 경우의 두피 청결은 그 어느 때보다 꼼꼼히 지켜나가야 할 부분이다. 두피의 오염 물질은 모공을 막아 모모세포의 활동을 저하시켜 모발이 가늘어지거나 탈락하게 된다. 두피 청결을 위해 두피 타입에 맞는 저자극 샴푸를 선택하여 하루에 한 번씩 외출한 후 저녁에 샴푸하되 샴푸는 꼼꼼히, 헹굼은 충분히 하여 두피에 샴푸 찌꺼기가 남지 않도록 한다.

(4) 올바른 헤어 제품 사용 및 시술

민감성이거나 비듬, 탈모가 있는 경우라면 두피에 자극을 주지 않는 천연 성분이 든 샴푸를 선택하는 것이 좋다. 린스는 모발을 부드럽게 해주는 제품으로 두피에 닿지 않도록 주의한다.

두피에 남아 있는 헤어 제품의 성분이 염증을 일으킬 수 있으므로 모발 끝에서부터 2/3 정도만 바르고 깨끗이 헹구어낸다. 샴푸제의 세정 성분은 계면활성제에 따라서 두피에 자극적인 탈지 작용을 할 수도 있다.

대부분의 샴푸제는 모발타입에 따라 사용할 수 있도록 구분되어 판매되고 있으니 그것을 참고하면 좋다. 헹굼은 거품이 없어질 때까지 손바닥으로 탁탁 쳐주면서 한다. 마무리는 찬물로 해야 모발에 탄력이 생긴다. 찬물은 또한 더운물로 이완된 모발의 외피와 두피를 수축시켜 건강한 모발로서의 광택을 증가시켜주는 역할을 한다.

모발 세정은 하루에 한 번 감는 것이 일반적이지만 개인에 따라 건성의 경우 이틀에 한 번, 지성의 경우는 하루에 두 번 정도 감아준다.

모발이 빠진다고 자주 감지 않으면 모근이 막히고 두피에 노폐물이 쌓여 탈모를 더 악화시킬 수 있으며, 건성 두피일 경우 너무 자주 감으면 모발이 푸석해지고 두피가 더 건조해져서 비듬의 원인이 될 수 있다.

세정 시에는 모발에 사용한 헤어 스타일링 제품과 종일 밖에서 오염된 모발을 깨끗이 씻어내고, 두피 속까지 깨끗이 말려야 모발이 손상되는 것을 막을 수 있다. 특히 더운 여름철 운동을 할 때 많은 양의 땀이 나는데, 운동 후 꼭 두피의 땀 제거에 신경을 써야 한다. 격한 일이나 운동 후에 난 땀은 섯산을 많이 포함하고 있는데, 이것은 피부를 산화시켜 버리기 때문이다.

스프레이나 젤, 무스 같은 헤어 스타일링 세품을 과도하게 사용하면 모공을 막을 수 있으므로 두피 표면에 스타일링제가 닿지 않도록 주의한다. 잦은 퍼머나 염색 역시 두피와 모발에 염증을 일으키고 손상을 줄 수 있으므로 가급적 피한다. 두피 건강을 위해 샴푸 후에는 드라이어 건조보다는 자연 건조시키는 것이 좋다.

드라이어를 사용할 경우에는 두피가 건조해지기 쉬우므로 찬 바람으로 20cm 정도 거리를 두고 말린다. 모발을 잘 말려도 두피가 젖어 있다면 모근을 자극하는 비듬이나 모낭충, 박테리아 번식이 증가할 수 있으므로 두피→모발의 순으로 말리는 것이 좋다.

(5) 규칙적인 운동

적당한 운동은 몸의 대사를 활발하게 하고 활성산소를 제거하여 건강한 모발을 만드는 것을 돕는다. 근력운동, 유산소운동, 스트레칭을 분류하여 번갈아가면서 꾸준히 해주면 좋다.

운동을 하면 체온이 상승되면서 신진대사가 원활해져서 피부 노폐물 배출과 피부조직에 산소공급을 통해 피부색이 맑아진다. 또한 운동을 통해 배설된 땀 속에는 노폐물 및 중금속 등이 포함되어 있다.

땀이 날 정도의 신체조건이 될 때 평소 약 1/3 정도 열려있던 혈관이 더 많이 열려 혈액순환이 잘 되고 각 부의 조직에 혈액을 통해 산소와 영양 물질이 충분히 공급되는 것은 물론 대사과정에서 생긴 탄산가스와 노폐물이 제거됨으로서 질병을 막을 수 있다.

격렬한 심한 운동보다는 수영, 달리기, 줄넘기, 걷기와 같은 유산소운동으로 전신 혈액순환을 도모하며 규칙적인 운동과 단전호흡 및 다양한 탈모방지 운동요법도 좋다. 또한 직장인에게 많이 일어나는 오십견을 예방하기 위한 목과 어깨의 근육을 이완시키는 스트레칭도 도움이 된다.

특히 유산소 운동을 계속 꾸준히 하면 심장이나 혈관이 튼튼해지고 혈액 중에 콜레스테롤과 중성 지방의 수치가 낮아져서 성인병 치료에 탁월한 효과를 보이는 건강증진 운동이다.

(6) 스트레스 완화를 위한 휴식과 숙면

스트레스는 현대인의 탈모 원인 중 가장 큰 범위를 차지하는 요소이다. 몸이 스트레스를 받게 되면 호르몬에 불균형이 발생하면서 두피가 긴장하게 된다. 이는 두피의 혈액순환을 방해하여 머리카락이 가늘어지고 잘 빠지게 만든다. 낮에는 일하는 중간중간 휴식을 취해주고, 밤에는 숙면을 취함으로써 어느 정도의 스트레스를 풀어주는 것이 가능하며 긍정적이고 여유로운 태도를 가지는 것이 중요하다. 아로마 테라피, 명상과 같은 대체 치유법을 활용하는 것도 도움이 된다.

(7) 두피 마사지

혈액순환이 좋아져야 머리카락의 뿌리인 모근이 튼튼해진다. 모발을 건강하고 윤기있게 간직하기 위해서는 무엇보다도 두피의 건강이 중요하다. 따라서 정기적이고 지속적인 두피마사지를 통하여 두피의 건강을 유지시켜 주는 것이 아름다운 모발을 위한 첫걸음이라 할 수 있다.

마사지를 할 때는 손톱을 사용하지 말고 손가락 끝으로 두피 전체를 꾹꾹 눌러준다. 두피의 혈액순환을 돕는 지압법으로는 목 근육을 이완시켜 두피에 혈액공급을 원활히 할 수 있는 목운동과 손가락 끝을 이용하여 엄지와 중지로 두피를 가볍게 눌러 눈썹을 따라 올라가 헤어 라인이 시작되는 부분을 양 방향으로 돌려가며 마사지하는 방법도 좋다.

손가락 끝쪽이나 굵은 브러시를 이용해 두피를 가볍게 자극하면 모근의 혈액순환과 신진대사가 원활해져 모발이 건강해진다. 이때 브러시는 끝이 둥글고 간격이 넓으며 두피에 닿는 면적이 큰 철이나 나무로 된 브러시를 선택하는 것이 좋다.

브러싱은 모발과 두피의 먼지와 노폐물을 제거하고 두피의 혈액흐름을 원활히 하여 모발에 윤기와 탄력을 준다.

브러싱 횟수는 샴푸 전 20~50회 정도가 적당하다. 빗으면 머리가 빠진다고 빗지 않는데 빗을 때 빠지는 머리는 어차피 빠질 머리이다.

(8) 전문가를 통한 치료

탈모의 확실한 예방과 개선을 위해서는 체계적이고 꼼꼼한 전문치료가 필요하다. 예방 및 초기 단계에서는 홈케어 및 전문적인 두피관리로 관리해주고 진행 단계에서는 필요시 의사의 전문적 치료가 병행될 수 있다.

또 두피관리는 스케일링과 두피 영양 공급을 통해 깨끗하고 건강한 두피를 만들어 준다. 이런 치료와 더불어 지속적인 홈케어를 통해 탈모를 예방하고 개선시킬 수가 있다.

7. 두피보호 처치의 실제

두피는 모발에 비해 화학적 · 물리적인 외부 자극에 약하기 때문에 모발에 손상을 주는 화학물질을 사용할 경우에는 당연히 두피보호 처치를 할 필요가 있다. 예를 들면 염모제, 탈색제, 축모 교정제, 퍼머제 등을 사용하는 경우는 우선 제1제로 두피에 부착하지 않도록 조작하는 것은 물론, 반대로 부착해도 손상받지 않도록 보호 크림을 도포해 둔다. 또 물리적 외부 자극의 예로 광선열 및 기술 용구 등에 의한 손상 처치에 대해서는 그 곳에 대처할 수 있는 응급 처치를 할 필요가 있다.

두피를 정상으로 보호하기 위한 일상 처리로 두피를 청결하게 하고, 지방막의 분비를 정상화하여 각질의 대사를 좋게 한다. 두피의 혈행을 왕성하게 하고 피부 생리를 정상으로 유지하기 위해서는 적당한 샴푸 마사지 및 전신운동 · 영양 · 수면 등이 필요하다.

1. 두피 타입에 따른 관리방법

(1) 지성 두피관리

- 브러싱 · 간단 세정 · 마사지
- 스케일링 도포 후 간단한 두피 마사지
- 헤어 스티머
- 지성용 딥 클렌징 팩
- 지성용 샴푸로 세정
- 건조와 진정
- 피지 조절 앰플 또는 탈모 앰플 · 모발 에센스

(2) 건성 두피관리

- 브러싱 · 간단 세정 · 마사지

- 헤어 스티머로 수분 공급
- 두피 스케일링 도포 후 두피 마사지
- 두피 보습 · 영양 앰플 사용 후 헤어 스티머
- 건성용 제품으로 세정
- 모발 트리트먼트 후 필요시에 헤어 스티머
- 건조와 진정
- 두피 앰플 및 후처리 모발 에센스

(3) 비듬 · 두피관리

- 브러싱 · 간단 세정
- 근육 마사지
- 스케일링과 두피 마사지 후 헤어 스티머
- 비듬용 트리트먼트 후 필요시 기기 사용
- 비듬용 제품으로 세정
- 건조와 진정
- 비듬 앰플의 적용

(4) 탈모 · 두피관리

- 브러싱 · 간단 세정
- 족욕 및 근육 마사지
- 스케일링과 두피 마사지 후 헤어 스티머
- 탈모 방지용 제품으로 세정
- 건조와 진정
- 탈모용 앰플의 적용 · 기기 사용

2. 비듬 방지 처치

두피의 비듬은 건성과 지성 및 그 양자의 혼합형으로 나눌 수 있다. 건성 비듬은 두피의 각화 이상이나 각질층의 건조에 의해 일어나는 증상으로 빗이나 브러시로 무리하게 제거하면 두피를 자극해 비듬 증상을 더욱 악화시킨다. 지성 비듬은 피부면에 필요 이상의 피지 분비가 생기게 함으로써 두피가 기름지게 된다.

이러한 증상은 본인 체질상의 문제이기도 하고 식사, 변비, 정신적 · 육체적 피로 등이 원인이 되는 경우도 있기 때문에 일상생활에서의 건강 관리가 중요하다.

어떤 방법을 선택하든 무리하게 비듬을 제거하려다 두피가 상하지 않도록 주의한다. 이 외의 병적인 비듬 증세는 먼저 의사의 진료를 받도록 한다.

Tip **비듬 처치 포인트**

- **건성 비듬인 경우의 처치**
  자극이 적은 샴푸제로 충분한 마사지를 하면서 샴푸로 세정하고, 타월 드라이 후에 건조 방지를 위해 지방 보급용 트리트먼트제를 두피에 문질러 바른다. 10~15분 스팀기로 처리한 후 가볍게 세정한다.
- **지성 비듬인 경우의 처치**
  탈지력이 있는 샴푸제로 충분히 마사지해 가며 세정하고, 타월 드라이 후에 유분이 적으며 피지 조절 성분이 있는 트리트먼트제를 가볍게 도포한다. 약 10분 동안 스팀기로 처리한 후 세정한다. 처치에 사용하는 샴푸제는 유화세린, 징크 피리치온(Zinc Pyrithione) 등을 함유한 것이 좋다.

3. 가려움 방지 처치

병적으로 대단히 가려운 경우는 의사의 진료를 필요로 하지만 가벼운 경우는 다음의 방법으로 일시적 처치를 할 수 있다. 가려움도 비듬과 마찬가지로 본인의 체질적인 요인이 있기 때문에 일상생활, 특히 식사나 기호품 등의 개선을 필요로 한다.

가려움증의 처치 포인트

- 자극이 적은 샴푸제로 가볍게 마사지하면서 세정한다.
- 타월 드라이 후에 항히스타민 성분의 연고를 두피에 충분히 문질러 바른다.
- 10~15분 스팀기로 처리한 후 세정한다.
- 가려움 방지에 도움이 되는 멘톨 · 페퍼민트 성분이 함유된 제품을 사용한다.

4. 탈모 방지 및 육모 처치

현재 의학적으로 육모 효과가 입증되고 있는 물질은 많이 나와 있지만 이러한 물질이 모유두까지 흡수되지 않아서 육모제는 단지 사용한 것으로 끝나 버리는 경우가 많다. 그러므로 육모제의 효과는 제품의 흡수 정도에 달려 있다고 할 수 있다.

모발이 발생하는 데는 몇 개의 요소가 종합적으로 조합되어 있기 때문에 이러한 발생 요소의 일부인 육모제를 투여하는 것만으로 탈모 방지와 육모 처치 전체가 해결된다고 볼 수는 없다. 그러나 사람에 따라 육모제의 약효가 탈모 요소의 활동을 억제하여 탈모 방지와 육모 효과를 나타내는 경우도 있다.

탈모 방지를 위한 육모 처치 포인트

- 자극이 적은 샴푸제로 가볍게 샴푸한다.
- 각질 연화제로 모공 부위를 연화시키고 모공부터 흡수기능을 높이기 위해 마사지로 혈행을 좋게 하며 적외선을 조사하기도 한다.
- 타월로 두피를 따뜻하게 해줌으로써 피부의 긴장을 풀도록 한다.
- 육모제를 거즈 등에 충분히 적셔 두피에 도포한다. 이것을 손가락으로 두피에 압박하듯이 누른다.
- 이러한 작업을 주 1~2회 행한다.

Chapter 5 임상사례

1. 두피 · 모발관리 센터
2. 헤드 스파(Head SPA)

1. 두피 · 모발관리 센터

다음 사례들은 1차로 두피 스케일링을 한 다음에 갈바닉 기기와 석션기를 사용하여 노폐물 및 묵은 각질 제거 후, 분사기로 두피 진정과 영양을 위한 솔루션을 공급하였으며 헬륨 레이저를 사용하여 두피를 진정시키거나 두피 팩을 해주었다.

[임상사례 제공 : 모발로 두피탈모 시스템]

(1) 사례 1 : 민감성 두피(29세, 남성)

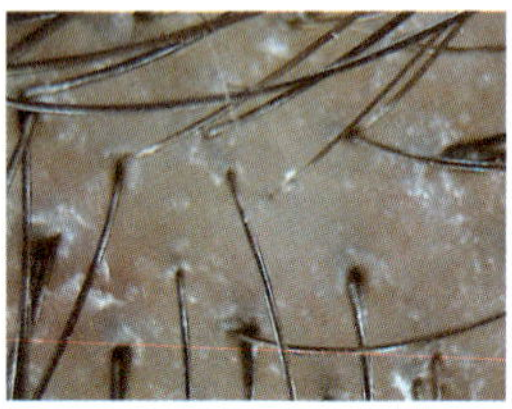

Before

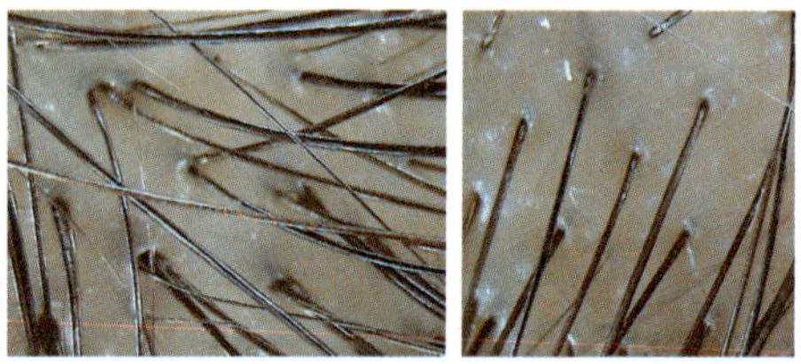

After(1개월 후)

(2) 사례 2 : 민감성 두피(30세, 남성)

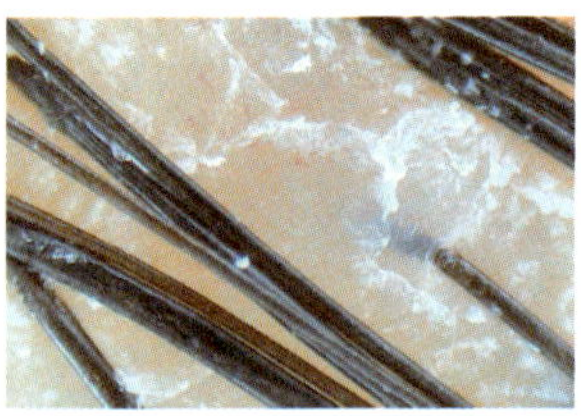

Before

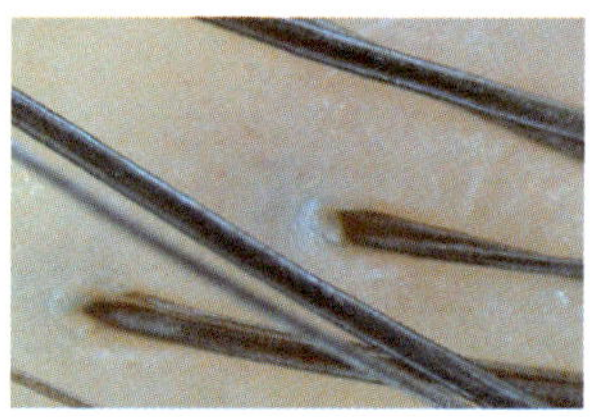

After(2주 후)

(3) 사례 3 : 민감성 두피(28세, 남성)

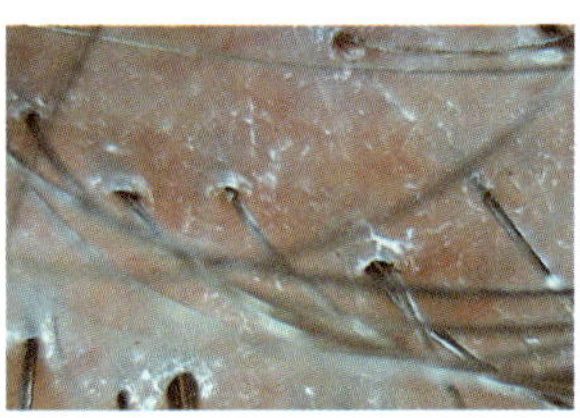

Before

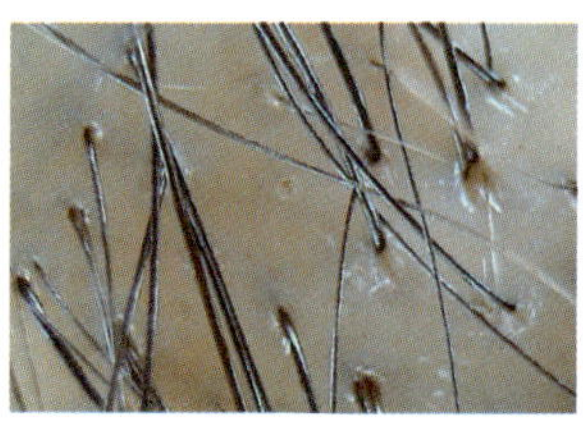

After(6개월 후)

Tip 민감성 두피

스트레스 요인이 많고 밤낮의 구분이 없는 생활습관을 가진 현대 젊은 사람들에게서 민감성 두피를 쉽게 볼 수 있다. 관리를 통해 짧은 시간에 회복되기도 하지만, 근본적인 생활 패턴을 고치거나 평소에 간단하지만 필요한 관리에 주의하지 않으면 다시 재발하기 쉽다.

민감성 두피의 관리에서 가장 중요한 것은 자극을 최소화하는 것이다. 생활 방식에서 자극 요인을 제거하는 것은 물론, 세정이나 스케일링 시에 제품의 pH나 성분에 있어 자극적 요인이 없는 것을 쓰도록 한다.

(4) 사례 4 : 염증성 두피(30세, 남성)

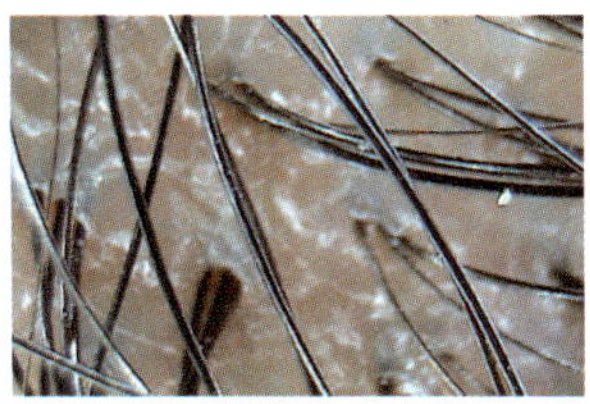

Before

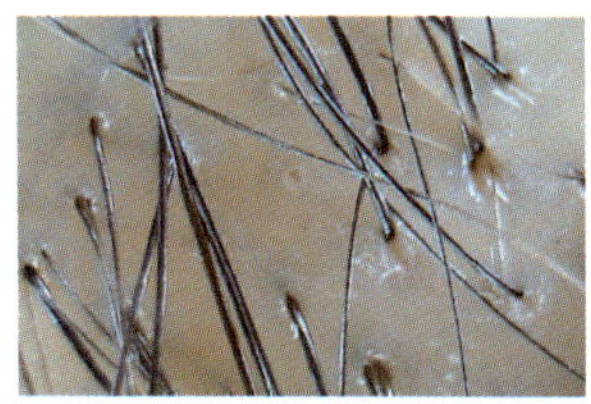

After(1개월 후)

(5) 사례 5 : 염증성 두피(31세, 여성)

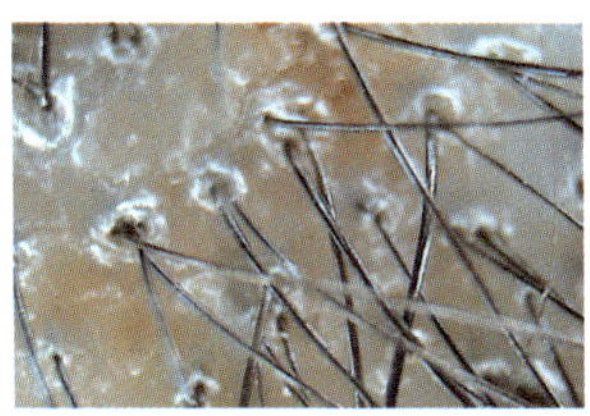

Before

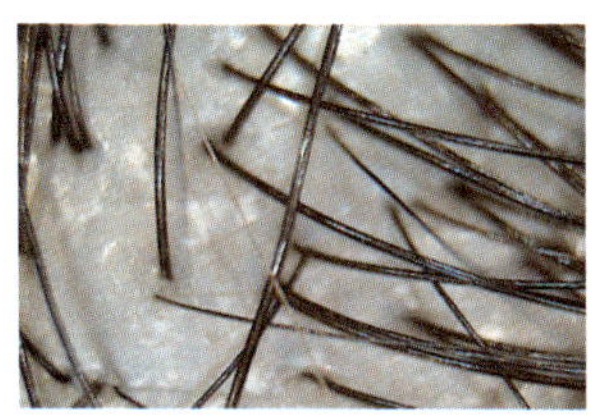

After(1개월 후)

염증성 두피

염증은 민감성 두피나 지루성 두피 등 문제성 두피에서 볼 수 있는 현상이다. 어떤 요인에서 비롯되었든 염증 소인이 길어지거나 잦으면 탈모의 직접적인 요인이 될 수 있다.

(6) 사례 6 : 비듬성 두피(38세, 여성)

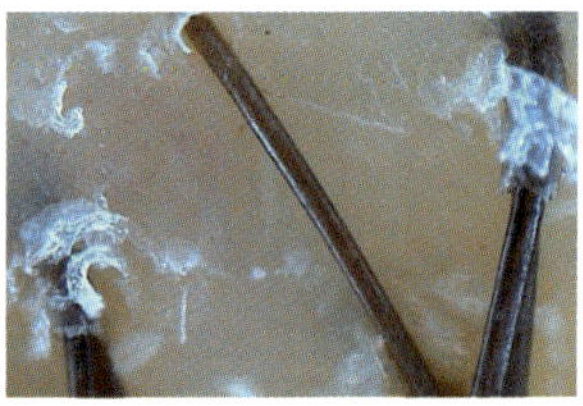

Before

After(2주 후)

비듬성 두피

비듬은 정상적인 두피에서도 계절적 요인이나 일시적 요인으로 발생하였다가 자연적으로 사라지기도 한다. 그러나 병적으로 지속되거나 그 양이 많다면 반드시 관리를 통해 증상을 완화시키도록 한다. 소홀한 관리로 재발되기 쉬우므로 평소 관리에 신경을 쓰도록 한다.

(7) 사례 7 : 지루성 두피(29세, 남성)

Before

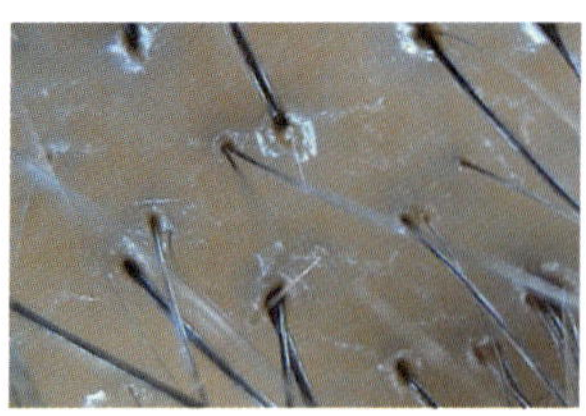

After(6개월 후)

(8) 사례 8 : 복합, 지루성 두피(42세, 남성)

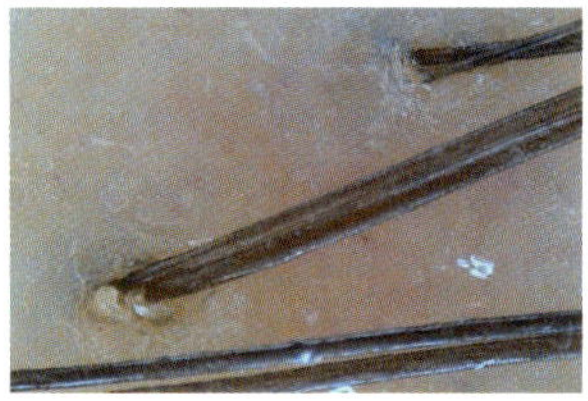

Before

After(1회 관리 후)

지루성 두피

지성 두피인 사람이 관리 소홀로 인해 지루성 두피로 전이되는 경우가 대부분이다. 두피에 피지량이 갑자기 많아지면 관리를 시작하는 것이 좋다.

일단 지루성 두피가 되고 나면 염증을 동반하며 모발이 연모화되어 탈모로 진행되기 쉽다. 지루성 두피의 관리에서는 염증 소인을 관리해 주면서 피지량 조절에 초점을 맞춘다.

지루성 두피로 인한 탈모는 두피의 피지샘에서 과다분비된 유분이 모공을 막기 때문에 일어나는 현상으로, 남성 호르몬의 과분비가 주요 원인이므로 호르몬의 균형을 맞추는 것이 가장 중요하다.

육식 위주의 식습관, 심한 스트레스, 인스턴트 식품 또는 당분이 많은 음식의 섭취, 남성의 경우 과도한 성관계, 여성의 경우 과도한 비만 등이 남성 호르몬을 과분비하는 요인이므로 조절해 나가는 것이 좋다. 또한 올바른 샴푸 방법을 시행한다.

쌓였던 피지를 털어내고 약해진 모근을 회복시키기 위해 적절한 세정을 장기적으로 해야 하며 두피 치료를 함께 병행하면 좋다.

(9) 사례 9 : 급성 스트레스로 인한 다발성 원형 탈모증(30세, 여성)

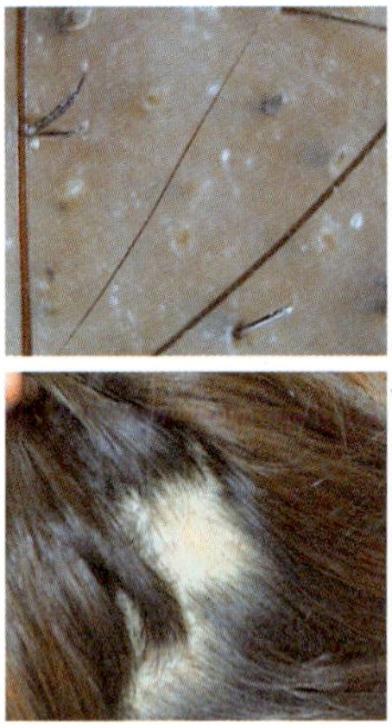

원형 탈모 부위

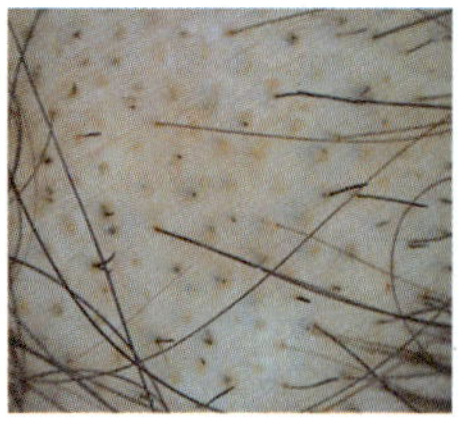

관리 1주

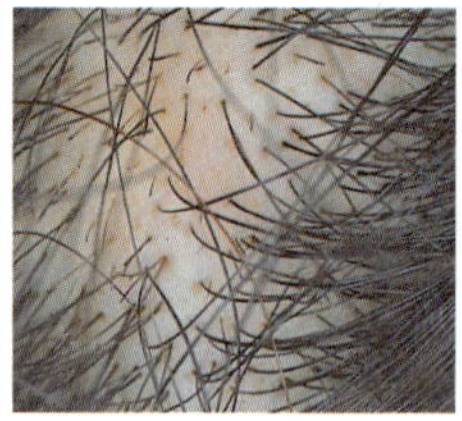

관리 1개월

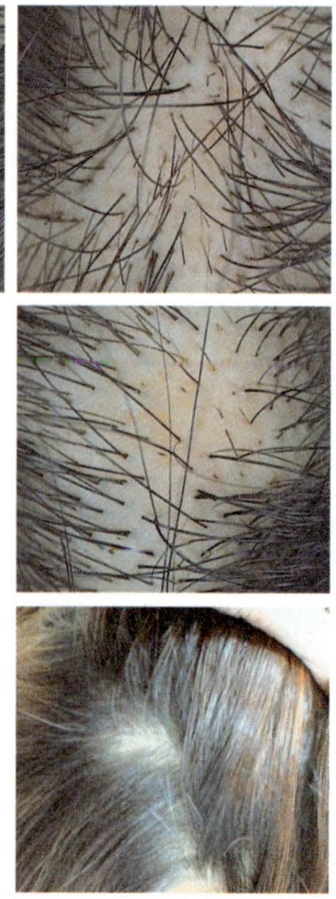

관리 2개월

(10) 사례 10 : 스트레스성 청소년 탈모(13세, 남성)

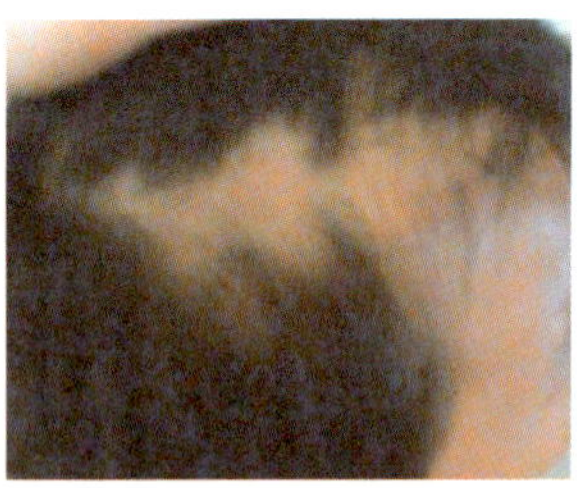

5월

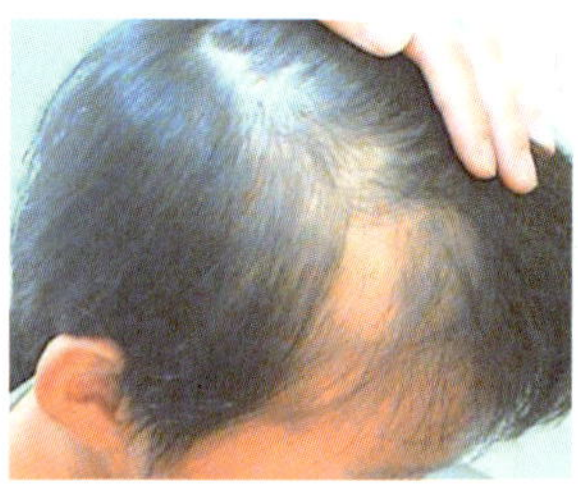

6월

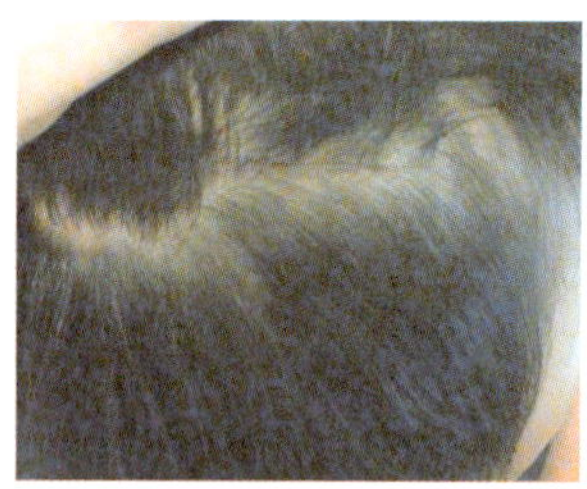

7월

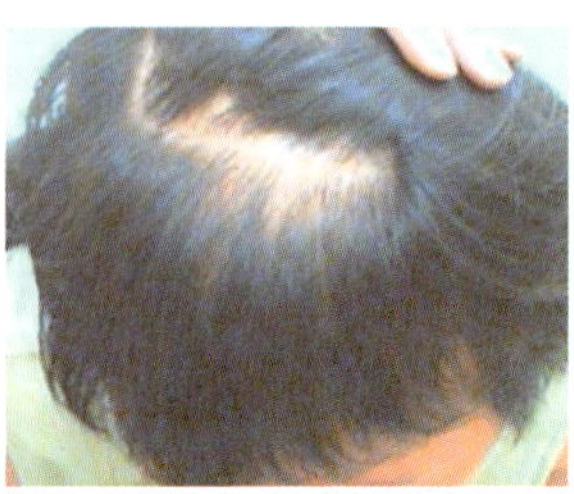

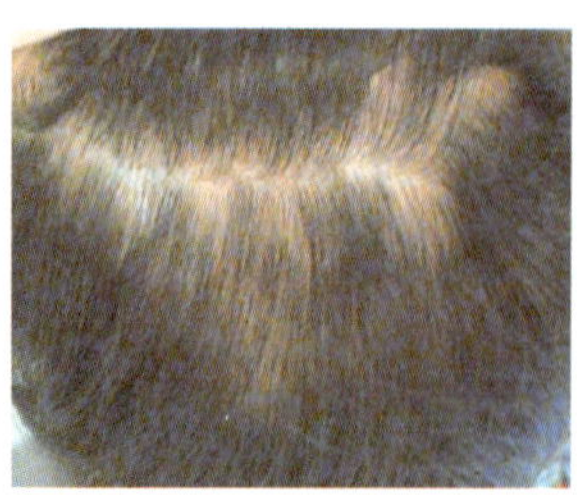

8월

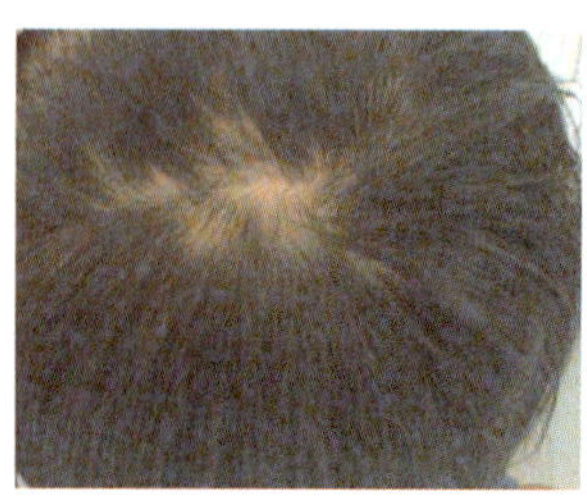

9월

원형 탈모와 스트레스

원형 탈모증의 원인은 다양하다고 알려져 있다. 원형 탈모증의 유전적 요인은 4~9% 정도이므로 자가 면역과 스트레스가 유전적 소인의 가장 큰 원인으로 추정된다. 자가 면역은 자신의 모발을 이물질로 인식하고 면역체계를 동원하여 공격하기 때문에 모발이 생장하지 못하고 바로 휴지기에 들어가서 생기는 현상이다. 현재 중학교나 고등학교 학생들도 원형 탈모가 많으니 스트레스가 원형 탈모증을 유발하는 것은 분명하다.

그 밖에 아토피성 질환이나 장기간 질환에 시달린 경우와 면역력이 약화된 경우에 원형 탈모증이 생기기도 한다. 그러나 이러한 원인들이 복합적으로 작용하는 경우가 많아 어느 하나 때문에 발생하였다고 단정하기가 어렵다.

처음에는 이를 원인으로 생각하지만 시간이 지나면서 또 다른 원인을 발견하고, 시간이 지나면 또 다른 원인이 있음을 발견한다. 결국 원형 탈모증의 치료에서 가장 중요한 것은 원인을 찾아서 풀어주는 방법이기 때문에 원인을 찾고자 많은 노력을 기울인다.

일반적으로 한두 개 정도의 원형 탈모가 진행되다가 자연 치유되는 경우가 일반적이지만, 다발성으로 진행될 경우에는 속히 관리를 받는 것이 중요하다. 현대 사회에서는 성인뿐만 아니라 청소년이나 어린이들의 탈모도 늘어나는 실정인데 환경이나 물리적 요인보다는 스트레스 요인에 의한 것이 대부분이다.

(11) 사례 11 : 모발 이식 후 탈모성 모공(30세, 여성)

Before

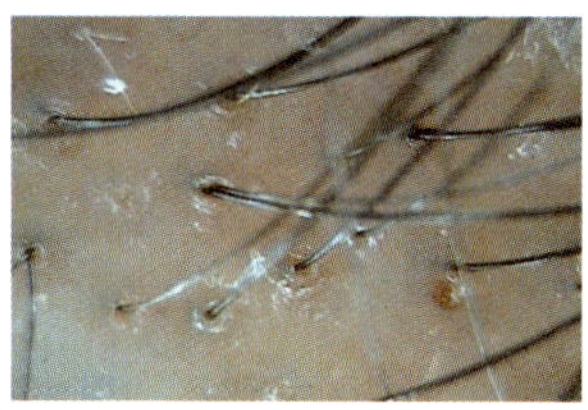

After(7개월 후)

모발 이식 후 생착률

모발 이식 후 곧바로 이식한 모발이 성장하지는 않는다. 이식한 모발은 2주가 지나면서 빠지기 시작하여 3~4주가 지나면 60~70%가 빠진다. 그러나 이식된 모낭은 그대로 남아 있어 다시 새로운 모발이 자라므로 걱정할 필요는 없다.

이식한 모발은 성장기에 있다 하더라도 퇴행기를 거쳐 휴지기로 가기 때문에 빠진다. 그 중 이미 퇴행기가 시작한 모발이 먼저 빠진다. 즉 이식할 때의 모발이 성장 주기에 따라 빠지고, 다시 그 순서대로 새로운 모발이 성장해서 이식한 후 3~6개월이 지나면 60% 모발이 생긴다. 하지만 모발은 한 달에 1cm씩 자라고, 3~5cm 정도는 자라야 어느 정도 미용적 효과를 얻을 수 있기 때문에 최소한 9개월~1년이 지나야 만족스런 효과를 볼 수 있다.

이식된 모발은 처음에는 가늘고 힘이 없는 연모의 형태로 자라다가 점차 굵어진다. 또한 처음에는 약간 구불구불한 형태이나 성장이 계속됨에 따라 점차 원래 뒷머리의 모습을 나타낸다. 이때 두피는 작은 여드름과 비슷한 형태가 여러 개 나타날 수 있는데 연모가 피부를 한 번에 뚫지 못하고 피부 속에 엉키고 꼬여서 만들어진 것이므로 걱정할 필요는 없다. 자연적으로 터지면서 털이 나오고 만지면 까칠까칠한 모발을 확인할 수 있다.

2. 헤드 스파(Head SPA)

다음 사례는 지속되는 스트레스와 숙면을 취하지 못해 두피가 예민해지고 각화주기 이상 현상이 나타난 것으로 판단해 릴렉스 프로그램을 우선으로 하는 헤드 스파 프로그램으로 관리하였다.

- 스파(80분 관리)
- 스케일링(각질과 노폐물 제거)
- 어깨 마사지(고주파 기기 사용)
- 스팀배스(모공을 열어주고 두피 이완)
- 샴푸 세정
- 제트 필링(스케일링만으로 탈락되지 않은 각질 등을 2차적으로 물의 수압을 이용해서 제거)
- 두피 팩(두피 트러블 진정)
- 팩 도포 상태에서 두피 마사지(원활한 영양 흡수)
- 모발 트리트먼트(모발 건조 방지)
- 스티머 · 헹굼 · 건조
- 두피 앰플 투여(비듬 앰플 도포 후 에어 브러시로 민감 앰플 투여)
- 적외선 조사

(1) 사례 1 : 건선(45세, 여성)

- 직업 : 회사 경영
- 원인 : 수면 부족, 잦은 샴푸 습관
- 증상 : 건선, 인설과 구진 동반

  비듬(각질)이 많다.

  예전보다 모발이 가늘다.

  모발이 급격히 빠진다.

  모발에 윤기가 없고 건조하다.

  스타일링 제품 사용 후에 샴푸를 하지 않고 잠을 잔다.

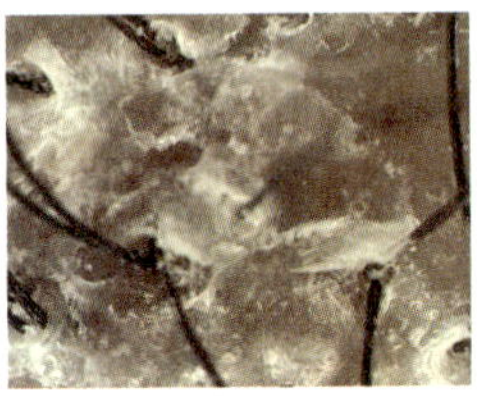
전두부

측두부

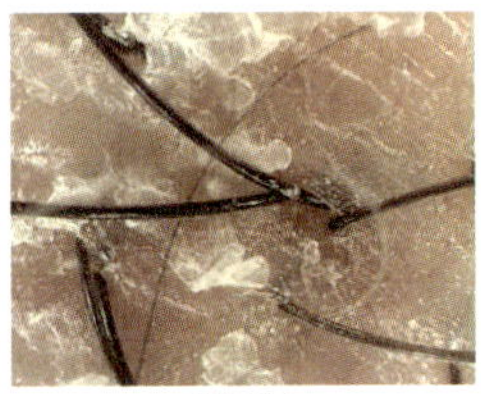
정두부

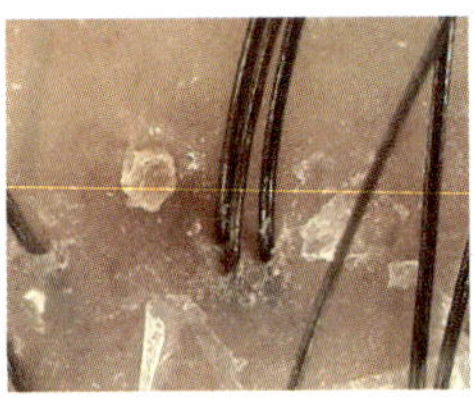
정두부하향

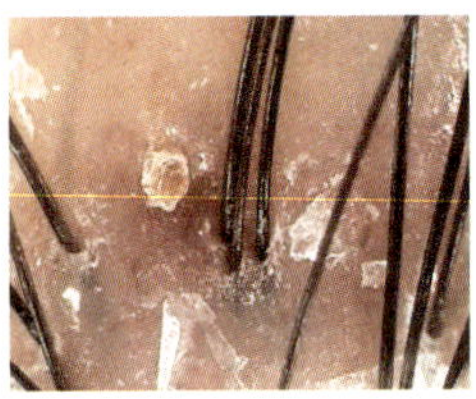
후두부

건선 증상

(2) 사례 2 : 건선(23세, 여성)

- 직업 : 네일 아티스트
- 원인 : 6개월 전부터 손톱으로 두피 자극

  업무상 스트레스를 많이 받는다.

  하루 6~7시간 수면

  저녁 2일 1회 샴푸

  아침은 항상 거른다.

• 증상 : 건선, 염증

샴푸 후 두피가 가렵다.

두정 부분과 후두부가 많이 가렵다.

비듬(각질)이 많다.

두피에 염증이 생긴다.

모발에 윤기가 없고 건조하다.

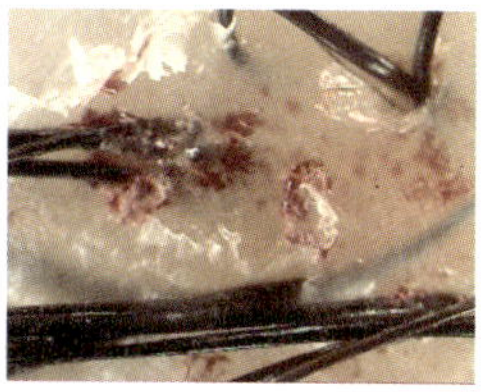
후두부

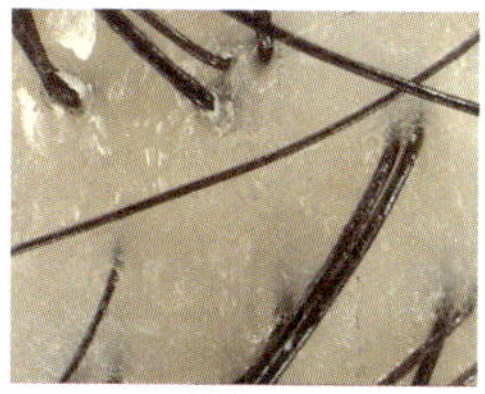
좌측두부

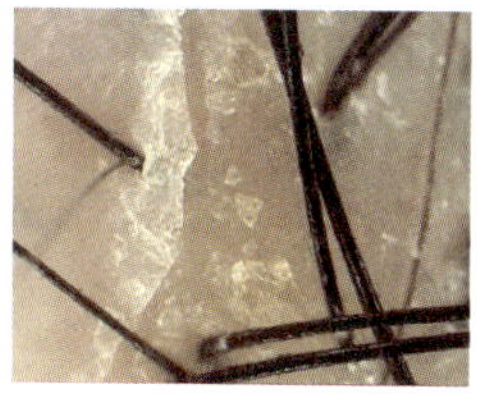
우측두부

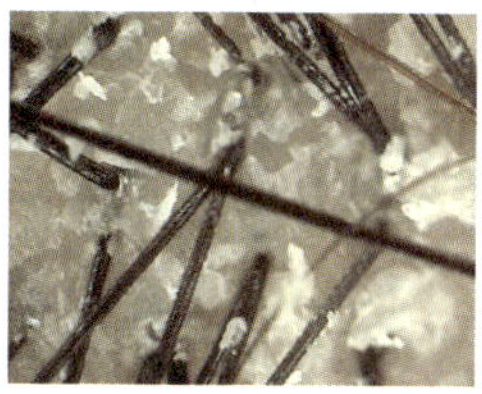
두정부

두정부상향

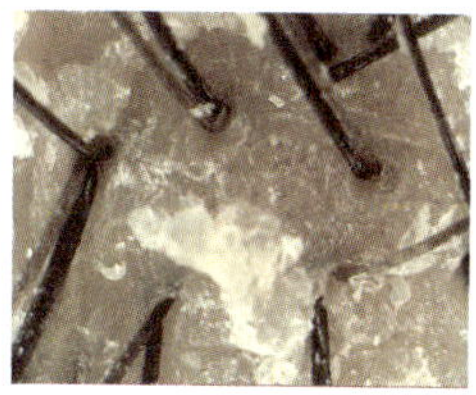
두정부하향

건선 관리 전

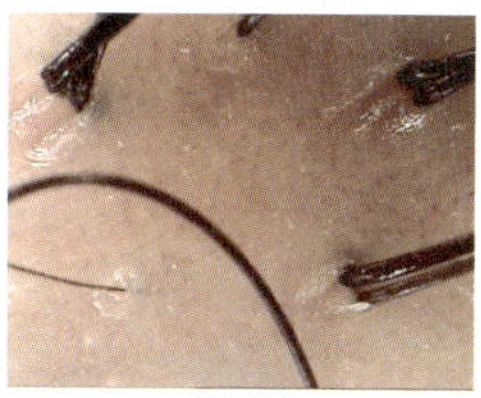
후두부

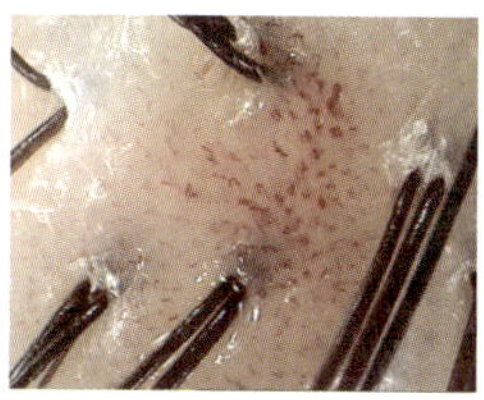
후두부

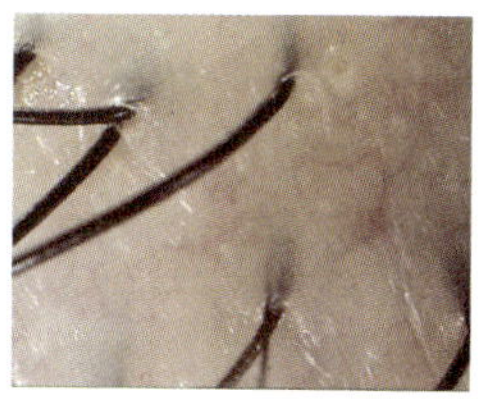
우측두부

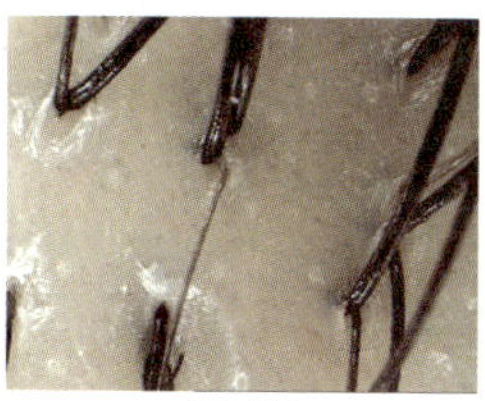
두정부

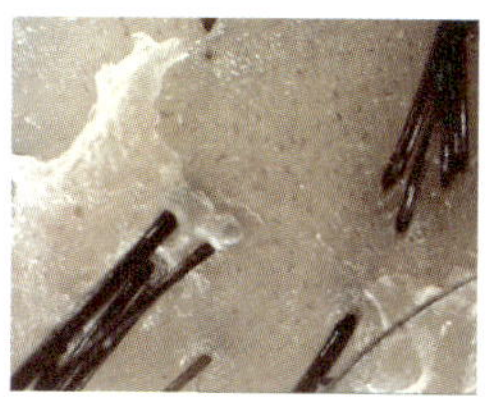
두정부상향

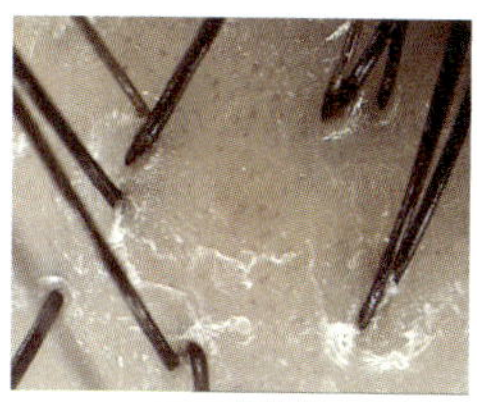
두정부하향

건선 관리 후

(3) 사례 3 : 건선(20세, 여성)

- 직업 : 학생
- 원인 : 샴푸 습관 및 생활습관

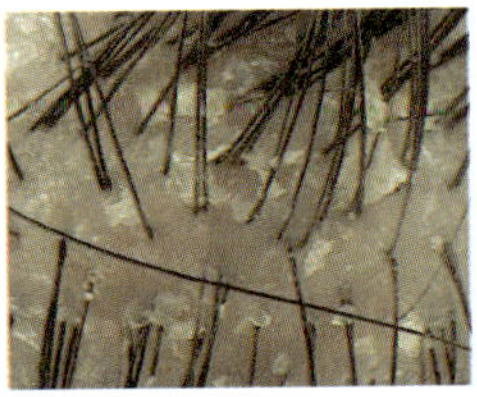
8월

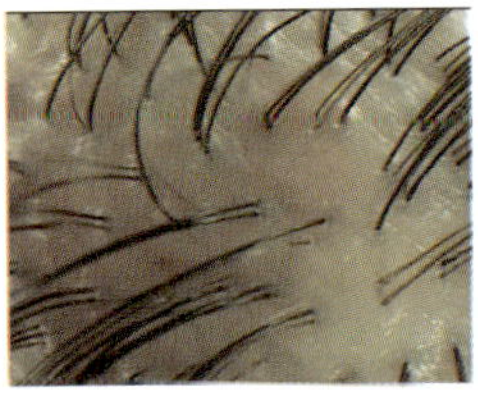
9월

10월

(4) 사례 4 : 건선(55세, 여성)

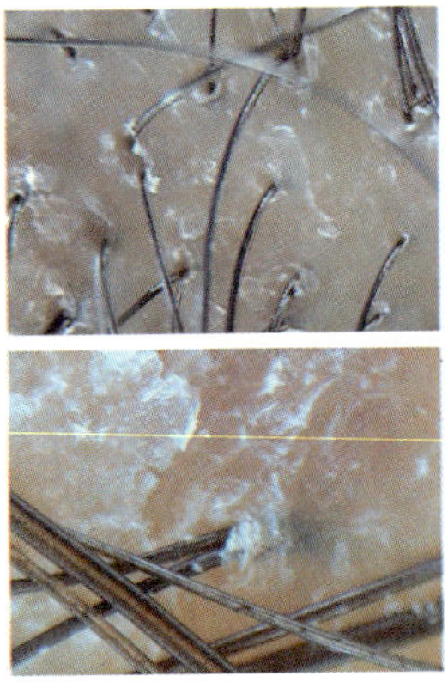
Before

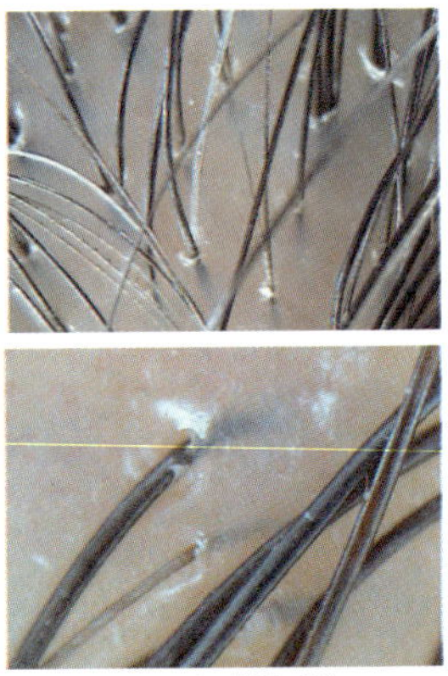
After(1개월 후)

(5) 사례 5 : 건선(53세, 여성)

Before

After(9개월 후)

(6) 사례 6 : 건선(29세, 여성)

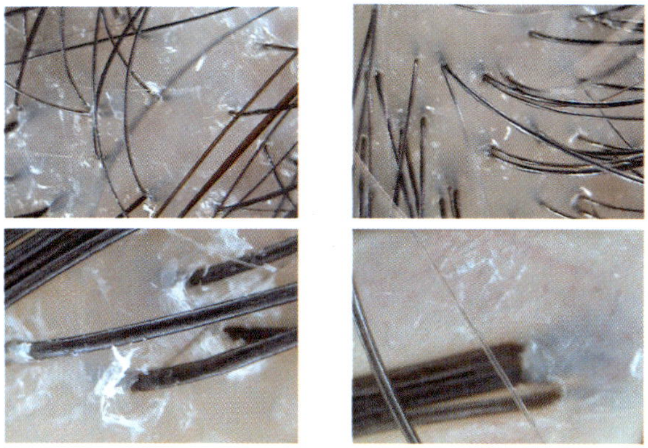

Before After(1개월 후)

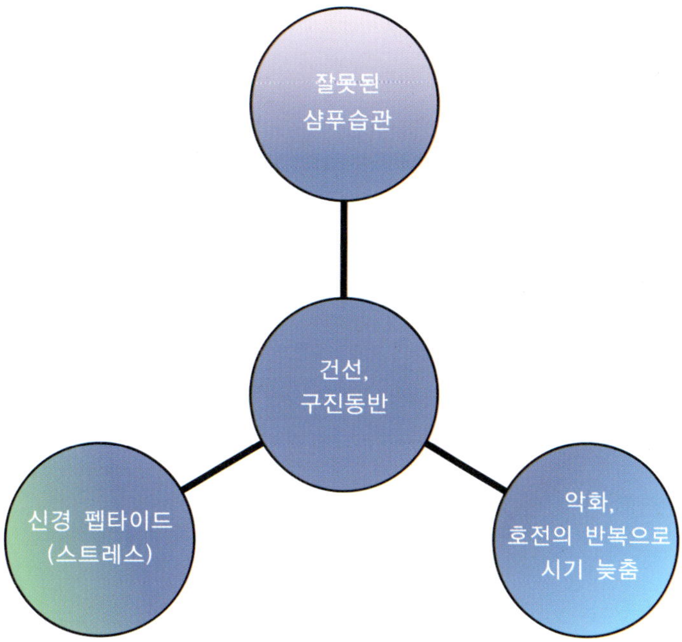

그림 5-1 두피 건선의 원인

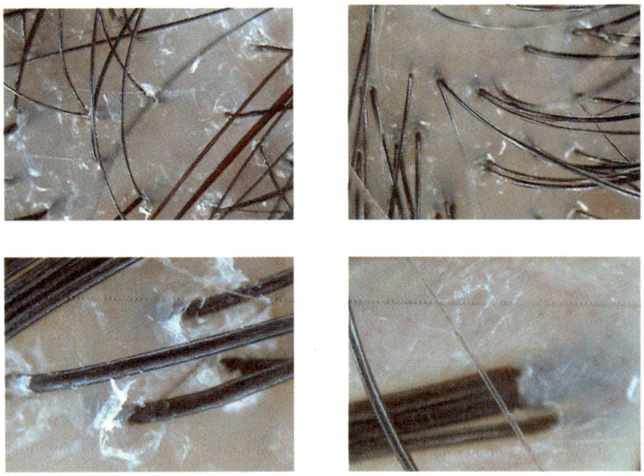

Before　　After(1개월 후)

그림 5-2 두피 건선의 증상

건선

건선은 은백색의 인설을 동반하고 구진을 나타내는 피부 질환으로, 악화와 호전을 반복하는 만성 경과를 나타낸다. 20대에서 가장 흔하게 발생하며 다음으로 10대, 30대의 순으로 많이 나타난다. 두피에 나타나는 두피 건선은 은백색의 인설로 덮여 있는 홍반성 구진으로 만성 재발성 염증성 두피 질환이다.

증상은 하얀 인설로 덮힌 피부 홍반이 나타나며, 마르고 갈라진 피부에서 때로 피가 나고 가렵거나 따갑고 아픈 증상이 있다.

원인은 아직 정확하게 밝혀지지 않았지만 환경적 요인과 유전적 요인, 또는 스트레스나 알레르기 음식 섭취로 보고 있다. 그 밖에 피부외상, 감염, 기후, 건조한 피부, 약물, 면역학적 요인, 세포주기 기간의 감소, 각질형성세포 분화의 이상 등이 있다.

두피 질환과 탈모

모낭염 또는 지루성 피부염, 두부 백선, 건선 등 두피 염증은 탈모를 일으킨다. 모낭염과 지루성 피부염은 모발의 뿌리 부근에 염증이 생긴 것으로 마치 여드름 크기로부터 콩알만한 크기까지 다양하며, 보통 '뾰루지' 라고 불리는 것이다.

두부 백선은 무좀균으로 15세 미만에서 잘 생기며, 타원형으로 경계가 뚜렷하고 비듬이 많이 보인다. 건선은 마치 비듬처럼 보이며, 가려움을 동반하고 계절에 따라 악화를 반복한다. 이러한 두피 질환도 탈모를 일으키므로 두피를 청결하게 유지해야 탈모를 예방할 수 있다.

참고 문헌

윤천성 외, "두피와 모발관리", 훈민사, 2004.

김영숙, "두피모발관리", 대경, 2005.

조성일, "두피&탈모관리학", 리그라인, 2004.

조미영, 김보경, "모발관리학", 훈민사, 2006.

곽형심 외, "모발 두피관리학", 청구문화사, 2002.

강갑연, "모발 및 두피관리학", 광문각, 2003.

이영숙 외, "모성 간호학", 현문사, 1997.

김진원, "운동생리학", 학문사, 1984.

김광옥 외, "트리콜로지스트를 위한 Scalp & Hair care", 청람, 2010.

조정혜 외, "Hair & Hair care", 훈민사, 2003.

이원경, "Hair concept & application", 청구문화사, 2001.

이황희 외, "Scalp Care & Medical Treatment", 청람, 2005.

Novak E.R. et al., "Textbook of Gynecology", Baltimore : Williams and William and Wilkins, 1975.

송지형 외, "Trichologist Education Book III", 국제두피건강학회, 2007.

전영자, "갱년기 장애에 관한 연구", 대한간호, 1985.

민복기 외, "남성형 탈모증에서 모유두 세포의 배양과 특성의 규명", 경북의대지, 1997.

현지원, "남성형 탈모증의 병인 및 발생 기전에 관한 고찰", 건국대학교 석사논문, 2004.

이방실, "두피 모발에 대한 인식 및 태도에 관한 연구", 숙명여대원격대학원 석사 논문, 2009.

홍창권, "여성의 탈모증", 의약정보, 1992.

김명우, "전업 주부들의 두피 · 모발관리에 대한 인식 및 태도 연구", 서경대학교 미용예술대학원 석사학위 논문, 2007.

이정란, "중년여성의 두피 · 모발 관리 인식과 갱년기 증상과의 상관관계 연구", 서경대학교 미용예술대학원 석사논문, 2009.

Pearson, L."Climacteric", American Journal of Nursing, 1982.

Hargreves A.G., "Making the most of the middle year", American Journal of Nursing, 1975.

이문원 한의원

하루 두피

찾아 보기 (INDEX)

ㅎ

Trichologist
두피모발관리

1판 1쇄 인쇄 | 2021년 9월 10일
1판 1쇄 발행 | 2021년 9월 15일

지은이 | 임은진 · 안채리 · 김종란
주은령 · 최수기 · 하준호

발행인 | 주병오 · 주민기

발행처 | 메디시인

등록번호 | 제 406-2006-000045호
등록일자 | 2005년 2월 16일

경기도 파주시 회동길 209 (파주출판도시)
대표전화 031-955-2777, 팩시밀리 031-955-7730

ISBN 979-11-90839-37-2
값 22,000원